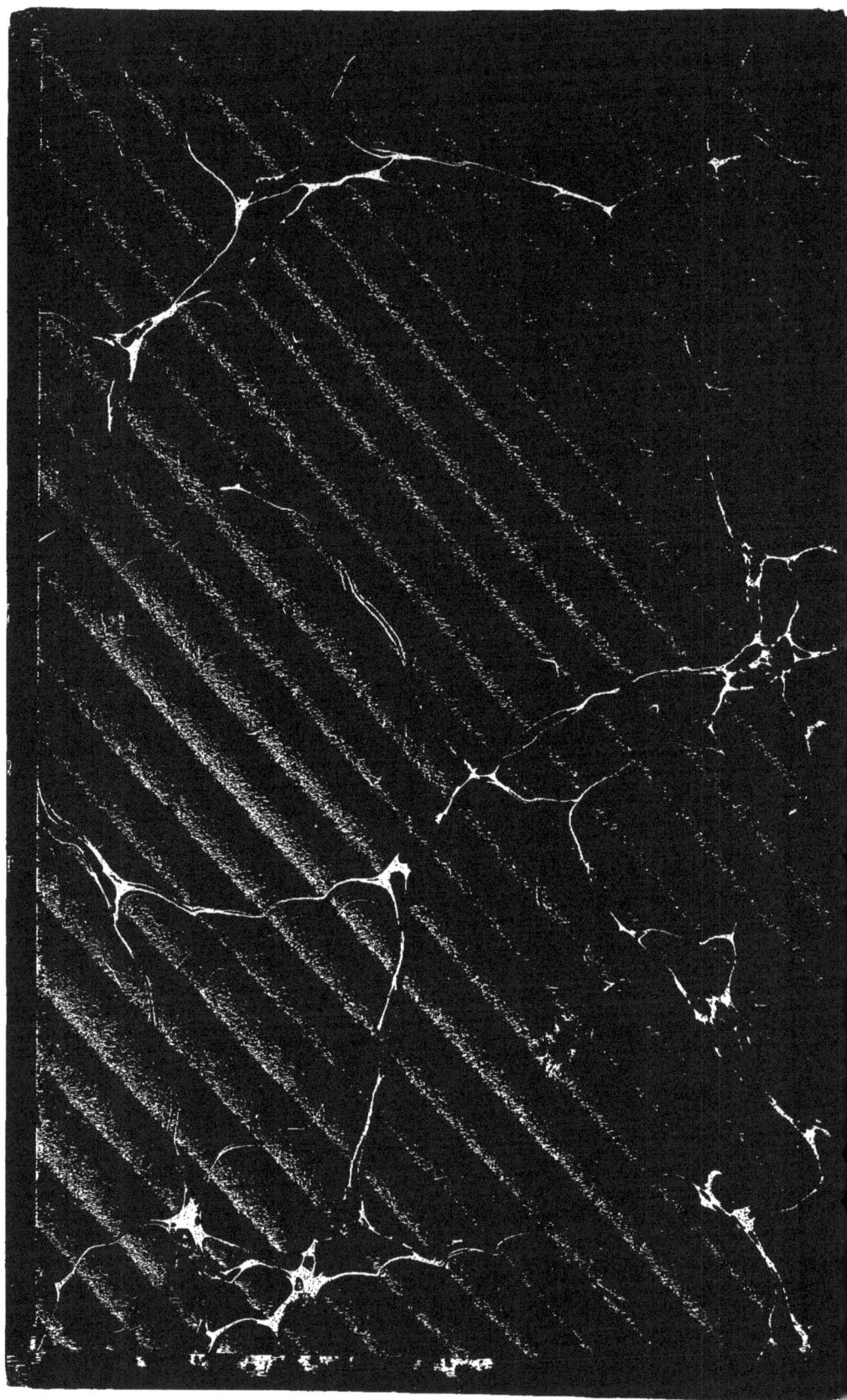

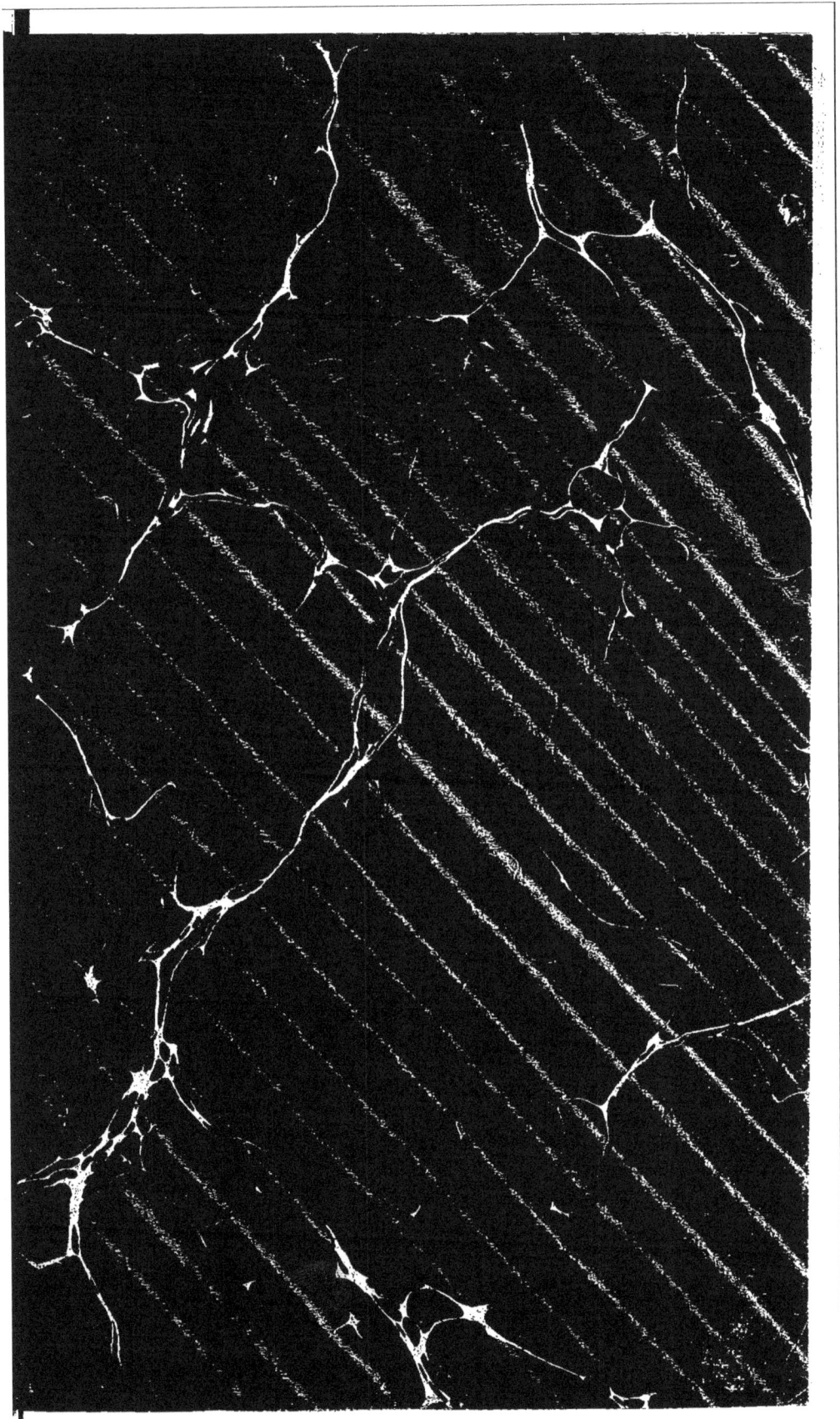

# L'ESPRIT DES PLANTES

Le Lierre.

# L'ESPRIT

# DES PLANTES

## SILHOUETTES VÉGÉTALES

PAR

Ed. GRIMARD

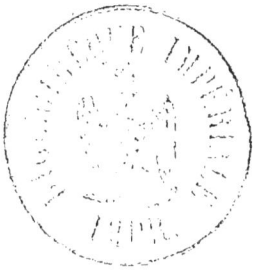

## TOURS

ALFRED MAME ET FILS, ÉDITEURS

—

M DCCC LXIX

# INTRODUCTION

———

Comme l'homme, comme l'animal, la plante
a sa physionomie propre, je dirai plus, son individualité. Que cette individualité soit parfois difficile à saisir, cela est incontestable. Les types
vraiment hors ligne sont rares dans le règne végétal, comme ils le sont dans le règne supérieur;
mais, outre que les plantes que nous accusons
d'insignifiance peuvent offrir des particularités
curieuses qui nous échappent, il en est d'autres,
et en grand nombre, dont les caractères se manifestent avec une netteté si vivante et si forte, qu'il
est impossible de ne pas en voir surgir une incontestable expression de personnalité.

On pourrait faire de fort curieux rapprochements entre le monde végétal et le monde animal.
Les plantes ont, elles aussi, des habitudes, des
fantaisies, des passions obscures et des obstinations
tenaces, en face desquelles toute violence serait

impuissante. Il y a dans leur vie, leur mode de croissance et leur dissémination sur la surface des continents, d'intéressantes observations à faire. Tandis que certaines d'entre elles, sombres d'aspect, se plaisent dans les plus sauvages solitudes, telles que l'Hellébore fétide, par exemple, il en est d'autres dites *sociales,* qui par bandes joyeuses aiment à se grouper, telles que les Marguerites dans les prairies, ou les éclatants Coquelicots dans les Blés. Il en est de timides qui se cachent au fond des bois ou des vallées, et qui, stationnaires par nature, naissent et meurent toutes au lieu qu'elles ont choisi pour refuge. Il en est d'autres, vagabondes, sorte de bohémiens cosmopolites qui de toutes parts s'aventurent, s'accrochent aux vieux murs, poussent aux fentes des rochers, se livrent à tous les vents, s'abandonnent au courant des rivières et traversent parfois les mers à la nage, poussées par les flots d'un hémisphère à l'autre.

Que n'y aurait-il pas à dire, d'autre part, sur les diverses physionomies végétales? Qui n'a cent fois remarqué l'aspect lugubre du Cyprès, l'attitude mélancolique du Saule pleureur, l'élégance fière du Peuplier d'Italie, ou l'austère majesté du Chêne? De chaque plante caractéristique sort comme une révélation d'elle-même. S'il faut mettre à part quelques végétaux perfides, qui sous une apparence inoffensive cachent leurs propriétés malfaisantes, il n'en est pas moins vrai que la plupart de ceux que rendent dangereux leurs fruits corrosifs ou leurs sucs empoisonnés, se trahissent d'eux-mêmes, tels que la Jusquiame, le Datura et presque toutes les Solanées, par les teintes malsaines, la coloration suspecte de leurs feuilles ou de leurs fleurs.

C'est généralement par familles que peuvent être groupées les plantes dont les vertus sont communes. Les Labiées, par exemple, sont toniques et parfumées, les Malvacées lénitives, les Graminées et les Crucifères éminemment honnêtes, les Liliacées superbes, les Rosacées magnifiques, les Renonculacées suspectes, et les Solanées franchement redoutables.

Les caractères spéciaux ne frappent pas seulement dans chaque personnalité, ils ressortent encore du groupement des individus, et constituent à ce titre un des plus féconds éléments de ce que l'on pourrait appeler l'esthétique végétale, c'est-à-dire le rôle que jouent les diverses flores dans la beauté du monde physique. Le paysage, en effet, dépend des principaux massifs qui constituent le tapis végétal, comme l'expression de la face humaine ressort de quelques linéaments fortement accentués. Ici des prairies, là-bas des arbustes, plus loin la forêt, à l'horizon la mer ou les montagnes, autant d'éléments, on le voit, autant

1*

de vastes traits dont se compose la physionomie de la flore universelle.

C'est dans cet esprit que sera tenté ce livre. *L'Esprit des Plantes* sera l'histoire des principaux types de la série végétale, dont nous tâcherons de faire ressortir, autant que possible, l'expression caractéristique, les propriétés particulières et le rôle plus ou moins important que chacun d'eux joue dans l'ensemble des êtres organisés.

Ces quelques indications rapides seront sans doute suffisantes pour préciser le but que nous nous proposons. Nous prions le lecteur de ne point préjuger de la question, et de ne pas se préoccuper de son caractère nécessairement un peu vague. Sous chaque physionomie végétale se cache une manière d'être un peu confuse, au premier abord, mais dont se dégage toutefois, aux yeux de l'observateur, une incontestable personnalité. Cela est si vrai que, dans une même famille, il existe des dissemblances qu'un œil exercé reconnaît sans hésitation.

Parmi des centaines d'arbres fruitiers, le pomologiste distingue chaque variété, même des variétés les plus voisines, sans pouvoir toujours expliquer ce qui détermine ses appréciations. C'est un ensemble de petits riens qu'on sent, mais qu'on ne peut définir : disposition des branches, forme du feuillage, coloration des fleurs, conformation des

fruits; et puis, par-dessus tout cela, ce je ne sais
quoi qui fait la physionomie, qui fait qu'un Orme
ou qu'un Chêne garde les traits distinctifs de sa
race, dans la santé comme dans la maladie, en
société aussi bien que dans la solitude; que chaque
plante enfin a une manière de se tenir, de croître,
de fleurir, de fructifier, de perdre ses feuilles et
même de mourir, qui met en relief cet *esprit* dont
nous avons fait notre titre, et qui, — est-il besoin
de le dire? — ne peut ni ne doit être pris dans un
sens absolu.

La plante n'est pas plus un objet inerte et mé-
caniquement influencé par des lois nécessaires,
qu'elle n'est une créature responsable ou consciente
de ses sensations ou de ses actes. La vérité doit
être recherchée entre ces deux extrêmes. La vie
végétale est certes une réalité plus précise et plus
profonde qu'on ne le croit communément; mais
le lecteur, à coup sûr, saura, dans les pages qui
vont suivre, faire aussi bien la part du style figuré
qui cherche l'image que de la fantaisie qui aime
les rapprochements, et se plaît à prêter à tous
les êtres de la création les sensations de l'homme,
ses pensées et ses rêves.

# L'ESPRIT DES PLANTES

## UN MOT SUR LA PLANTE

Ami lecteur, savez-vous bien ce que c'est qu'une plante?

— Belle demande! me répondrez-vous. Une plante c'est l'arbre de la forêt, le légume du jardin, l'herbe de la prairie.

— Fort bien; mais êtes-vous bien sûr de toujours reconnaître une plante, et de ne pas hésiter davantage en présence de telle créature équivoque qu'on placerait devant vos yeux, que vous n'hésitez entre l'oiseau qui vole et l'arbuste où il vient se poser? La question devient insidieuse, comme vous le voyez, et voilà que vous commencez à trouver moins impertinente celle par laquelle débute ce chapitre. Attendez, nous en verrons bien d'autres; et c'est pourquoi je vous demande la permission de poser encore devant vous quelques points d'interrogation.

Si vous demeurez à Paris, vous avez dû voir et revoir souvent l'aquarium du Jardin d'Acclimatation.

Or, dites-moi, que pensez-vous de ces créatures sin-
gulières appelées Actinies, ou Anémones de mer, qui,
collées aux petites roches artificielles de leur cage de
verre, croissent, allongent leur tige, fleurissent, et
demeurent épanouies exactement comme les Tulipes de
votre jardin?

— Eh bien! j'appelle encore ces créatures-là des
plantes.

— Attendez! La plante est immobile, ce me semble,
et voilà une Anémone qui vient de faire un brusque
mouvement. Et puis, ce n'est pas tout; elles mangent,
nos Actinies. N'avez-vous jamais assisté à leurs repas?
Deux ou trois fois par semaine, l'un des gardiens de
l'aquarium jette dans l'eau des fragments d'une matière rougeâtre, dirige chacune de ces boulettes vers
l'une de nos charmantes rêveuses, qui, dès qu'elle l'a
sentie tomber dans sa corolle, vite se contracte comme
une main ouverte qu'on fermerait subitement, puis
avale bel et bien la part d'aliment que le Ciel lui envoie.

Ce n'est pas tout encore : les Actinies se déplacent
et voyagent à leur façon. Sur les côtes de la mer, elles
se laissent tout simplement emporter par les flots, et
vont appliquer ailleurs la puissante ventouse au moyen
de laquelle elles se fixent aux rochers; mais, dans l'a-
quarium, elles se traînent avec leurs tentacules, et
vont, quand un caprice s'empare d'elles, planter ailleurs — sur la paroi de verre, par exemple, — leur
tige et sa ventouse.

—Appelons alors les Anémones de mer des animaux.

— Je le veux bien; mais il est des cas bien plus em-
barrassants encore. Vous connaissez les Algues d'eau
douce, ces filaments verts qui flottent et ondulent dans

tous les ruisseaux; voilà des plantes, assurément. Eh
bien, n'importe, il en est parmi elles qui, lorsqu'on
les enferme dans un vase opaque éclairé d'un seul
côté, rampent sournoisement du côté de la lumière, et
recommencent obstinément si vous retournez le vase.

Est-ce tout? Pas encore. Il y a des êtres mystérieux qui, tantôt plantes et tantôt animaux, semblent
alterner et passer d'un règne dans l'autre. Il existe tout
un embranchement de végétaux appelés cryptogames,
chez lesquels, à l'époque de la reproduction, on trouve
des germes bizarres, sortes de graines animées qui,
jusqu'à l'heure du retour à la vie végétale, nagent et
s'agitent avec une animation extraordinaire. Que dites-
vous de toutes ces étranges choses, que nous effleurons
à peine, parce que nous y reviendrons plus tard, et
ne trouvez-vous pas que j'ai eu raison de vous demander, en commençant, si vous savez bien ce que
c'est qu'une plante?

Au seuil de l'existence, à ce point d'intersection,
sorte de carrefour idéal d'où s'élancent les trois règnes,

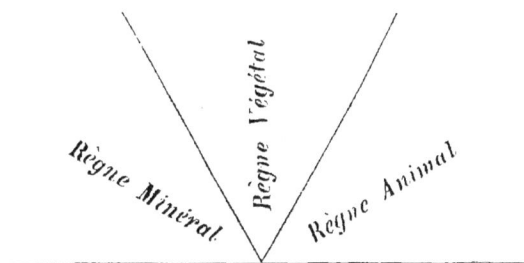

la vie hésite et semble osciller entre les trois royaumes
qui s'ouvrent devant elle. Plus la créature est incom-
plète, plus bas elle se trouve sur l'échelle organique,

et plus aussi elle confine à ces limbes mystérieux où s'éveillent les premières vibrations, où tressaillent les premiers candidats à l'existence.

La plante, à ses débuts, participe donc elle aussi à cette incertitude de la vie élémentaire. En descendant bien bas, à l'origine du règne végétal, on trouve toute une famille d'êtres extraordinaires appelés Zoophytes (c'est-à-dire animaux-plantes), pour la classification définitive desquels les plus grands naturalistes se déclarent incompétents.

La plante, vous le voyez, n'est donc pas toujours suffisamment distincte des autres créatures pour qu'on puisse sans hésitation lui assigner sa place dans la série vivante ; c'est donc très-modestement, et en faisant toutes nos réserves, que nous proposons la définition suivante : La plante est un être organisé, occupant sur l'échelle de la création un degré immédiatement inférieur à celui de l'animal, et vivant d'une vie qui paraît généralement inconsciente, bien qu'elle se manifeste parfois par des actes inexplicables de mouvement et de sensations apparentes.

Mais assez de philosophie comme cela. Nous allons entrer dans le cœur même de notre sujet, et tâcher de donner dans les quelques pages qui vont suivre une idée générale de la vie végétale, afin de rendre parfaitement compréhensible, même pour les lecteurs auxquels la botanique est tout à fait étrangère, l'étude des principaux types qui doivent faire le sujet de cet ouvrage.

Vous savez ce qui arrive, n'est-ce pas, quand sous les ailes d'un oiseau on a placé un œuf qui, pendant un temps plus ou moins long, selon l'espèce, y subit la

mystérieuse influence de l'incubation? Vous savez encore qu'il n'est nullement besoin, pour que cet œuf
arrive à l'éclosion, que ce soit précisément sa mère qui
développe le germe de vie qu'il contient. Il y a des
couveuses artificielles, c'est-à-dire des sortes de fours
où, par centaines et par milliers, l'on fait éclore divers
oiseaux de basse-cour; il y a même des animaux, tels
que l'Autruche, les Tortues et les Crocodiles, qui pondent
dans le sable des brûlants pays qu'ils habitent, et con-
fient aux rayons du soleil le soin de mener à éclosion
leur progéniture.

Ces diverses sortes d'incubation nous amènent au
rapprochement que nous voulons faire; ils le justifient
surtout, et nous autorisent à dire que la graine d'une
plante est tout simplement un *œuf végétal*.

Voici donc cet œuf dans la terre. Qu'il
y trouve chaleur et humidité, et tout aussitôt l'incubation commence. L'enveloppe
extérieure se gonfle, puis se déchire; la
tigelle d'un côté, la radicule de l'autre,
s'allongent, l'une vers la lumière du jour,
et l'autre vers le centre de la terre. La
première, est-il besoin de l'ajouter? deviendra la tige, tandis que l'autre sera la
racine.

Étudions-les toutes deux, en commençant par celle qui, sous la terre, forme
comme la base du végétal, dont elle est
toujours le point d'appui, et très-souvent
aussi l'un des plus puissants organes de
nutrition.

Tigelle et Radicule

La racine est bizarre d'allures et fort capricieuse de

forme. Les unes, comme celles des Lentilles aquatiques,
flottent dans l'eau sans jamais en toucher le fond, tandis
que d'autres, telles que certaines Orchidées, flottent à
l'air libre sans jamais descendre jusqu'à terre. Il en est

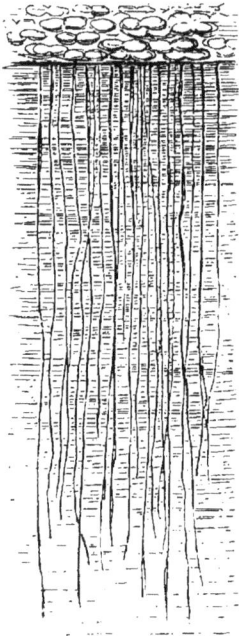

Lentilles d'eau.

Vanille.

qui vont puiser leur nourriture dans les tissus mêmes
des autres végétaux; ce sont les racines des plantes parasites. Il en est d'autres qui paraissent n'avoir d'autres
fonctions que de fixer la plante au sol; telles sont celles
des plantes grasses, et des Cactées tout spécialement.
Ajoutons toutefois que la majorité des racines plonge
dans la terre, où elles s'allongent et multiplient sans
relâche la légion toujours affamée de leurs fibrilles.

Ces fibrilles sont redoutables, tant elles sont voraces et hardies. Rien ne les détourne du but qu'elles cherchent à atteindre. Opposez-leur un obstacle, elles en feront le tour; détournez-les de leur direction première, elles y reviendront par un circuit; coupez-les enfin, elles repousseront invincibles, dix au lieu d'une, se multipliant comme l'hydre de la mythologie, et re viendront lentement, mais sans arrêt ni recul, vers le but qui les attirait.

Cet attrait est éternellement le même, c'est l'eau, ou tout au moins les sucs d'une terre humide et nutritive, car la racine boit et mange avec une voracité que rien n'assouvit; aussi n'est-il rien qu'elle ne fasse pour atteindre l'objet de son éternelle convoitise. Renverser les murs, fendre les pierres, tourner les obstacles impénétrables, franchir parfois d'immenses espaces, ce sont là jeux habituels pour la racine. Une puissance instinctive, irrésistible et souvent merveilleusement clairvoyante, pousse ces organes aveugles à la conquête des éléments de leur nutrition. Ici, c'est un Acacia qui, mourant de soif, envoie une de ses racines se plonger dans un puits voisin, à travers une cave profonde; là, un Érable qui, mourant de faim, émet une racine le long d'un mur, lui fait franchir un tas de décombres stériles, et l'expédie aux provisions dans une bonne terre nourrissante.

Quant aux formes innombrables qu'affecte la racine, nous n'essaierons même pas de les énumérer; contentons-nous de dire que les deux principales sont la forme pivotante et la forme fasciculée. Il est sans aucun doute inutile de faire ressortir l'importance de l'organe radiculaire, puisque c'est par son moyen que la plante

puise dans le sol tout ce dont elle a besoin pour
vivre. C'est là que les fibrilles terminales choisissent les
aliments propres au végétal, et qu'elles puisent surtout
l'eau, ce véhicule universel, qui fournit aux canaux de
la tige des éléments divers que la force vitale fait
monter jusqu'à l'extrémité des branches.

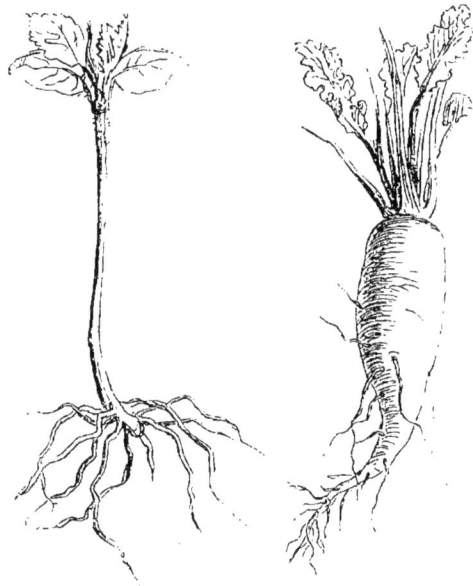

Racine asciculée du Melon. — Racine pivotante du Navet.

Puisque nous sommes aux branches, disons vite
qu'elles forment le complément indispensable des organes nutritifs radiculaires. Ce n'est pas seulement
d'eau que vit la plante, c'est aussi d'air, et c'est pour
répondre à cet impérieux besoin que l'ingénieuse nature a fait de la tête entière des végétaux un vaste
appareil respiratoire, où chaque feuille, semblable à un
petit poumon approprié aux exigences de la vie végé-

tale, puise dans l'atmosphère les divers gaz que la plante s'incorpore.

Ne croyez pas qu'elle les garde à tout jamais, cette bonne et utile créature; elle les analyse, les divise, conserve pour elle ce qui lui sert à confectionner tout ce bois et tout ce charbon qu'elle nous fournit, puis rejette dans l'espace un gaz vivifiant appelé oxygène, qui assainit notre atmosphère.

Mais, pour aller des racines au feuillage, nous avons dû passer nécessairement par la tige, dont nous n'avons dit qu'un mot. Revenons-y un instant. La tige c'est le corps même de la plante; corps non pas massif et inerte, comme on pourrait se l'imaginer en voyant l'immobilité de ces vieux troncs d'arbres sous la rugueuse écorce desquels toute vie semble avoir disparu, mais très-vivant, au contraire, tout sillonné de canaux ou de tubes qui, semblables aux veines des animaux, établissent dans le végétal tout entier un système complet de circulation. Le sang des végétaux, ou du moins le liquide qui en tient lieu, s'appelle la *séve*, et cette

séve circule dans la tige des plantes à l'aide d'une
force mystérieuse qui dépasse de beaucoup celle qui
chasse le sang dans les artères des plus grands animaux.

Cette circulation constitue la santé du végétal, et
toujours, comme chez l'animal, y amène l'accroissement des tissus. L'accroissement des tissus! Savez-
vous bien que c'est là une grosse, grosse question,
ami lecteur, et que pendant des siècles, les savants les
plus poudrés et les plus chauves se sont doctement
disputés, — chacun d'eux à son tour trouvant que
tous les autres, sans exception, étaient parfaitement
absurdes.

N'importe, tranquillisez-vous. Je ne vous répèterai
aucune de leurs théories, je ne vous résumerai pas le
plus petit de leurs gros livres, et vous dirai tout simplement que chaque année, dans chaque arbre, il se
forme, juste au point de contact de l'écorce et du bois,
deux couches nouvelles; l'une enveloppante, qui s'a-
joute à l'écorce, et l'autre enveloppée, qui s'ajoute au
bois proprement dit; de
telle sorte que, sur le tronc
d'un arbre scié et poli, il
est facile, en comptant les
cercles ou couches annuelles
de bois qui s'y trouvent,
de savoir d'une manière à
peu près exacte le nombre
d'années qu'il a vécu.

Voilà donc notre arbre constitué. Au moyen de
ses racines, il puise dans le sol l'eau et les éléments
minéraux dont il a besoin; le long de sa tige monte la

séve, qui va porter la vie jusqu'aux extrémités les plus
élevées, et dans l'atmosphère se balance sa tête dont les
feuilles, comme autant de petits laboratoires chimiques,
analysent l'air qu'elles aspirent, gardant pour elles
l'acide carbonique et exhalant l'oxygène dans la masse
atmosphérique, dont elles rendent ainsi la composition
parfaite pour les poumons des races animales.

Mais est-ce tout, et notre végétal est-il complet?
Non, certes. Nous n'avons rien dit encore de sa parure,
de ces merveilleuses fleurs dont il se couronne, et qui
résument les plus admirables phénomènes de la végétation. La fleur, suprême effort et dernier idéal de la
vie végétale, semble être l'éternel objet des vagues
rêveries de chaque plante.

Cette fleur, comme les feuilles, comme les tiges et
comme les racines, reçoit toutes les formes possibles, se
pare de toutes les couleurs imaginables. Depuis l'imperceptible corolle du Myosotis, dont le petit œil timide et
azuré se cache dans les plus basses herbes, jusqu'à ces
énormes fleurs d'Aristoloche de l'Amérique méridionale,
qui, larges comme un casque, dont elles ont d'ailleurs
l'apparence, servent de coiffure aux indigènes, la fleur
étale à nos regards l'innombrable collection des types
les plus originaux. Plus tard nous décrirons quelques-
unes de ces gigantesques corolles qui sont, dans le
monde des fleurs, ce que sont dans celui des oiseaux
les aigles et les condors. Pour le moment, passons.
Laissons de côté la loi si curieuse de morphologie
végétale, suivant laquelle il est maintenant constaté
que les pétales les plus éclatants sont tout simplement d'humbles feuilles métamorphosées, et arrivons
à ce qui succède à la fleur, à ce fruit, à cette graine

que la nature a chargée de l'importante mission d'assurer l'avenir en reproduisant indéfiniment chaque espèce.

Quand la floraison est terminée, quand étamines et pistils (1) ont accompli l'œuvre mystérieuse de la fécondation, la brillante livrée de la corolle, désormais inutile, se fane, tombe ou se dessèche. Le fruit, qu'enveloppe généralement le calice, grossit, mûrit, puis tombe à son tour, et la graine contenant le germe d'une nouvelle vie peut attendre des jours, des mois, des années et des siècles parfois, l'heure de la germination.

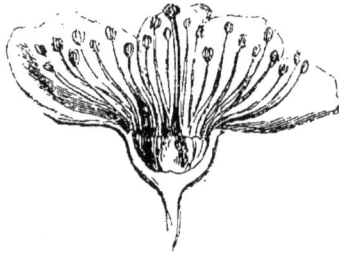

Étamines et pistil.

C'est ainsi que s'accomplit l'évolution complète de la plante. Nous l'avons prise au début, alors que, simple germe, elle s'essayait à vivre; nous la retrouvons germe encore, après qu'elle a parcouru les diverses périodes de la vie végétale.

Cette vie, que nous venons de résumer si rapidement, présente des complexités fort remarquables. On a pu voir, d'après les pages qui précèdent, que la plante, vis-à-vis de l'animal, offre de nombreux et curieux points de rapprochement. Comme ce dernier, elle mange, boit, se développe, se reproduit et meurt. Bien plus, quoique généralement immobile, elle cherche

1 Les *étamines* sont ces petits organes à extrémité renflée et généralement blancs ou jaunes qui se trouvent dans la corolle de la plupart des fleurs. — Le *pistil* est cette petite colonnette centrale et plus ou moins longue qu'entourent les étamines.

sa nourriture; nous l'avons vu dans l'histoire de la racine. Bien plus encore, elle sommeille, s'agite parfois,
souffre, languit, manifeste dans certains cas ses ami-
tiés ou ses sympathies..... Arrêtons-nous là, de peur
qu'on ne nous accuse de faire, dans notre partialité,
la part trop belle à notre héroïne intéressante.

Non, nous n'exagérons pas. Le sommeil végétal est
un phénomène constaté d'une façon absolue. Une foule
de végétaux prennent, à la chute du jour, une attitude
particulière; certaines plantes aquatiques ramènent
leurs fleurs au fond de l'eau, et les prairies de Trèfles,
les soirs d'été, ressemblent à de vastes dortoirs, où
chacune de ces gentilles Légumineuses rapproche fort
soigneusement ses deux folioles latérales, puis replie
au-dessus d'elles la feuille terminale, qui les recouvre
comme une tente protectrice.

Mais voici bien d'autres merveilles que nous fournit
particulièrement cette riche famille des Légumineuses;
il s'agit de ce qu'on appelle, en botanique, la sensibilité végétale. C'est ici que se sont multipliées les
discordes et les querelles. Deux camps se sont formés,
tout comme sur un champ de bataille. D'un côté se sont
rangés une catégorie de savants qui, repoussant tout ce
que n'expliquent pas les lois purement mécaniques, ne
voient dans la plante qu'un organisme inerte, passif,
et dénué de toutes les propriétés des êtres vivants. Dans
l'autre camp, excès contraire. Les botanistes de cette
école, dépassant le but et, il faut bien le dire malgré
toutes nos sympathies pour eux, compromettant un
peu la cause, attribuent aux végétaux une somme de
propriétés, de facultés et de vertus, dont il paraît décidément impossible d'admettre le catalogue.

Gardons une réserve impartiale, et ne voyons dans la nature, bien assez riche sans le supplément de notre imagination, que ce qu'elle nous révèle elle-même de ses propres merveilles. Il est évident qu'on ne peut assimiler les phénomènes de la vie végétale, ni à de simples actes mécaniques, ni à un ensemble d'opérations intellectuelles. Ces diverses hypothèses tombent devant l'enquête scientifique qui, à leur place, ne trouve qu'un fait, mystérieux à la vérité, mais qui du moins ne choque ni le sentiment, ni la raison, c'est-à-dire une *force vitale* dont les vertus et l'intensité expliquent les divers phénomènes, et mettent en évidence la vie bien réelle, quoique *spéciale,* dont les végétaux sont animés.

De nombreuses expériences attestent donc qu'il y a dans les plantes une sensibilité vague, mais analogue à celle qui, chez les animaux, se manifeste d'une façon graduelle depuis les polypes et les rayonnés, à peu près insensibles, jusqu'aux animaux supérieurs et jusqu'à l'homme, dont chaque muscle renferme de si effrayants trésors de douleurs. L'électricité foudroie certains végétaux, les narcotiques les paralysent ou les tuent. Une Sensitive arrosée d'opium replie ses feuilles les unes après les autres, et s'endort profondément; les poisons, enfin, agissent sur le végétal comme sur l'animal lui-même; il m'est arrivé d'empoisonner des plantes, ou des parties de plantes, — car on sait que chez elles la vie n'est pas localisée dans un centre unique — avec une simple petite goutte d'un acide quelconque.

La plante souffre donc, puisque la vie recule en elle ou disparaît devant telles causes qui deviennent pour

elle, comme pour l'animal, stupéfiantes ou désorgani-
satrices. La plante a faim, la plante a soif, la plante
étouffe quand l'air lui manque, la plante enfin, qui
paraît toujours immobile, est souvent douée d'une
motilité qui lui appartient en propre.

Indépendamment de la Sensitive et de beaucoup de
Légumineuses, dont les mouvements sont connus et
dont il sera question plus loin, presque tous les végétaux, à l'époque de la floraison, paraissent soumis à
l'influence d'une surexcitation qui provoque les manifestations les plus étonnantes. Une fièvre extraordinaire vient enflammer cette créature jusque-là si calme
et si froide, et y opère parfois un dégagement de ca-
lorique relativement considérable. L'Onagre des jardins, dans les chaudes soirées d'été, développe avec
une rapidité singulière ses grands pétales odorants.
Une certaine Orchidée lance son pollen a plus d'un
mètre de distance, et la Rue, dont le mode de fécondation est devenu célèbre, relève successivement contre
le pistil chacune de ses huit ou dix étamines, qui, une
fois le pollen versé, retombe et reprend le rang
qu'elle occupait précédemment sur le disque floral.
Dans d'autres végétaux, c'est le pistil lui-même qui
s'incline vers les étamines; il y a, chose plus extraor-
ordinaire encore, des arbres qui rapprochent leurs
branches pour rapprocher leurs fleurs; tout le monde
enfin connaît, au moins de réputation, la merveilleuse
Vallisnérie, dont on retrouvera plus loin et le nom et
l'histoire..... Que dire encore? Le monde végétal est
plein de merveilles de toutes sortes, et l'on se demande,
quand on en a étudié les manifestations souvent peu
apparentes, mais quelquefois aussi énergiques et sou-

daines, comment il se fait que l'esprit de système puisse fermer à l'évidence les yeux de ces physiologistes qui révoquent en doute et la vie de la plante et les analogies qui établissent entre elle et la vie animale d'incontestables affinités.

Nous sommes contraints de nous borner ici aux observations préliminaires qu'on vient de lire. L'étude de la plante et de sa vie, lors même que nous resterions dans les généralités les plus vagues, nous entraînerait bien au delà des limites de ce chapitre d'introduction, et nous ne pouvons que renvoyer le lecteur désireux d'en savoir davantage à notre ouvrage précédent, *la Plante*[1], où l'on trouvera non-seulement l'étude des divers phénomènes de la vie végétale, mais encore l'indication des ouvrages nécessaires à un cours complet de botanique.

[1] Hetzel, éditeur.

# LES ANCÊTRES

Le tapis végétal qui recouvre aujourd'hui la surface de la terre est loin d'en être le premier revêtement. Tous les restes organiques que l'on retrouve dans son écorce prouvent que d'innombrables générations de végétaux se sont succédé sur le globe, et que les puissantes couches de certains gisements houillers ne sont que le résidu carbonisé d'immenses, d'incommensurables forêts qui, pendant des centaines et des milliers de siècles, ont superposé leurs débris. Ces débris sont divers, divers aussi étaient les arbres qui composaient ces antiques forêts. Bien qu'il soit impossible de dresser un catalogue exact de ces végétaux, ancêtres de ceux qui vivent aujourd'hui sur la terre, on a pu cependant, grâce à des empreintes de tiges, de feuilles et de fruits conservées sur de larges surfaces de houille, et surtout à d'énormes fragments de lignite ou bois fossile, établir une liste relativement considérable des principaux végétaux primitifs.

Mais, avant de chercher à décrire ce vieux monde, reculons plus loin encore, et tâchons de surprendre les secrets mêmes de son origine.

Le fait le plus grandiose que nous révèle l'histoire

de la terre, ce sont les développements successifs que
le monde végétal a eu à subir avant d'en arriver à son
état actuel. C'est à une bien lointaine origine qu'il faut
remonter pour surprendre à son début cette force organique, qui depuis a rempli tout un règne de son
inépuisable fécondité. A peine la croûte de la terre se
fut-elle durcie, que déjà se trouvèrent en présence et
prêts à commencer leur œuvre gigantesque, tous les
éléments constitutifs du monde végétal : le sol, l'eau,
l'air, la lumière et la chaleur.

Tenez, voulez-vous que nous renouvelions devant
nos yeux le spectacle de la naissance du monde? Prenons un verre d'eau et mettons-le au soleil; au bout
de quelques jours il se formera sur la paroi que frappe
la lumière une légère couche verte formée de globules
microscopiques. Ces globules, appelés *Matière verte de
Priestley*, ou encore *Protococcus*, sont la première
formule de la vie végétale; c'est ainsi que le règne a
débuté. C'est d'une simple et presque invisible cellule
que sont successivement sorties toutes les espèces qui
couvrent aujourd'hui la terre. Merveilleuse de fécondité, c'est elle qui dans les parois transparentes de
sa mince membrane contenait tout un règne, et s'ap-
prêtait à donner à un monde la vie dont elle a été faite
dépositaire.

Les premiers végétaux organisés ne purent être que
des plantes marines, puisque sur la surface entière
du globe s'étendit, pendant de longs siècles, l'Océan
universel. Ces plantes furent des Fucus, dont les innombrables espèces remplirent les bas-fonds, tapis-
sèrent les premiers rochers et flottèrent sur ces vagues
immenses qui, d'un horizon à l'autre, poussaient leurs

vastes sillons d'écume. Toutefois la terre ferme apparut peu à peu, et sema la vaste mer d'îles d'abord isolées, puis d'archipels, puis enfin de continents sur lesquels se montrèrent chaque fois des végétaux conformes à la nature des terrains nouvellement émergés.

Il y eut donc non-seulement progression, mais encore graduation, c'est-à-dire série. Après les plantes aquatiques vinrent les plantes de marais, puis des végétaux presque amphibies, et enfin cette génération de plantes décidément terrestres et aériennes qui couvrirent les premières surfaces desséchées. Ce furent des Fougères arborescentes, des Sigillaires, des Conifères, des Casuarinées, des Cycadées et des Araucariées, dont les descendants actuels témoignent par leurs formes un peu étranges d'un monde primitif et de générations éteintes. Comme les Araucariées, quelques autres des plus anciens types se sont conservés. On en a retrouvé au Japon, dans la Nouvelle-Zélande, en Australie; et il est telle portion de forêt, tel fragment de paysage, qui peut donner au voyageur une idée amoindrie, mais néanmoins exacte, de ces âges lointains de l'époque houillère, où d'immenses forêts couvraient la plupart des îles plates dont était probablement parsemée la surface de l'océan universel. Une idée exacte, mais amoindrie, avons-nous dit; en effet, les représentants des espèces primitives sont généralement de dimensions restreintes, qui ne rappellent que de fort loin celles des premiers-nés de la race. Les Fougères, qui autrefois étaient arborescentes et formaient de vastes forêts, ne sont aujourd'hui, sauf quelques exceptions, que de pauvres arbustes, presque des herbes, dont tout le monde connaît la taille exiguë. On en peut dire autant des Equisétacées, ou Prêles, dont la frêle *Queue de Renard* de nos marécages ne saurait donner aujourd'hui une idée bien imposante. Mêmes observations pour les Balanophores, les Cycadées, les Casuarinées et les Cyprès des tombeaux.

N'importe, ils sont remarquables et d'un aspect saisissant ces ancêtres du monde végétal. Quand on voit, au milieu de nos plantes modernes, au-dessus des riants massifs de fleurs de nos jardins, se profiler les lignes sombres, les formes anguleuses, les grands bras sinistres de quelque Araucaria du Chili, on sent qu'il y a là comme un étranger, et qu'un nombre incalculable de siècles séparent de l'antique témoin

Fougères arborescentes.

des premiers âges les formes nouvelles de notre flore contemporaine. Ces types anciens, n'ayant aucune affinité avec les types de la création actuelle, s'isolent par leur nature même, rompent toute série, et semblent protester contre les générations frivoles du jour, comme le pourrait faire tel vieux philosophe austère et morose qui tout à coup serait transporté au milieu d'une folle bande de jeunes écervelés.

C'est que les formes primitives étaient sérieuses, parfois même sévères. La grâce des Fougères arborescentes et des Palmiers à panaches flottants n'ôtait pas aux forêts de ces temps reculés leur physionomie uniforme et caractéristique. Les massives Cycadées, les lourdes Sigillaires, et par dessus tout les Équisétacées qui, nues et sinistres, s'élevaient du milieu des marécages comme d'informes tentatives végétales, témoignaient toutes d'une flore imparfaite, c'est-à-dire d'une force organique encore inhabile, qui répétait jusqu'à la monotonie les mêmes types végétaux caractérisés par un tronc d'une grosseur presque uniforme et couronné par un panache, toujours le même, de feuilles retombantes.

Quelle différence entre ces formes élémentaires et les formes complexes et harmoniques de nos arbres actuels, tels qu'un Frêne ou un Chêne! Dans ceux-ci se manifeste la figure végétale dans tout ce qu'elle a de physionomie et de signification. C'est là que triomphe la branche qui, au sortir du tronc, se fait indépendante, s'individualise et constitue un nouvel arbre avec des rameaux propres et un aspect particulier.

Mais ne quittons pas le vieux monde. Après les plantes aquatiques qui remplirent les premiers âges de l'histoire végétale, après les plantes amphibies ou des marécages, qui servirent de transition et peuplèrent ces vastes plateaux de l'époque lacustre, toujours à demi submergés par les pluies diluviennes et les débordements continuels des cours d'eaux, après tous les essais, tous les tâtonnements de la jeune flore qui essayait ses forces, apparurent enfin les plantes terrestres et aériennes, à mesure que s'épurait l'atmosphère, et que se dissipaient les éternelles brumes. C'est ainsi que depuis

2·

la première cellule végétale jusqu'à l'apparition de l'homme sur la terre, s'enchaînent les créations organiques d'une façon non interrompue. On a été contraint, pour éviter les confusions, de diviser cette longue évolution végétale en périodes ou époques qu'on a rattachées à l'histoire de la terre, et dont nous allons résumer très-rapidement la série.

Entourées par les vagues d'une mer tiède encore, les montagnes primitives étaient formées. D'épaisses vapeurs flottaient lourdement sur les eaux, d'où elles montaient sans cesse et où elles retombaient en trombes ou averses diluviennes. D'immenses remous occasionnés par les vents et les courants de l'Océan mal équilibré, faisaient bondir ses vagues jusqu'aux faîtes des roches nouvelles, et des tempêtes non moins formidables agitaient jusqu'en ses couches supérieures la mer atmosphérique. D'énormes quantités d'acide carbonique surchargeaient cette atmosphère et la rendaient encore irrespirable pour les animaux supérieurs. Aussi est-ce de cette époque que date le rôle purificateur du végétal, qui, on le sait, absorbe et incorpore dans ses tissus précisément cet acide carbonique qui occasionne l'asphyxie dans les poumons de l'animal. Ces végétaux, tous aquatiques au début, se retrouvent au fond des mines de houille, où ils forment des couches d'une nature spéciale; aussi a-t-on eu raison d'appeler transitoire cette période, où ils servirent en effet de transition entre les roches primitives et les terrains sédimentaires, c'est-à-dire formés de couches accumulées par les eaux.

Il fut donc grand le rôle que jouèrent dans l'histoire de la flore universelle ces premiers et humbles travail-

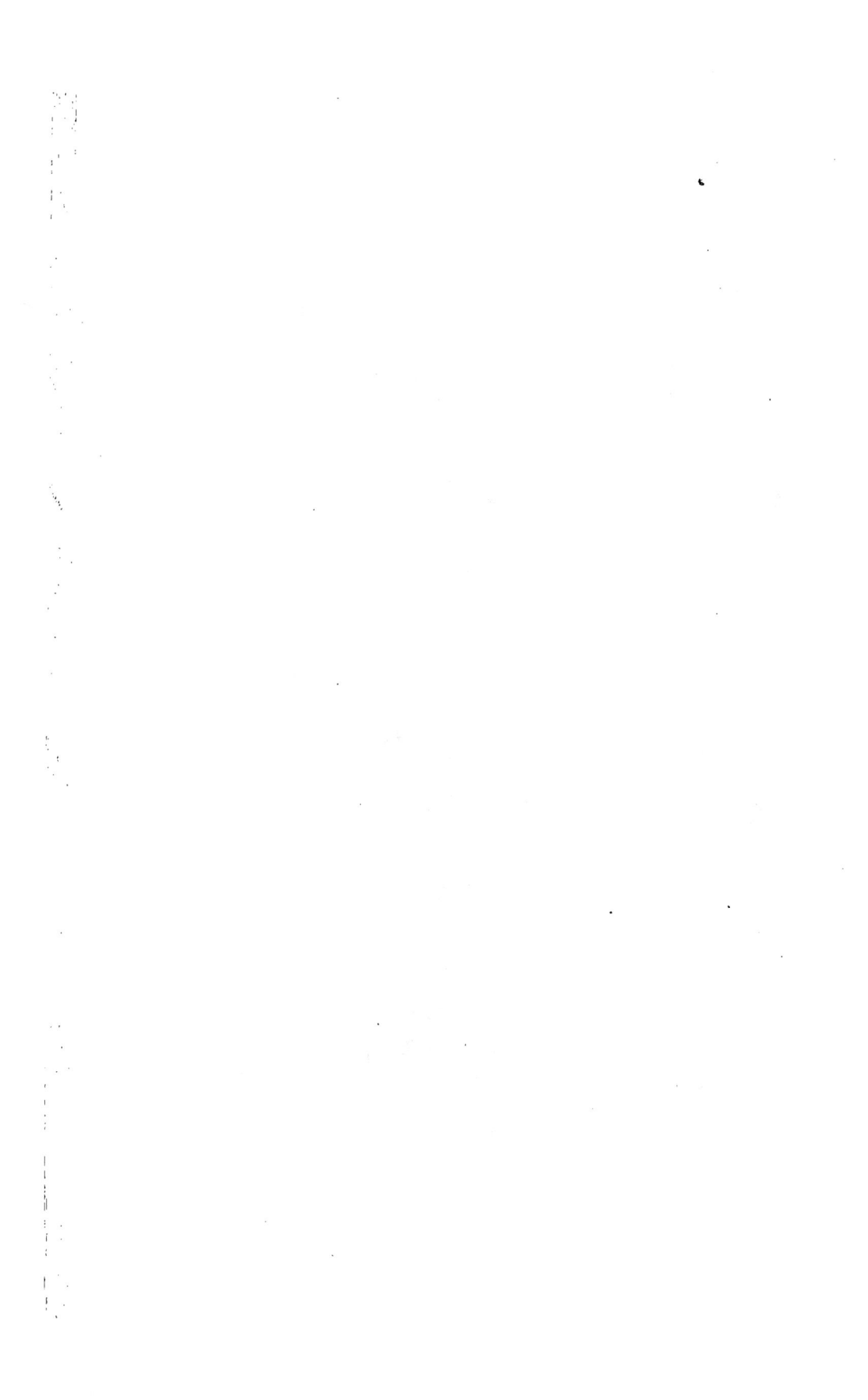

leurs. Lentement ils amoncelèrent leurs débris, et de
ces débris se forma la première couche d'humus ou
terre végétale, où purent germer et croître ces végétaux du second âge, dont l'importance devait être telle
pour l'industrie et la civilisation, qu'on désigne encore
la période qui les vit se succéder par le nom de leurs
débris fossiles (période houillère).

L'enveloppe terrestre, de plus en plus fracturée, s'élevait et hérissait d'îles la surface troublée de la mer. Ces
îles — on en sait aujourd'hui la place, qu'indiquent les
gisements houillers — se trouvaient disséminées à peu
près dans toutes les régions du globe, et c'est là que
s'étendirent bientôt ces vastes forêts primitives, dont
la durée dépasse tous les rêves de l'imagination.

On a essayé, d'après l'épaisseur des gisements carbo-
nifères, d'établir le compte approximatif de la longue
série de siècles pendant lesquels se sont accumulés
ces immenses débris végétaux, et l'on est arrivé à
des chiffres énormes ; les uns disent 150,000 années,
d'autres, beaucoup plus larges, vont jusqu'à affirmer que cette période a duré des millions d'années.
Quoi qu'il en soit, cette phase du monde végétal a dû
être d'une longueur extrême, quoique difficilement
appréciable ; ce n'est du reste qu'en accumulant les
siècles par centaines et par milliers que l'on arrive à
se faire une idée quelque peu exacte des transforma-
tions diverses que le globe a dû successivement subir.

Ces immenses forêts de l'époque houillère étaient
tristes et silencieuses. Nul chant d'oiseau, nul bour-
donnement d'insecte n'égayaient leurs vastes solitudes,
et s'il eût été donné à une oreille humaine d'écouter les
premiers vagissements de ce monde naissant, elle n'eût

entendu, dans l'atmosphère humide et lourde, que le
ruissellement doux des gouttes d'eau qui tombaient du
parasol des Stigmariées et des Fougères, ou que le
glissement flasque de quelques monstres amphibies
qui, pour passer d'une clairière à l'autre, traçaient un
sillon large et visqueux sur la boue verte des marécages.

Au-dessus des couches de cette longue et importante
période, couches bien des fois remaniées, se montrent
les détritus de la période suivante. Les Fougères arborescentes et les Calamites existent encore; mais les
autres espèces ont disparu, emportées avec le sol qui
les avait produites. Voici les Cycadées, les Conifères, de
gigantesques Liliacées ; et dans le monde animal, l'é-
norme Gavial, les colossales Tortues, le paradoxal
Ptérodactyle et les monstrueux Plésiosaures, accom-
pagnés des Ichthyosaures, non moins bizarres ni moins
monstrueux.

Hâtons-nous; la scène du monde s'est sensiblement
modifiée. Une phase nouvelle, désignée en géologie par
le nom de formation tertiaire, débute par une végétation tropicale qui, généralement encore, était répandue
sur la surface entière du globe. Les Palmiers poussaient
dans la grande île appelée aujourd'hui Angleterre;
au milieu des Pandanées et des Typhas, broutaient de
gigantesques Tapirs; des oiseaux remplissaient les forêts, et d'innombrables légions de Phoques et de Ba-
leines énormes sillonnaient la vaste mer sous toutes
les latitudes.

Toutefois les zones climatériques se dessinaient de
plus en plus. Les pôles graduellement se refroidirent,
et des flores entièrement distinctes vinrent succéder à

Forêt de l'époque houillère.

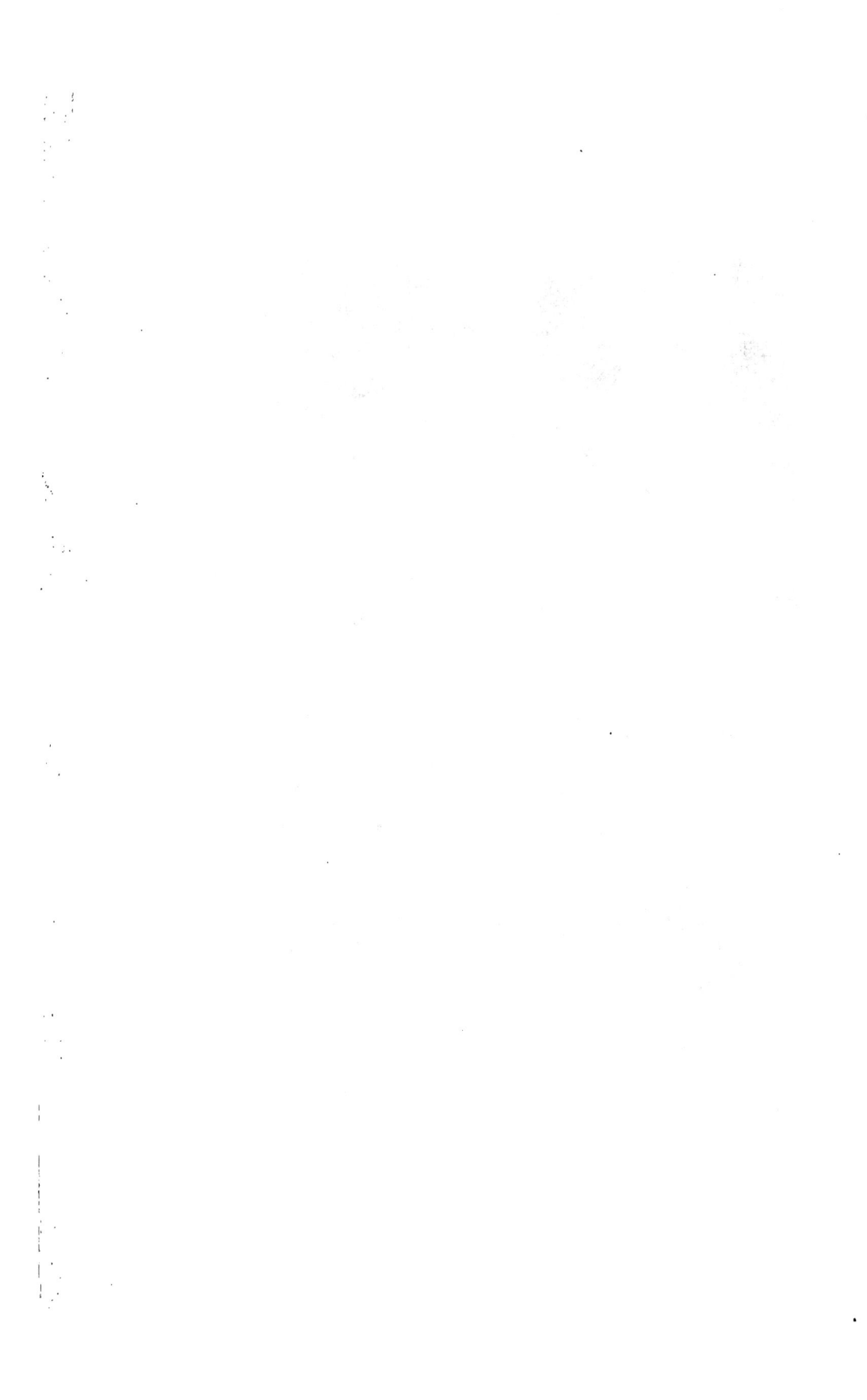

ce tapis végétal, que la chaleur centrale de la terre avait
primitivement étendu d'une manière uniforme. Alors
se formulèrent peu à peu les types végétaux actuels.
Des Aulnes et des Peupliers remplissaient les bas-fonds;
des Châtaigniers, des Ormes et des Chênes couvraient
de leurs massifs les collines baignées d'air pur, tandis
que sur les noires pyramides des Sapins éclataient au
soleil les troncs blancs et satinés des Bouleaux.

Toute cette vie organique paraît avoir été profondément remaniée par l'apparition d'un dernier réseau
montagneux qui, en changeant le niveau de la mer,
modifia la configuration des terres et donna aux continents la forme qu'ils ont conservée jusqu'à ce jour.

Résumons en quelques mots cette histoire déjà si
résumée du développement de la vie végétale. Débu-
tant avec les formules les plus simples, et se dévelop-
pant suivant les phases d'une progression ininterrom-
pue, elle monte d'organisme en organisme et suit les
perfectionnements du globe, qui, de son côté, voit
s'accroître ses énergies vivifiantes et ses facultés créa-
trices. Les formations primitives correspondent à une
température tropicale et uniformément répandue sur la
surface de la terre. Elles se sont modifiées avec la dé-
croissance de cette température et se sont réparties suivant la distinction des zones climatériques, qui, au nord
comme au sud et aux régions tropicales, ont créé les
grandes circonscriptions du règne végétal.

On doit comprendre maintenant le titre de notre chapitre. Ce sont bien véritablement les ancêtres des végétaux actuels que ces transfuges des périodes écoulées,
qui à travers les siècles ont perpétué leur race, celui ci
dans un bas-fond, celui-là sur une roche isolée, tel

autre sur la plage ensoleillée de quelque île perdue aux solitudes du grand Océan. Tous ils semblent protester contre l'impitoyable destinée, qui, aveugle et sourde, moissonne, arrache, détruit, ici une espèce végétale, là-bas une espèce animale, ailleurs une peuplade humaine, allongeant chaque jour le mélancolique chapitre de l'histoire des types éteints, des races disparues, élargissant sans limite la vaste nécropole universelle.

# LE MONDE DES EAUX

De quelque côté que se porte le regard de l'homme sur ce monde qui lui a été donné pour domaine, il voit s'étendre devant lui ce que l'on pourrait appeler le

Le monde des eaux.

vêtement de la terre, la « robe de la grande Isis », comme disaient les anciens poëtes. Mais ce n'est pas seulement à sa surface que s'étend le vaste et riche manteau végétal dont se parent les continents. Plus loin que la côte sablonneuse, par delà la falaise aux roches déchirées, dans ce mystérieux abîme des mers, où vont éternellement se perdre tant de fleuves tributaires, se montrent encore, et l'on pourrait presque dire surtout, les manifestations de la vie végétale.

Où n'est-elle pas, du reste, cette vie puissante, universelle? Du sommet nu de la montagne qui perce la neige et s'élève, solitaire, au-dessus des mornes déserts de glace, jusqu'aux profondeurs sombres des océans, se multiplie sans relâche et sous toutes les formes imaginables, cette créature vivace, énergique, impérissable, qu'on appelle la plante.

Elle abonde donc sous les eaux comme elle abonde sur la terre, et ce dut être avec une bien profonde surprise, que le premier plongeur se vit en présence de cette végétation sous-marine, qui étale aux lumières glauques de l'abîme l'élégance de ses formes et l'éclat de ses couleurs. Oui, formes et couleurs sont belles dans les « humides solitudes », et la vie s'y révèle avec une puissance de multiplication dont les richesses de la flore terrestre ne pourraient nous donner peut-être qu'une insuffisante idée. Plus l'homme avance dans l'intimité de la nature, plus loin il pousse ses investigations dans les domaines inexplorés et plus il y trouve la vie. Il la rencontre tumultueuse, fourmillante en des lieux qu'il croyait déserts, et l'œil de celui qui, au travers des lentilles du premier microscope, jeta un regard dans le royaume invisible, dut se reculer tout effaré par le spectacle de ce nouvel univers que l'imagination la plus hardie n'aurait même osé pressentir.

Ainsi en est-il particulièrement dans le domaine des eaux. Partout la vague est habitée par des myriades

d'êtres... Que dis-je? C'est la goutte d'eau elle-même,
qui, sous les verres grossissants nous présente des
richesses inattendues. Les énergies de la nature agissent avec une telle exubérance, dans les milieux océaniques, que la flore et la faune s'y combinent pour ainsi
dire, se prêtant leurs formes et confondant leurs moules.
Au début de l'existence, ces infiniment petits que l'œil
nu ne saurait apercevoir, semblent possédés de la passion du cumul. Chaque atome nouveau-né est pris
comme d'une sorte de vertige à l'entrée de ce beau
royaume de vie qui s'ouvre devant lui. Éperdu, il hésite,
avance, recule, se trompe d'avenue, prend d'abord
celle qui conduit au règne supérieur, puis revient sur
ses pas... « Non, dit-il, je ne suis qu'une plante »; et,
s'accrochant au rocher du rivage ou au bois mort que
pousse la vague, il se met à germer.

Merveille incomparable! c'est là l'histoire de ces millions d'êtres ambigus, de ces *Protozoaires,* de ces premiers vivants, pour lesquels il a fallu inventer un nom
nouveau, assez ambigu lui-même pour qu'il pût répondre à la nature vague des êtres qu'il désigne.

Les Protozoaires sont donc tout à la fois des plantes
et des animaux. Ce sont ces Polypes, ces Hydres,
ces Méduses, ces Actinies qui croissent comme des
végétaux ; ce sont aussi ces Algues, ces Nostochs,
ces Conferves et ces Fucus dont les germes s'agitent
comme des animalcules. Et avec quelle rapidité ils se
multiplient! Quelle fécondité dans la plus infime des
Algues, dans ce Protococcus qui, composé d'une seule
cellule, remplit d'innombrables globules verts toutes
les eaux croupissantes que réchauffent les rayons du
soleil.

Tout est là cependant, ou plutôt tout est sorti de
là ; nous le verrons plus tard. De ces Algues primitives sont nés des Cryptogames supérieures, lesquelles
à leur tour ont donné naissance à des Phanérogames,
et toujours, suivant cette série graduée que l'on retrouve dans toutes les œuvres de la nature, nous
voyons la vie croître et les organismes se perfectionner
à mesure qu'ils s'éloignent de leur point de départ.

Demeurons encore au milieu de ces Algues que nous
venons d'indiquer comme plantes primitives. Ce sont
elles, en effet, qui servent d'introduction à la grande
série des familles végétales. Leurs formes sont extrêmement diverses, puisqu'elles varient depuis la cellule unique et les filaments les plus élémentaires jusqu'aux longs rubans des Laminaires et à ces Fucus
de quatre ou cinq cents mètres, qui remplissent les
océans de leurs immenses banquises verdoyantes.

Les Algues ne sont pas seulement des plantes marines, mais aussi des plantes d'eau douce, car tout
le royaume aquatique leur appartient. Tandis que les
unes croissent dans les abîmes océaniques, à trois ou
quatre mille mètres de profondeur, les autres s'abandonnent au courant des ruisseaux ou s'étalent à la
surface des eaux dormantes en larges plaques croupissantes, visqueuses et d'un vert jaunâtre. D'autres,
quittant les eaux proprement dites, remplissent les
fanges marécageuses, et il est des terrains humides qui
ne sont guère composés que de millions et de milliards
de plantes microscopiques d'une si incroyable petitesse,
qu'il en faudrait juxtaposer bout à bout plusieurs milliers pour couvrir la longueur d'un centimètre !

Que leur importe leur petitesse, à ces puissants

atomes? Ils y suppléent par une fécondité prodigieuse, inconcevable, puisqu'ils n'arrivent à rien moins qu'à créer des couches de terrain d'une épaisseur énorme, qu'à exhausser le fond des marécages, en un mot, à transformer insensiblement la surface elle-même du globe.

Le monde aquatique, bien que principalement envahi par les Algues, n'en contient pas moins une population flottante de familles diverses, telles que Potamées, Ombellifères, Lemnacées, Nymphéacées, Hydrocharidées et Characées, dont les genres nombreux concourent, chacun selon ses moyens, à l'embellissement du royaume des eaux.

Il est inutile, n'est-ce pas? de vous décrire un de ces ruisseaux dormants ou mares vertes, qu'annoncent de loin, dans les campagnes, des rangées d'Aulnes, de Saules et de Peupliers. Paysages modestes! heureux celui qui, oublieux du tumulte des villes et des soucis de l'existence, sait en apprécier le charme doux et songeur! A l'heure de midi, alors que le soleil, dardant ses rayons presque perpendiculaires, fait crépiter les herbes sèches de la plaine, et remplit les basses couches de l'air de cette ardente vibration visible que l'on voit à la gueule des fours, alors que les Cigales répètent indéfiniment l'unique note de leur chanson monotone, venez, fuyons les champs torrides et les routes poudreuses. Prenons dans la prairie ce sentier bordé de Pissenlits jaunes, de Boutons d'or, de Lychnis roses et de blanches Pâquerettes; suivons-le, tournons à droite, revenons à gauche... la voici, la mare verte, fraîche, endormie, et cependant souriante, à l'ombre de ses Peupliers aux larges feuilles tremblotantes. Asseyons-

nous ici, et sachons y être heureux quelques heures; car,
je vous le déclare, j'aurais la plus mauvaise opinion de
vous, si vous ne saviez pas, dans le chuchotement des
feuilles et les soupirs de la brise, distinguer les confi-
dences du génie de la nature, qui vous chante à l'oreille
le poëme de la vie et les splendeurs de la lumière, au
milieu de cet ineffable narcotisme que nous verse un
ciel d'azur.

Au surplus, que vous faut-il qui ne se trouve ici?
Ombre, fraîcheur, silence, et pour votre œil tout un
clavier de couleurs éclatantes que bémolisent les plus
suaves demi-teintes. Voyez ces Libellules dont les ailes
tachées de velours vont de l'inflexible Iris aux longues
Graminées qui penchent, et ce tapis d'émeraude qui se
détache si bien sur la surface des eaux sombres, et ces
touffes de Salicaires dont les panaches violacés se mêlent
au feuillage gris de leurs amis les Saules.

Quelle harmonie, quelle paix, et aussi quelle ivresse!
Ivresse allanguie toutefois, car les bruits cessent à cette
heure ardente; tout se tait, sauf les Cigales; les Gerris
elles-mêmes, ces grandes Araignées d'eau qui toujours
sautent et glissent, ralentissent leurs courses saccadées;
seuls, les Gyrins étincelants poursuivent leurs méan-
dres infinis, et jettent un rapide éclair chaque fois
qu'ils traversent l'une des taches lumineuses que font,
tremblantes flèches d'or, les rayons du soleil qui percent
le feuillage.

Les végétaux aquatiques sont, dans certaines circonstances, d'une regrettable fécondité. Regrettable est
le mot, puisqu'ils vont jusqu'à exercer une fâcheuse
influence sur l'économie de la nature et la santé publique. Gœppert raconte qu'une ville de Silésie devint la

Une mare.

proie d'une véritable calamité occasionnée par la multiplication de la Leptomite laiteuse, petite plante aquatique, qui obstrua le canal d'un moulin, ferma tous les
conduits hydrauliques, corrompit l'eau et s'étendit sur
une surface énorme, avec une fougue que l'hiver lui-
même ne parvint pas à suspendre. Récemment encore,
une Hydrocharidée d'Amérique, échappée du jardin
botanique de Cambridge, s'est naturalisée en Angleterre avec une telle rapidité, qu'aujourd'hui elle
exhausse le fond des rivières, encombre les écluses,
entrave le halage, remplit ou entraîne les filets de
pêche, tue les poissons et noie les nageurs qui ne craignent pas de s'aventurer au milieu de ses filaments
redoutables.

Non moins prodigieuse est la puissance de reproduction des végétaux marins. Indépendamment des bas-
fonds qu'ils tapissent entièrement, la surface de certaines mers est littéralement couverte par des masses
d'Algues gigantesques, que l'on désigne généralement
sous le nom de Fucus ou de Varechs. Ces végétaux, en
s'associant, donnent à diverses régions marines une
physionomie qui rappelle les pâturages, les bosquets
et les forêts vierges de la terre. Sans les Fucus, la mer
ressemblerait à un désert sans vie ; car c'est au sein de
leurs agglomérations que naissent, vivent et se repro-
duisent des myriades d'animaux de toutes sortes, et
d'un hémisphère à l'autre, voyagent au milieu de ces
bancs énormes qui ressemblent à des îles flottantes. Les
amas de Varechs sont gigantesques à ce point, que l'un
d'eux, le plus grand, qui se trouve près des Açores,
présente une superficie environ sept fois aussi vaste que
celle de la France.

Mais ne nous contentons pas d'explorer la surface des mers; sondons ces abîmes sombres; descendons en imagination avec ces hardis plongeurs qui, sur certaines côtes, vont pêcher les Coraux ou les Éponges, et avec eux contemplons les magnificences qu'y déploie la flore sous-marine. Vous figurez-vous l'effet que doivent produire, sous les lueurs indécises, ces vastes tapis de velours vert sur lesquels tranchent, ici, les Iridées écarlates; plus loin, les feuilles jaunes des Thalassiophytes; ailleurs, les grandes Laminaires échevelées et tordues par la tempête?

Demeurons dans les profondeurs. Là, ni marées, ni remous, ni coups de vent, ni orages. Un calme éternel règne dans ces retraites solitaires, où s'étendent de vastes prairies ondulées, d'épaisses forêts vierges et des fourrés impénétrables. Certes, si l'imagination se plaisait encore à donner des palais fantastiques aux naïades ou aux néréides, c'est bien là qu'il faudrait les placer, au fond de ces grottes profondes et sous ces hautes voûtes verdoyantes. Mais laissons aux poëtes anciens, croyez-moi, leurs mythologiques fantaisies. Plus de naïades glauques, plus d'océanides aux cheveux verts dans les régions que nous explorons avec les yeux de la science; en revanche, des légions de créatures de toutes sortes, éclatantes d'or et de cent couleurs : poissons argentés, Dorades éblouissantes, Annélides de pourpre ou d'azur, flottantes Méduses, Seiches paradoxales, gracieux Nautiles, Coraux, Éponges, Madrépores, et tant d'autres qu'on ne saurait dire dans ce monde enchanté qui, mille fois plus merveilleux que celui des poëtes, laisse bien loin derrière lui nos fables et nos songes.

Plantes marines.

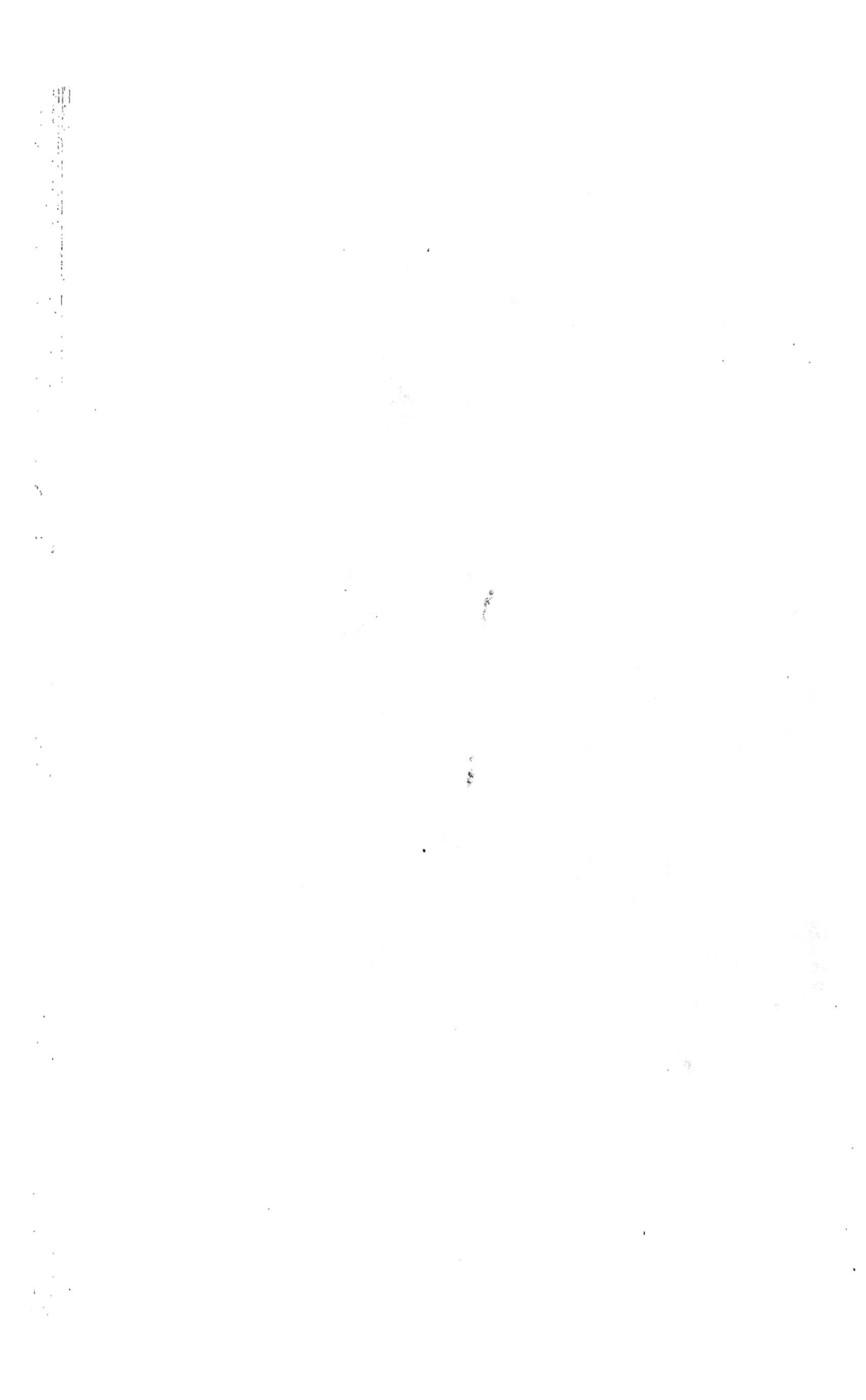

Et encore n'avons-nous rien dit des mystères les plus
étranges du monde océanique. Dans les eaux tièdes des
mers tropicales, nous l'avons dit plus haut, la vie sur-
abonde, dépasse généralement le but et jette la pertur-
bation dans les séries des classificateurs. Les plantes ne
produisent ni corolle ni calice; mais, par une compensation merveilleuse, ce sont les animaux qui, sous la
forme de calices et de corolles, remplissent d'équivoques ce monde fantastique. Vous voyez là des êtres
bizarres, colorés comme des fleurs, qui frémissent, s'a-
gitent, et allongent un tentacule quand quelque proie
s'aventure auprès d'eux. C'est là que s'épanouissent
l'Anémone de mer, rose sous sa blanche couronne, la
verte Astrée, l'Éponge fauve, la gracieuse Méandrine et
la Cariophyllée veloutée, qui jette autour d'elle, comme
de petits harpons de pêche, le faisceau toujours en
éveil de ses aigrettes d'or. Tout cela fleurit et remue,
mange et végète, à côté d'Algues de toutes sortes qui
ne fleurissent pas, mais qui, elles aussi, remuent! Je
vous le dis, c'est à n'y rien comprendre.

Oui, les Algues remuent, et ce sont pourtant bien des
plantes. Il en est qu'on appelle *Oscillaires,* et dont le
nom indique suffisamment la singulière propriété. Ce
sont de minces filaments verts qui agitent perpétuellement une de leurs extrémités et qui, nous l'avons dit
déjà, rampent vers la lumière.

Toutes les Algues ne présentent pas le même phénomène, mais toutes se distinguent par une particularité
des plus extraordinaires : c'est que leurs graines sont
douées de mouvement et semblent être de véritables
animalcules pareils aux infusoires. Ces semences, qu'on
appelle *spores* ou *zoospores,* seraient donc, selon les

apparences, momentanément animées d'une vie supérieure, puis reculeraient et reprendraient la place que
leur assigne leur nature. Bien peu de choses, à coup
sûr, sont plus merveilleuses dans l'histoire naturelle ;
que l'on en juge par ce qu'on va lire sur la Vauchérie,
petite Algue de marais qui peut servir de type.

Rien de plus élémentaire; un simple filament très-
allongé, creux d'un bout à l'autre, et plein de granulations vertes : voilà toute la plante. A une certaine
époque, l'une des extrémités de ce filament se renfle
en massue, la matière verte s'y condense et s'isole du
reste des granulations par la formation d'une cloison
transversale. A peine cette petite boule est-elle sépa-
rée qu'elle se revêt d'une membrane propre, et forme
alors une spore qui flotte librement dans la cavité.
Notre spore change bientôt de figure; elle était sphé-
rique, elle devient ovale, s'entoure d'une couronne de
cils, s'échappe de la poche qui la contenait : la voilà
libre. C'est alors que se montre le plus curieux spectacle. Pendant des heures, — un jour entier quelquefois, — cette étrange créature nage et tourne sur elle-
même au moyen de la petite roue de cils qui l'enveloppe
et dont elle se sert comme de véritables nageoires. Ce
ne sont pas, qu'on le remarque bien, des mouvements
automatiques qui l'agitent et la font ainsi tourbillonner;
elle *folâtre* dans l'eau, suivant l'expression de l'un de
ses historiens, et elle oblige les botanistes les plus autorisés à déclarer, en présence de la spontanéité apparente de ses évolutions, qu'il est absolument impossible
d'établir une distinction certaine entre ces végétaux
extraordinaires et les premiers-nés du règne supérieur.

Mais voici que toute cette exubérance s'épuise. Après

quelques heures de fiévreuse vitalité, qui résument peut-être pour elle des mois ou des années, notre spore s'arrête. Plus que cela, elle devient pour jamais immobile, et il lui faut déchoir. La spore, redevenue plante, perd sa couronne de cils maintenant inutile. Elle s'attache à la feuille qui flotte, au bois mort qu'emporte le courant, ou à l'herbe du rivage, et là elle se met à germer ; c'est désormais une plante comme l'Algue maternelle dont elle avait d'abord semblé vouloir fuir la destinée.

Vous croyez être au bout ; pas encore. L'histoire de la Vauchérie, toute merveilleuse qu'elle est, est encore dépassée par celle de la *Sphæroplea annulina*, petite Conferve d'eau douce également composée de longs filaments celluleux. Au printemps, le contenu des cellules se modifie d'une manière sensible. Les granulations de matière verte s'y condensent en petites masses, s'iso-

lent les unes des autres et finissent par devenir de jeunes spores molles et élastiques. Toutefois les mêmes

modifications ne s'opèrent pas dans chacune des cellules de notre curieuse Conferve. Tandis que certaines d'entre elles se remplissent de sporanges, c'est-à-dire

3*

de sachets pleins de spores, il en est d'autres où la
matière interne devient rougeâtre, et ne tarde pas à
s'organiser en un nombre incalculable de corpuscules
appelés *anthérozoïdes,* et comme agglutinés les uns
contre les autres. Mais voici que ces agglomérations se
décomposent. Les corpuscules échappent à cette sorte
d'attraction qui les retenait unis, s'aventurent dans la
cavité libre de la cellule, y affluent de toutes parts et si
bien, que la masse rougeâtre éparpillée finit par remplir tout l'espace cellulaire d'un indescriptible fourmil-
lement. Le spectacle devient alors des plus extraordi-

naires. La membrane des cellules, travaillée par les
assauts multipliés des anthérozoïdes impatients et vivaces, finit par se rompre en différents endroits et par
leur livrer passage. Tous alors, en foule, comme enfié-
vrés, et dans un désordre inexprimable, ils se préci-
pitent vers les issues, où ils s'épuisent en essais déses-
pérés jusqu'à ce qu'ils aient conquis leur liberté. Ces
anthérozoïdes, dont la petitesse est extrême, puisqu'ils
ne mesurent qu'un centième de millimètre dans leur
plus grande longueur, sont de forme cylindrique et colorés à leur extrémité postérieure d'une teinte jaunâtre.
L'extrémité antérieure s'allonge, au contraire, en une
sorte de bec transparent que surmontent deux longs
cils d'une ténuité inouïe; ainsi constitués, ils ne sont
pas sans analogie, on le voit, avec de petits coléoptères
d'une exiguïté microscopique.

Les voilà donc libres; mais aussi quelle ivresse! Ils la manifestent par les évolutions les plus excentriques; les uns tournent sur eux-mêmes comme un véritable moulinet; les autres, agrandissant le cercle, se meuvent exactement comme le chat qui court après sa queue; d'autres enfin, plus hardis et plus forts, décrivent de longues courses saccadées par une série de sauts qui, sans but nettement apparent, semblent cependant influencés par l'attraction de la lumière.

Mais voici que leur indécision cesse aussitôt que des sporanges sont répandues dans le liquide où ils nagent. Ils s'agitent autour d'elles, s'attachent à leurs parois, finissent par s'introduire dans la membrane qui les enveloppe, puis s'empressent alors autour des jeunes spores, allant rapidement de l'une à l'autre comme entraînés par une sorte d'attraction magnétique.

Puis c'est tout. Au bout de quelques heures on voit les mouvements se ralentir, les anthérozoïdes s'attacher aux spores par les cils de leur rostre, puis devenir immobiles et disparaître bientôt à leur surface, comme une imperceptible gouttelette absorbée par un tissu spongieux. Quant aux spores, elles sont devenues aptes à se développer comme de véritables plantes, par simple voie de germination.

Arrêtons-nous après ces merveilles. Il serait difficile, on en conviendra, de trouver une histoire plus curieuse et plus instructive que celle de cette Algue qui, sortie d'une plante, redevient plante elle-même après une sorte de tentative d'émancipation.

Pourquoi cette tentative apparente; pourquoi ce recul d'une vie fourvoyée? On ne le sait, et nul philosophe naturaliste n'a pu encore, et ne pourra peut-être jamais

raconter avec une clarté suffisante ces problèmes obscurs, mais charmants, de la physiologie végétale.

Devant ces mystères on se perd en conjectures, en
suppositions infinies. Qui pourrait savoir — l'homme
aimera toujours à prêter ses sensations aux créatures
qui l'entourent — ce qu'éprouvent ces êtres bizarres,
ces Polypes, ces Zoophytes qui, sur la frontière des
deux règnes, participent des deux à la fois, et si cette
Algue, en particulier, au retour d'une vie supérieure
entrevue, n'emporte pas avec elle..... que sais-je?
comme un regret, au souvenir de quelque vague mais
lumineuse vision!.... Laissons ces rêves.

# LES CHAMPIGNONS

---

Descendons au royaume des ombres. Dans l'herbe
humide, sous la feuille morte, entre les froides pierres,
au fond des cavernes ou des caves, dans tous les lieux

Champignons.

bas et sombres enfin, habite un peuple de végétaux
visqueux, mous, presque toujours livides, et souvent
vénéneux, ce sont les Champignons.

A part et malgré quelques exceptions surprenantes,

les Champignons sont une famille malsaine, croissant sur des corps désorganisés ou putréfiés, vivant de la mort des autres et flairant de loin le cadavre. Un arbre devient-il malade, vite voilà les Champignons qui arrivent, venant on ne sait d'où et montrant leurs petites faces jaunâtres et gluantes entre les vieilles écorces pourries ou au fond des plaies de mauvaise nature. Un liquide fermente-t-il, Champignons; un mets devient-il douteux, Champignons; un fruit tourne-t-il à l'acide, Champignons; le pain lui-même, le pain vivifiant et pur est-il abandonné quelque temps à l'humidité, Champignons. Les Champignons sont les vautours du monde végétal. Depuis les infimes Moisissures verdâtres qui ressemblent au vert de gris, jusqu'aux larges Bolets des bois, jusqu'à la gigantesque Rafflesia elle-même, elle est partout et s'étend de toutes parts, l'innombrable et redoutable légion.

Il y a des Champignons qui rongent les cheveux de l'homme, d'autres qui s'implantent dans ses poumons malades, d'autres qui obstruent ses conduits auditifs, d'autres encore qui croissent sur les insectes, dans les yeux des Abeilles ou sous les élytres des Coléoptères; il n'est guère de tissus malades, chez l'homme ou chez les animaux, qui ne soient exposés à l'envahissement de ces horribles parasites.

Ajoutez à cela que ces végétaux ont quelque chose d'étrange, de suspect et presque de mystérieux. Vous trouvez dans une prairie un de ces jolis Agarics blancs et roses, — car il y en a de jolis, je n'en disconviens pas, — qui généralement poussent par bandes dans ces ronds d'herbe d'un vert foncé que l'on appelle dans

les campagnes « danses de sorcières » ; et vous croyez
bonnement voir dans cet Agaric le Champignon lui-
même, ou, en d'autres termes, la plante tout entière.
Erreur ! Ce que vous voyez sur le sol n'est qu'une sorte
d'appendice, que l'organe de la fructification ; le champignon lui-même, la vraie plante est sous la terre, où
elle étend, comme un filet, le fin réseau de ses ramifications. Il en est d'autres, la Truffe par exemple, sur

Agarics.

la nature de laquelle les savants sont longtemps de-
meurés en désaccord, les uns ne voyant dans ce Crypto-
game énigmatique qu'une sorte d'excroissance provenant de la piqûre d'un insecte faite sur les racines de
certains arbres, tandis que d'autres soutiennent que la
Truffe est simplement un Champignon plus ou moins
analogue à beaucoup d'autres. Il faut bien dire que ces
derniers paraissent avoir raison ; mais n'est-il pas étonnant de voir des végétaux connus et appréciés depuis
si longtemps se dérober à toutes les investigations, et
obliger la botanique moderne elle-même à se contenter
de simples conjectures ?

Les Champignons sont donc de singuliers personnages, je vous le dis, des sournois qui ne racontent leurs affaires à personne, et qui du soir au matin apparaissent et se développent avec une rapidité tenant du prodige, puisqu'on en a vu parvenir, dans une seule nuit, de la grosseur d'une noisette à celle de la plus énorme noix de coco.

La famille des Champignons se distingue, comme beaucoup d'autres du reste, par une prodigieuse diversité de formes. Dans certains cas, ces végétaux se réunissent aux Lichens, et, comme ces Cryptogames, auxquels ils ressemblent alors, ils recouvrent l'écorce des arbres de lames que teintent parfois les plus magnifiques couleurs. D'autres, les Bolets amadouviers, font saillie hors du tronc, qu'ils décorent d'une sorte de corniche d'une extrême solidité. Il en est aussi quelques-uns, — des originaux sans doute, — qui choisissent, pour se nicher, les endroits les plus improbables. J'ai vu un jour un vieux Chêne troué par les vers, envahi du haut en bas par de petits Champignons d'une superbe couleur orange pâle, qui tous s'étaient logés dans les galeries mêmes creusées par les larves. Chacun d'eux remplissait exactement le canal, sortait de l'arbre, affleurait l'écorce, puis faisait saillie au dehors ; ils ressemblaient alors à de grosses têtes de clous jaunes dont on aurait criblé le tronc vermoulu du vieux Chêne.

Les Champignons terrestres ont des formes encore plus remarquables. Ce sont des globes, des massues, des chapeaux, des boucliers, le tout coloré de teintes étranges et parfois éclatantes, comme l'*Agaric muscaris*, par exemple, dont le chapeau écarlate et pointillé surmonte une longue tige, dont la blancheur est admirable.

A cette famille des Champignons, si différente de
toutes les autres, confinent une foule de types qui lui
servent de transition : Citinées, Balanophores, Rafflésiacées, autant de bizarres créatures qui se rattachent aux
Champignons par leurs tissus généralement mous et
spongieux. Le Cynomoir allongé, cylindrique et recouvert d'écailles écarlates, se charge de fleurs comme
une plante phanérogame. Cette plante, la plus extraordinaire, à coup sûr, de tous les végétaux d'Europe, était
autrefois regardée comme un être mystérieux, doué
d'un pouvoir surnaturel. Ce qui ne contribuait pas peu
à entretenir cette superstition, c'est la couleur de sa
séve, qui est d'un rouge de sang et qu'un singulier
système de médecine crut devoir, pour cette raison,
employer dans le traitement des hémorragies. Citons
encore l'Hypociste rougeâtre, croissant, comme le Cynomoir, à Malte et dans l'Italie ; puis arrivons à la forme
la plus extraordinaire du règne végétal, la *Rafflesia
Arnoldi*, découverte à Sumatra.

« Sur les longues racines traçantes du Ciste, écrit un
voyageur, se développent des rangées de rudes glomé-
rules de la grosseur d'une noisette. Ils se gonflent successivement jusqu'à atteindre d'abord la grosseur d'une
noix, puis d'une pomme, et enfin d'une tête de chou.
A travers la rugueuse enveloppe perce bientôt la fleur,
brune, qui, d'abord repliée sur elle-même, s'ouvre
graduellement et finit par s'étaler en une gigantesque
fleur dont les pétales épais, charnus et couleur de chair,
répandent une repoussante odeur cadavéreuse. » Voilà
jusqu'à quelles formes excentriques peut aller le monde
des Champignons. Nous reviendrons du reste à cette
Rafflesia paradoxale, pour la mettre en parallèle avec

une autre individualité végétale qui, par ce rapprochement, pourra donner lieu à un intéressant contraste.

Nous ne pouvons quitter ce sujet, sans dire quelques
mots de la question relative aux Champignons comestibles et aux Champignons vénéneux. Ceux-ci sont
nombreux, à la vérité, et l'on ne saurait user de trop
de prudence dans le choix de ceux qui sont ou passent
pour être comestibles ; toutefois il est des craintes exagérées, et l'on a tort, à coup sûr, de retrancher de l'alimentation publique un des plus excellents produits du
règne végétal. Sans parler de ces petits Agarics insigni-
fiants que l'industrie parisienne se procure artificielle-
ment, par des semis faits sur couches dans des lieux
souterrains, — Champignons sans saveur et sans parfum, parce qu'ils ont végété loin du grand air et du
soleil, — nous ne pouvons ne pas citer quelques-uns
des Champignons comestibles les plus célèbres.

Nommons en tête les Bolets, dont certaines espèces
étaient tellement estimées par les Romains, qu'on les
servait avec magnificence sur des vases d'argent, et
qu'on ne les coupait qu'avec des couteaux d'ambre.
Aujourd'hui encore, ils sont fort estimés par certains
gourmets, et le Bolet comestible ou Cèpe, fort reconnaissable à son pédicelle renflé à la base, à son chapeau
de couleur brune ferrugineuse, et à sa chair d'une
blancheur éclatante, est un des Champignons les plus
généralement appréciés, surtout dans le sud-ouest de
la France.

Parmi les Amanites se distingue l'Amanite Oronge,
qu'on reconnaît à son chapeau d'un beau rouge, à son
collet et à ses feuillets jaunes. La chair en est très-dé-
licate, et les Romains la prisaient d'une façon extraor-

dinaire. C'est au moyen d'une Oronge empoisonnée qu'Agrippine fit mourir l'empereur Claude. Aussi Néron appelait-il ironiquement cette Amanite l'aliment des dieux, parce que Claude avait été mis au rang des dieux après sa mort. L'Amanite vénéneuse ou fausse Oronge est fort dangereuse; c'est elle qui occasionne la plupart des empoisonnements, parce qu'on la confond aisément avec celle dont elle usurpe la physionomie. Citons enfin l'Agaric des prés, la Morille, la Mérule chanterelle, le Mousseron, etc., enfin la Truffe, dont tout le monde connaît, sinon le goût, du moins l'aspect, la couleur et le parfum.

# MOUSSES ET LICHENS

––––––

Restons en bas, tout près des Champignons, et étudions là d'autres humbles, d'autres petites; c'est-à-dire des Mousses et encore au-dessous, des Lichens. Commençons par ceux-ci; aussi bien sont-ils tout à fait à la base. Frères des Algues, auxquelles appartient, on le sait, le royaume des eaux, ils les représentent et les continuent, pour ainsi dire, sur la terre, à tel point qu'autrefois la science rattachait à un même type végétal les Algues et les Lichens, qui à eux deux — voyez-vous ces ambitieux! — avaient accaparé, les uns les eaux, les autres le sol.

C'est donc par les Lichens que commence la flore terrestre. Humble début! Les premiers, les plus élémentaires dépassent en simplicité tout ce qu'on pourrait imaginer. Aussi les appelle-t-on *Lèpre!* Oui, lèpre, ces pauvres petites écailles inertes et dures comme la pierre qu'elles recouvrent; moins encore : cette poussière noire, ou jaune, ou blanche qui poudroie sur tous les débris de la nature, vieux rochers, vieux terrains, vieilles écorces.

Merveilleuse chose que la vie! les voyez-vous ces minces pellicules cassantes, friables, qu'on peut de

l'ongle râcler sur les roches grises? Eh bien ! elle part
de là cette vie mystérieuse ; de là elle s'élance pour
arriver et resplendir à ses plus hautes sommités.

Ne quittons point ses origines. Étudions-la dans le
Lichen, comme nous l'avons étudiée dans l'Algue primitive. Penchons-nous sur cette faible étincelle qui,
si pâle qu'elle puisse être, s'appelle déjà cependant
la vie. C'est miracle, en vérité, que de la voir partir
de si bas, pour la voir arriver et si loin et si haut !

Les Lichens affectent diverses formes; ils sont pulvérulents, crustacés ou laminaires, rameux ou fila-
menteux. Pulvérulents, crustacés ou laminaires, nous
venons de le dire, ce sont ceux-là qui couvrent la
pierre, la terre ou les arbres, c'est la forme primitive ;
à peine supérieurs en vie aux corps sur lesquels ils
s'étendent, ils les colorent diversement, suivant les
espèces. Le Lichen des murs est d'un jaune d'or, le
Lichen géographique est d'un gris noirâtre. Il y a sur
les montagnes de la Norwége des roches entières que
cette dernière variété colore du noir le plus magnifique.
Blanche ici, noire ou jaune ailleurs, cette couche est
toujours la même, c'est comme une « rouille des siècles »
qui, sur les vieilles pierres, laisse la trace des années
écoulées.

Si jamais vous traversez le Morbihan, allez à Carnac,
tout près du petit golfe de Quiberon, et demandez qu'on
vous indique les menhirs ou pierres druidiques qui y
sont restées debout. Le spectacle est triste et grandiose.
Non loin de la mer dont on entend à l'horizon le mugissement sourd, se dressent une trentaine de pierres
hautes et sinistres, qui sortent de terre comme les
ossements d'une race de monstres antédiluviens. Cinq

ou six mille menhirs, disent les anciens chroni-
queurs, composaient, il y a quelques siècles, ces
fameux alignements de Carnac, sans pareils dans le
monde; il en reste à peine cent cinquante, plus ou
moins dispersés et cachés dans les broussailles; mais
ces débris sont encore saisissants. Eh bien, c'est là que
vous verrez de beaux Lichens. Tous ces menhirs de

Menhirs de Carnac.

granit en sont couverts, au point qu'on ne voit plus la
pierre; ils forment sur elle une sorte de suaire desse-
ché, écailleux, dont la teinte blanchâtre fait, je vous
assure, un fort étrange effet, la nuit, au clair de lune.
« Là-bas sont les vieilles pierres! » disent les Bretons
superstitieux qui se signent en passant, tandis que les
grands fantômes immobiles semblent de loin les suivre
d'un regard terne, d'un œil éteint.

La plus bizarre des formes écailleuses, c'est celle des

Lichens écrits ou graphidés. Ils recouvrent l'écorce des arbres de figures extrêmement curieuses et comme d'étranges hiéroglyphes. Noirs dans nos climats, ils sont pourpres ou de couleur orange sous les tropiques, et d'une telle originalité, qu'ils rappellent exactement la physionomie des écritures orientales.

Lichen barbu.

Parmi les Lichens rameux se place en première ligne le célèbre Lichen des Rennes ou Cladonie, qui, dans diverses régions du globe, mais particulièrement sur les terrains stériles de la Scandinavie et de la Russie, constitue pendant l'hiver la seule alimentation des Rennes. Un dernier type, le plus remarquable de tous, est le Lichen

barbu, qui orne comme une barbe de vieillard les vieux
Sapins des montagnes et des forêts septentrionales. Cette
forme, éminemment ornementale, avait tellement frappé
les anciens peuples, toujours dominés par les rêveries
mystiques, qu'ils les faisaient figurer dans leurs contes.
En Allemagne, Rübezahl, orné de sa barbe grise et han-
tant les montagnes des géants, tout comme Tapio, le
dieu forestier des Finnois, également muni d'un semblable appendice, ne sont pas autre chose que la per-
sonnification des vieux Sapins chargés de leur Lichen
barbu. Toutefois ces Lichens ne sont pas toujours blan-
châtres; ils reflètent parfois des teintes dorées, comme
l'Évernie jaune du Brésil. Ce n'est plus alors ni une
barbe ni une chevelure, c'est une splendide écharpe
dont se drapent les grands arbres des forêts.

Les Lichens sont de modestes et douces plantes. Sobres,
patients et vivaces, ils se distinguent, de plus, par une
foule de qualités utiles. Les uns fournissent à l'industrie des espèces tinctoriales, telles que les Rocelles et
les Variolaires, qui donnent la belle couleur rouge vio-
lacée connue sous le nom d'*orseille*. D'autres espèces
sont médicinales, telles que le Lichen d'Islande et la
Pulmonaire du Chêne. D'autres enfin sont féculents et
alimentaires, tels que la Cladonie des Rennes, et surtout le Lichen comestible, que l'on trouve en abondance
dans les déserts de la Tartarie.

Ce n'est pas seulement par leur forme foliacée et leurs
colorations diverses que les Lichens se font remarquer;
c'est aussi par leur fructification, dont les divers types
sont d'une extrême originalité. La plupart représentent
de jolis petits vases de la forme la plus mignonne, à bords
délicieusemement brodés, et du plus admirable coloris.

On n'en finirait pas s'il fallait tout décrire; laissons donc les Lichens, et passons à leurs sœurs.

## LES MOUSSES

Les Hépatiques, les Mousses et les Lycopodiacées sont trois familles voisines, qu'on rangeait autrefois sous la dénomination générale de Mousses. Toutes trois constituent le revêtement essentiel de la terre. C'est le tapis qui recouvre le sol des forêts, la croupe des montagnes, et qui, sous les prairies même, étend son épais tissu feutré. Les Mousses aiment le froid, l'humidité, les terrains bas, dont elles exhaussent le sol; elles font suite aux Lichens, poursuivent leur œuvre, laquelle à son tour passera aux Graminées, puis aux Bruyères.

Les couleurs préférées des Mousses sont le vert et le blanc; quelques-unes sont violacées ou purpurines; d'autres, brunes ou jaunes, quelquefois noires; mais la généralité sont de ce beau vert émeraude qui s'allie si merveilleusement avec la teinte grise ou fauve de la terre et de l'écorce des arbres. Est-il rien de plus frais, de plus gracieux et, faut-il le dire aussi, de plus confortable à l'œil, que ces manchons de Mousses dont certains patriarches de nos forêts ont les branches et le tronc entourés?

Outre la beauté inhérente à la Mousse elle-même, il en est une autre dépendant de la physionomie spéciale que donne à l'arbre cette innocente parasite. Quelle différence d'expression entre un vieux Chêne moussu, barbu, capitonné, et ces grands troncs glabres dont l'é-

4

corce lisse et les teintes claires tranchent si crûment sur
la douce pénombre des bois ! Et ce n'est pas seulement
dans les forêts que ces charmants végétaux remplissent
le rôle artistique de décorateur, c'est partout, dans les
derniers recoins du moindre tableau de la nature, que
la Mousse intervient et jette sa touche poétique. Com-
parez un peu une chaumière neuve, couverte de paille
fraîche, avec ces charmantes agglomérations de toutes
sortes d'éléments qui, dans certains villages reculés,
et sous le prétexte de servir d'habitation, décorent le
paysage et font la joie du voyageur ; adorables monceaux de pierres verdies et de chaume moisi, hâlé,
brûlé ou noirci par les intempéries. C'est là que
notre Mousse fait merveille. C'est elle qui arrondit les
arêtes trop vives, assouplit les lignes, ondule et ma-
melonne les surfaces ; elle qui, s'alliant avec quelques
folles Graminées dont les balancements mouvementent
le tableau, avec quelques Coquelicots qui, sur les fonds
sombres, jettent leur note éclatante, voire même avec
quelque Ronce pour faire guirlande, tapisse le reste de
ses admirables tentures de velours vert, puis laisse
libre le sommet de la cabane, afin que la fière Jou-
barbe des toits couronne le pignon du diadème de ses
fleurs carminées. Et dans le monde des eaux, l'avez-
vous assez admirée, depuis le silencieux ruisselet dont
elle cotonne les bords pierreux, jusqu'aux cascades
tumultueuses aux parois suintantes desquelles elle
s'accroche avec audace ? Quel charmant effet ne pro-
duit-elle pas le long de ces roches noires, sur lesquelles
tranchent si bien ses touffes fraîches, alors qu'un rayon
de soleil, irisant les vapeurs flottantes, la pénètre de
ses lueurs et transforme en perles colorées les gouttes

La Mousse.

d'eau qui s'arrondissent à l'extrémité de chacune de ses ramifications !

Les Mousses ne sont pas toujours appliquées et rampantes; il en est, sur les montagnes de l'Archipel austral, qui ressemblent à des Palmiers lilliputiens; les Mousses arborescentes du Chili, hautes de plus d'un pied, rappellent celles des îles Moluques, qui ressemblent à des Lycopodes. Il en est d'autres enfin qui, dans les forêts tropicales, pendent des arbres comme les plus grands Lichens, et figurent, comme ceux-ci, d'épaisses chevelures et des barbes formidables.

. Les Hépatiques et les Lycopodes, voisines des Mousses, nous l'avons dit, rivalisent avec elles de formes gracieuses, de couleurs charmantes et d'originalité.

Les Mousses ne sont pas seulement charmantes et gracieuses, elles sont utiles, et travaillent pour leur bonne part, les chères petites, à la grande œuvre universelle. Comme les Graminées, elles sont chargées d'une haute fonction tutélaire; elles servent de berceau à une foule de plantes ou plutôt de semences et de germes qui, sans leur ombre fraîche, périraient sur la terre nue. S'alliant avec les Bruyères, ainsi que nous le verrons plus tard, et poursuivant l'œuvre des Algues, elles forment des terrains et fournissent aux tourbières leur précieux élément. Les Mousses des tourbières se rattachent toutes à la famille des Sphagnacées, et se distinguent par une conformation spéciale qui les rend parfaitement aptes à remplir le rôle qui leur est confié. Composées de larges cellules poreuses, elles font éponge et contiennent des masses d'eau considérables. Elles forment ainsi les réservoirs aquatiques les plus naturels, au milieu desquels croissent et multiplient la plupart des plantes de marais. Mais ce n'est pas seulement pendant leur vie que les Sphagnacées sont utiles. A mesure qu'elles meurent dans leur partie inférieure, elles forment d'année en année des couches de débris qui finissent par constituer des bancs de tourbe d'une épaisseur énorme. Ces tourbières, dont nous dirons plus loin toute la richesse industrielle, se forment très-rapidement, grâce à la prodigieuse fécondité des Sphagnacées, et donnent lieu dans certains pays, en Allemagne, en Écosse et en Hollande, par exemple, à des exploitations dont l'importance est tout à fait considérable.

# HERBES — BRUYÈRES — FORÈTS

---

## HERBES

Herbes, Bruyères, Forèts, voilà les trois grands éléments du tapis végétal. L'herbe est une dénomination vague qui désigne toutes sortes de plantes, et s'applique à plusieurs familles. Mais qui ne comprend de suite et ne se représente immédiatement cette partie basse des paysages, ce premier plan du tapis végétal? L'herbe, c'est le gazon qu'on foule aux pieds, c'est la prairie qui sourit au fond de la vallée ou verdoie aux flancs des montagnes; c'est la mousse qui, dans les bois, sous les feuilles mortes, capitonne le sol et assourdit les pas; c'est bien moins encore : c'est la bordure verte ou jaunâtre que ronge sans cesse le sable ou la poussière du sentier; ce sont ces Graminées charmantes qui, aux premiers soleils de mars, percent le sol de leurs fines aiguilles, ou les Draves lilliputiennes qui, à peine sorties de terre, se hâtent de fleurir et puis de se couvrir de graines, comme pour indiquer la voie à toutes ces grosses plantes engourdies que devance leur précocité. L'herbe, c'est le vêtement de la terre tout entière; car il n'est pas de surface, si peu fertile qu'elle

soit, qui, sauf obstacle invincible, ne se couvre aussitôt d'une couche verdoyante.

Précisons toutefois; et parlons le langage botanique;
ce n'est pas *herbes* qu'il faut toujours dire, mais bien
*Graminées*. Les Graminées forment une des plus vastes
associations végétales. Forêts au petit pied, elles pro-
tègent à leur naissance quantité de végétaux qui, dans
les bois, périraient faute de lumière, et qui trouvent
asile dans la communauté des herbages. Elles font plus
encore : par le gazon touffu qui les forme, les prairies
ombragent le terrain, y entretiennent l'humidité, et
peuvent ainsi, sans le concours d'aucune autre plante,
produire et alimenter des sources.

Ces sources, ce sont encore les Graminées qui les pro-
tègent contre l'ardeur du soleil, qui les accompagnent
lorsqu'elles sont devenues ruisseaux, rivières, fleuves;
depuis le marécage jusqu'à l'Océan, tous les amas d'eau
sont entourés par un encadrement de hautes herbes et
surtout de Roseaux qui, autant qu'il dépend d'eux, les
rafraîchissent et vivifient leurs rivages.

Les Graminées sont partout, depuis les vallées les
plus basses et les ravins les plus profonds, jusqu'aux
derniers sommets, sous la neige fondue; depuis les
pavés de nos villes et les allées de nos jardins, jusqu'aux lisières du désert. Mais leur véritable royaume,
ce sont ces vastes plaines qui, sous différents noms,
— savanes dans l'Amérique du Nord, llanos et pampas
dans l'Amérique du Sud, steppes dans la Russie méridionale, — s'étendent sans limite et sans horizon, et
couvrent des centaines de lieues carrées de leur vaste
manteau moucheté. C'est là que règnent les Graminées,
là qu'elles s'imposent à la nature, en quelque sorte, en

faisant paysage, c'est-à-dire en donnant à d'immenses
étendues de terre l'aspect, le cachet qui leur est propre.

Ce n'est plus comme dans la prairie, où de grands
tapis feutrés dérobent entièrement la terre aux regards.
Les Graminées des savanes ne sont pas traçantes, elles
se réunissent par touffes distinctes, en sorte que, si
elles ne donnent pas à la plaine le riant aspect de la
verte prairie, elles rompent d'autre part l'uniformité
du tableau, par les bouquets isolés dont elles parsèment
l'étendue. Ce tableau est parfois splendide, et l'on pourrait même dire solennel, selon les alternatives des sai-
sons.

Aussi loin que va le regard, s'étendent, sans limites
et d'un horizon à l'autre, ces surfaces incommensurables où quelques arbres rares et solitaires parviennent
à peine à couper les grandes lignes du paysage. Alors,
nous raconte Humboldt dans une de ses descriptions de
l'Amérique méridionale, alors que sous les rayons d'un
soleil que nulle vapeur ne voile pendant des mois entiers, la couverture herbacée se dessèche au point de
tomber en poussière, le sol durci s'entr'ouvre et se cre-
vasse à une profondeur telle, que l'on dirait qu'il a été
disloqué par quelque convulsion volcanique. Des tourbillons de sable calciné volent à sa surface, comme ces
trombes que l'électricité fait tournoyer sur les mers
intertropicales ; le ciel semble s'abaisser sur la terre,
qu'il recouvre comme d'un couvercle de cuivre ardent ;
d'étranges reflets fauves remplacent la lumière du jour ;
l'horizon embrasé se resserre autour du malheureux
voyageur en un cercle où il étouffe comme dans une
fournaise ; le vent le brûle, la poussière l'aveugle, et
les dernières Graminées crépitent et se brisent sous ses

pieds comme des chalumeaux de verre. Plus une goutte d'eau dans le vaste désert; les mares, vainement protégées par quelques Roseaux que dominent de rares Palmiers d'un jaune pâle, se sont desséchées successivement.

Comme aux zones glaciales, — tant il est vrai que les extrêmes se ressemblent, — certains animaux s'engourdissent et dorment pendant des mois d'un sommeil léthargique. Les Serpents et les Crocodiles, profondément enfouis dans la vase crevassée, attendent la fin des chaleurs torrides; les troupeaux haletants, qu'aveuglent des nuages de poussière, que dévore une soif ardente, beuglent sourdement et courent au hasard, essayant d'aspirer dans les courants atmosphériques quelques atomes d'humidité et comme la vague senteur des eaux lointaines.

Puis voici que la scène change. Lorsque, après des mois de sécheresse, arrive enfin la saison des pluies, l'azur généralement si foncé du ciel blanchit insensiblement; un nuage isolé apparaît tout à coup au sud, et monte à l'horizon comme une fantastique montagne; avec lui s'élèvent des vapeurs, qui de toutes parts s'étendent et atteignent bientôt jusqu'au zénith, tandis que de sourds roulements de tonnerre annoncent la tempête et les pluies. Rien de magique alors comme la transformation de la savane. Le désert disparaît comme si la baguette d'un puissant génie le faisait rentrer au néant; son manteau fauve se fond, pour ainsi dire, dans les riches teintes vertes qui de tous côtés se développent avec une incroyable rapidité, si bien qu'il suffit de quelques jours pour qu'aux tourbillons de poussière ardente et aux tiges de chaume calciné succèdent de

Paysage américain.

délicates Graminées, de grandes Cypéracées, et le mobile
feuillage des Mimosas brodés. Partout se manifeste une
vie luxuriante; les troupeaux repus et gras errent lentement des hauts herbages, où en marchant ils disparaissent à demi, aux vastes mares que parfument de
larges fleurs aquatiques; et lorsqu'au lever du soleil des
torrents d'une lumière rosée viennent s'épanouir à la
face de ce monde transformé, l'œil ébloui du voyageur
chercherait en vain à reconnaître, dans la savane verte
et fleurie, le redoutable désert où, quelques semaines
auparavant, il avait failli succomber de fatigue, de
chaleur et de soif.

Ce n'est pas seulement à l'herbe des prairies ou des
savanes qu'il faut se borner dans l'étude des Graminées. Il est, dans cette même famille si riche et si bienfaisante, des types entièrement différents de ceux que
l'on est habitué à considérer comme constituant à eux
seuls cette classe de végétaux, et sans nous arrêter à ces
hautes herbes qui, dans certaines régions du Nouveau-
Monde, couvrent des espaces énormes, pas plus qu'au
Maïs et à la Canne à sucre, atteignant les uns et les
autres la taille de certains arbustes, arrivons de suite
à ces Graminées véritablement colossales qui, sous le
nom de Bambous, forment d'immenses forêts et des
voûtes hautes comme des cathédrales. Les Bambous,
quelle que soit leur hauteur, appartiennent aux plus
magnifiques formes du monde des tropiques. Là où s'é-
lèvent leurs épais massifs, disparaît toute autre individualité. Ils dominent la contrée, lui imposent une physionomie spéciale, et réunissent au plus haut degré, dans
leur type élégant et fier, la noblesse, la vigueur et la
grâce la plus exquise qu'il soit possible de trouver com-

binées sur un même végétal. Outre les rangées de colonnes majestueuses que forment d'ordinaire les grands
Bambous, ils ont l'art de se grouper d'une autre façon
charmante. Sur des souches exhaussées, s'élèvent de
dix à quinze longues et fortes tiges qui d'abord se
dressent perpendiculairement, puis divergent, se re-
courbent et finissent par former, de part et d'autre, les
plus élégantes arcades. On comprend quel doit en être
l'aspect général; la souche entière ressemble à une
vaste gerbe dont les rayons arqués sont couronnés
par de longs panaches de frémissantes folioles. Ces
folioles grisâtres, fermes et coriaces, font entendre sous
le vent de mélancoliques murmures, du milieu desquels se détachent des gémissements aigus produits
par le frottement des tiges de Bambous dont l'écorce,
presque uniquement composée de silice, grince et crie
au moindre contact, et jette pendant les tempêtes de
véritables clameurs. Entre ces Bambous, on voyage
longtemps parfois dans une mystérieuse obscurité; sur
le sol s'étend une couche de feuilles dures qui crépitent
et glissent sous le pied, tandis que sur la tête s'entre-
croisent les gigantesques Graminées qui, jusqu'à trente
et quarante mètres de hauteur, forment des voûtes dont
les rayons du soleil ne pénètrent que rarement les sombres ogives.

Les physionomies des Graminées sont donc fort diverses. Il y a loin du Bambou colossal à la Brize Amou-
rette qui frissonne au moindre souffle dans le gazon de
nos prairies; mais, dans la Brize comme dans le Bambou,
on retrouve cependant le même air de famille, un certain port de tête élégant et fier, une coquetterie d'allures et parfois un balancement mélancolique, dont

l'ensemble constitue le caractère général du groupe des Graminées. Ce caractère, fort complexe d'ailleurs, conserve donc son unité. La folle Avoine, si gentille dans ses folâtres jeux avec la brise, n'en a pas moins ses heures de mélancolie ; elle paraît se souvenir alors

Bambous.

qu'elle est la sœur du Seigle austère et de l'honnête Froment ; elle prend un petit air raisonnable, parfois même un petit air penché simulant à s'y méprendre la plus sincère contrition, et l'on est vraiment tout disposé à l'absoudre, cette folle rieuse qui, lutinée par les zé-

phyrs, paraît être si souvent le symbole de la légèreté
la plus inconsidérée.

## BRUYÈRES

Les Bruyères constituent la seconde grande communauté végétale. Si les Graminées font la prairie, les
Bruyères font la lande. Par groupes disséminés, elles
s'étendent sur des espaces énormes, égayant le désert
de leurs gentilles clochettes blanches ou violacées. Le
désert, avons-nous dit, et ce n'est pas trop s'avancer.
La Bruyère est la plante de la solitude et des terrains
stériles. Elle croît où nul autre végétal ne saurait vivre.
Robuste, sèche et coriace, elle s'accommode aussi bien
des terres glaciales de l'Islande, de la Scandinavie et
même de la Sibérie, que des landes de l'Europe méridionale ou que des ardentes solitudes du cap de Bonne-
Espérance et de la Nouvelle-Hollande. Ces deux dernières stations, toutefois, sont celles qu'elle affectionne
particulièrement. Plus de trois cents espèces étalent, au
Cap, leurs corolles et leurs couleurs variées, et l'on pourrait difficilement se faire une idée du spectacle gracieux
et mélancolique qu'offrent ces vastes agglomérations végétales.

Oui, mélancolique, car la Bruyère est une plante
sérieuse et triste. Nulle grâce débile, nulle fragile ornementation. Sa tige est roide et dure, son feuillage
maigre et coriace; sa fleur elle-même, cette gentille
clochette que pare pendant quelques mois une assez
vive couleur, est ferme et solidement attachée à sa
grappe. Quand l'automne arrive, elle se décolore, mais

elle ne tombe pas. Elle se dessèche, se durcit, et devient un véritable grelot dont le léger bruit discret, triste et doux, accompagne les pas du voyageur qui, pendant l'hiver, traverse les lieux solitaires.

Qui ne se souvient d'avoir été frappé par ce bruit? Cette petite voix qui chuchote à vos pieds, ce frôlement que produit la brise qui passe ou l'insecte dont l'aile effleure la grappe desséchée, finit par jeter dans l'âme je ne sais quelle impression vague qui tourne à la mélancolie. Cette voix de la solitude, je l'entends encore quand je songe à la soirée d'automne passée en pleines landes de Gascogne, — cet étrange fragment de désert africain qui termine au sud-ouest notre France civilisée. Le ciel, rouge et noir au couchant, gris au nord, et livide à l'est, envoyait ses derniers reflets à la face de la lande endormie. Celle-ci était plus que triste, elle était presque lugubre. Impassible dans sa monotonie, elle s'étendait, plane comme une mer, de la ligne des dunes aux lisières d'une lointaine forêt. Quelques Pins résiniers coupaient de leur silhouette gauche et tordue les grandes lignes de l'horizon ; des troupeaux bêlants, suivis par un berger à échasses, regagnaient lentement une misérable cabane estompée par la brume des bas-fonds ; quelques chauves-souris, comme de nocturnes hirondelles, passaient rapides en jetant leur cri mystérieux. Les dernières lueurs s'éteignirent bientôt à l'occident ; j'étais seul, perdu dans l'immensité sombre, et toujours le chuchotement des Bruyères m'accompagnait et naissait sous mes pas, comme un chœur de petites voix douces, mais désespérées, qui semblaient se lamenter entre elles du trouble où les jetait ma promenade intempestive.

Tout autre est la lande en plein jour. Le vaste
horizon, qui de tous côtés recule devant le regard,
semble ouvrir un autre horizon invisible où l'imagination et la pensée peuvent déployer leurs ailes; on
respire à l'aise et l'on se sent libre, dans ces plaines
infinies que nulle barrière humaine ne vient fermer
devant vos pas. Et qu'on se garde de croire que la lande

Les landes.

stérile manque d'une certaine beauté. Sans doute, elle
fatigue à la longue; l'œil se lasse de ne pouvoir accrocher son regard à rien d'autre qu'à quelques broussailles, mais cette monotonie elle-même est loin de
manquer de grandeur. La lande a sa majesté comme la
savane et le désert, et son vaste manteau de sable jaune,
piqué de vert par quelques Graminées, largement taché
de violet surtout par les Bruyères innombrables, fait
un très-grand effet lorsque, d'un point élevé quel-

conque, arbre ou dune, on peut d'un regard contempler la mélancolique étendue.

La Bruyère n'a pas seulement une physionomie caractéristique, elle est de plus une plante de haute utilité : la fille de la lande et des côteaux solitaires travaille dans l'isolement. Bienveillante pour les faibles,
elle protége une foule de petits végétaux qui, sous son
abri, se propagent et forment par leur décomposition
une couche d'humus entièrement due à la présence de
la Bruyère. On comprend de quelle importance peut et
doit être ce rôle des Éricacées [1]. Elles ne sont rien moins
que des plantes civilisatrices, auxquelles on doit la co-
lonisation des plus incultes et des plus stériles régions
de la terre. Ce ne sont pas seulement les terrains mon-
tueux et absolument stériles que les Bruyères couvrent
de terre végétale, ce sont encore les sables qu'elles arrivent à fertiliser par l'eau qu'elles y accumulent, et
où elles favorisent la formation des tourbières, c'est-
à-dire l'accumulation perpétuelle de certaines espèces
de Mousses qui se décomposent.

Or sait-on l'importance, le prix, l'inestimable valeur d'une tourbière? Une tourbière est tout simplement un trésor. Non-seulement elle nivelle les terrains
en les fécondant, mais encore elle est par elle-même une
source de produits incalculables. Il y a dans certains
pays, en Belgique, par exemple, de pauvres petites
provinces qui languissaient, qui se ruinaient et tout
doucement mouraient de misère, et qui, par suite de
la découverte de quelques tourbières, sont bien vite
revenues à la vie et à la prospérité.

---

[1] Nom de la famille. *Éricacées* vient du mot latin *Erica*, Bruyère.

C'est que la tourbe n'est pas seulement une matière propre à servir de litière et de chauffage; on est parvenu à en extraire, par distillation, des matières huileuses, de la paraffine qui sert à la fabrication de bougies d'une blancheur admirable, un coke excellent pour les forges et les machines, enfin de l'oxyde de fer, de l'ammoniaque et divers sels propres à la confection d'engrais d'une grande richesse. Voilà ce que produit la tourbe, et ce que produit conséquemment la Bruyère.

Charmantes et mélancoliques Bruyères, eût-on jamais pensé que, dans les mornes déserts qu'elles habitent, elles pussent travailler aussi efficacement pour le bien-être de l'humanité? Tout en étant l'indice de la stérilité des terrains, la Bruyère peut être considérée comme le symbole du travailleur modeste qui, dans la solitude et le recueillement, accomplit son œuvre silencieuse et bienfaisante. Si l'éclat lui manque, en revanche tout en elle est force et ténacité : tige, feuilles et fleurs résistent aux grandes pluies, aux fortes gelées, et jusqu'à ces furieuses rafales d'automne qui sur les surfaces dénudées tournoient avec une si terrible violence.

Par une froide journée d'octobre, je me trouvais sur la crête d'une colline nue et comme ravagée par les grands coups de vent d'ouest qui lui venaient de la mer. Naturellement, des Bruyères se trouvaient là, faisant face aux tempêtes et toujours courageuses, quoique fort tourmentées. Je m'arrêtai quelques instants à leur abri. Mon manteau suffisant à peine à me garantir de la bise glaciale, je me couchai derrière un massif épais, écoutant avec délices le vent furieux qui passait par-dessus ma tête, lorsqu'au milieu d'elles, sous une

sorte de petite voûte formée par leurs rameaux entrelacés, j'aperçus tout un groupe, toute une famille de
Campanules d'automne qui, comme moi, semblaient
écouter le vent. Elles étaient là, sur leurs frêles tiges, frémissantes mais protégées et manifestement heureuses
de l'être. Elles s'agitaient faiblement, poussées par
de légers souffles qui s'égaraient sous les branches et
semblaient, au milieu des gentilles révérences qu'elles
se faisaient, se dire et répéter dans toute l'effusion
d'une reconnaissance profondément sentie : « Oh! les
bonnes Bruyères, les bonnes Bruyères qui nous garantissent du vent froid ! »

Le dirai-je? ce simple tableau me charma, m'émut.
Il y avait, dans ce petit groupe de Campanules, une
sérénité si gracieuse et formant un tel contraste avec
le bouleversement du reste de la nature, que je me
pris aussi à partager la reconnaissance des fleurettes
pour les Bruyères bienfaisantes; et tandis qu'avec les
sombres nuages déchirés par le vent s'envolaient les
dernières feuilles des Chênes, je reportai mes regards
sur les Campanules, et leur dis à mon tour : « Oui,
remercions ces bonnes Bruyères qui nous garantissent
de la tempête et du froid! »

## FORÊTS

La forêt, vaste agglomération de plantes de toute
nature, forme l'association dont l'influence intervient
au plus haut degré dans l'aspect des diverses contrées
de la terre, et dans l'économie générale de la création.
C'est la forêt qui nous démontre de la manière la plus

évidente, que le monde ne serait qu'une sphère aride, inculte et inhabitable, sans cette heureuse tendance qu'ont les plantes à se grouper en communautés. D'autre part, ces associations mettent en commun tant de forces diverses, qu'elles créent une sorte de fermentation de vie qui, grâce à la loi des influences réciproques, fait que les végétaux ainsi réunis se conservent et se protégent mutuellement contre les agents destructeurs de la nature, intempéries, tempêtes et rayons desséchants du soleil.

Ce sont d'abord les Graminées qui, sous leur ombre protectrice, favorisent l'éclosion des germes, nous l'avons dit plus haut, et leur mesurent la chaleur solaire nécessaire à leur développement. Ceux-ci croissent donc d'abord à l'abri des petits végétaux herbacés; puis, une fois grands, ils deviennent protecteurs à leur tour. D'autre part les mousses, s'opposant à toute évaporation, favorisent le suintement général des terres et par suite l'accumulation des sources, qui du flanc des montagnes jaillissent et se répandent dans les plaines sous forme de ruisseaux et de rivières.

L'œuvre de la forêt est beaucoup plus complexe encore, et son rôle est d'une importance telle dans la répartition de l'eau à la surface de la terre, que l'incurable aridité du désert succède bien vite à la suppression de cette sorte de puissante machine hydraulique. L'évaporation des eaux que la forêt accumule sans cesse refroidit l'atmosphère, où se forment des nuages; ces nuages tombent en pluie, remontent pour se condenser dans les couches d'air supérieures, et établissent ainsi une sorte de circulation immense qui, de la terre au ciel, va, revient et retourne, pour

revenir encore, suivant l'une des innombrables lois
de l'harmonie universelle. C'est ainsi que la forêt crée
le nuage, qui, à son tour, fait vivre la forêt. Mais
celle-ci n'est point égoïste; elle rend aux terres envi-
ronnantes le surplus des eaux qu'elle ne pourrait utiliser pour son propre compte. Et avec quel art elle
divise, filtre et répartit ces masses d'eaux qui, tombant
du ciel directement sur les terres nues, y produiraient

Une source dans une forêt.

tous les ravages, depuis les éboulements jusqu'aux
inondations! La plus impétueuse des trombes se transforme en une bienfaisante pluie, lorsqu'elle tombe sur
une forêt qui la tamise et l'emmagasine goutte à goutte
dans les réservoirs souterrains. Chaque feuille inter-
cepte un peu d'eau qu'elle transmet doucement et de
proche en proche, du rameau à la tige, puis à la
branche, puis au tronc; quand elle ne la laisse pas

tomber directement sur la mousse ou les herbes, qui elles aussi se chargent de la conduire avec modération jusqu'au sol, où elle pénètre.

La forêt crée donc les sources, et les sources, tout le monde le comprend, sont l'un des plus simples, mais en même temps l'un des plus indispensables éléments de civilisation. Au Cap, par exemple, une source devient bientôt le berceau d'une colonie, tandis qu'il suffit, par contre, qu'une source se tarisse, pour que la peuplade qui vivait dans ses environs lève ses tentes et se fasse nomade. Cette influence des sources sur l'existence des peuples, c'est-à-dire sur la stabilité de leurs installations, et par suite sur leur civilisation, est partout évidente dans l'histoire primitive. Ce qu'il y a d'étrange, c'est que les hommes paraissent généralement oublier ce qu'ils doivent aux arbres, et cependant la dévastation de certains pays, aujourd'hui déboisés, tels que l'Espagne, la Grèce, la Judée et certaines contrées de la France (la Provence et la Sologne), devraient suffire à l'enseignement des imprudents qui, aujourd'hui encore, ne craignent pas de déboiser plaines et montagnes, poussés qu'ils sont par l'appât d'un bénéfice apparent. Il faut cependant reconnaître que certains peuples ont compris l'importance des forêts : les Turcs, par exemple, qui, s'il faut en croire les historiens, ont fait une loi spéciale pour que jamais la hache ne touche à un seul des arbres de la magnifique forêt de Bujukdéré, qui alimente les sources auxquelles s'abreuve Constantinople par le moyen de nombreux aqueducs.

On comprend toutefois que, sous les latitudes tempérées, l'abondance des arbres doit produire un refroidis-

sement exagéré. L'histoire est encore là pour prouver
que le climat du centre de l'Europe était bien autrement humide et froid qu'il ne l'est aujourd'hui, alors
que d'immenses forêts s'étendaient presque sans inter-
ruption des Pyrénées à la Baltique et du Danube au
Finistère.

Les forêts sont donc les régulateurs des vents et de
l'humidité, les protecteurs de toute une classe de végétaux, les remparts naturels à opposer aux éboulements
et aux ensablements; mais là ne se borne pas le rôle
important qu'elles jouent dans l'économie de la nature.
Elles sont de plus appelées à purifier notre atmosphère.
On sait, en effet, que les végétaux jouissent de la propriété de soutirer de l'air différents gaz pour les transformer en substance végétale.

Parmi ces gaz, il en est un surtout, appelé acide carbonique, qui se dégage de toutes les fermentations,
qu'expirent les poumons des hommes et des animaux,
et qui s'échappe enfin des cheminées, en même temps
que des entrailles de la terre, dans certaines localités
volcaniques. Eh bien! c'est ce gaz irrespirable et im-
propre à la vie animale que les végétaux absorbent,
et de plus qu'ils décomposent, gardant le carbone dans
leurs tissus et exhalant l'oxygène dans l'atmosphère.
Cet oxygène que les plantes rendent pendant le jour, et
particulièrement sous l'influence de la lumière solaire,
est le véritable air vital pour les races supérieures. C'est
à l'intervention de cet agent que l'organisme animal
doit sa force et son activité, et c'est aux végétaux que
l'homme est redevable de la pureté de l'air qu'il respire.

Les forêts sont donc de plus les grands épurateurs
de l'atmosphère. Les plus riches contrées deviennent;

5

par un déboisement excessif, *désert*, si l'inclinaison des terrains est assez forte pour que l'écoulement des eaux se fasse avec rapidité; *marécage*, si ces eaux croupissent et deviennent stagnantes.

Les Marais Pontins, en Italie, ces redoutables régions empoisonnées où règne la *malaria* (c'est-à-dire le mauvais air) et où se traînent de hâves et malheureux habitants qu'une fièvre incessante dévore, étaient autrefois une riche contrée agricole, parce que des forêts çà et là répandues absorbaient et répartissaient convenablement ces mêmes eaux qui aujourd'hui, par leur stagnation, rendent l'atmosphère méphitique.

Du rôle utilitaire de la forêt, passons à son côté pittoresque, à ses différents aspects, à sa' physionomie, en un mot. Diverses essences d'arbres entrent dans la composition de ces importantes agglomérations végétales, et leur donnent, suivant celles qui y prédominent, un ensemble de traits particuliers qui constituent le paysage. C'est par la nature de leur feuillage que les forêts se distinguent les unes des autres, et peuvent être subdivisées en plusieurs catégories, parmi lesquelles on remarque particulièrement les forêts à feuilles larges et les forêts à feuilles acérées. La plupart de celles qui croissent dans nos contrées appartiennent au premier type, où dominent les Chênes, les Ormes, les Érables, les Charmes, les Frênes, les Hêtres, les Bouleaux, etc.; au second type appartiennent les Pins, les Sapins et les Mélèzes.

Mais peut-on se faire une idée d'une véritable et sauvage forêt, quand on n'a vu que celles de nos régions tempérées? Non, à coup sûr. Toutes les nôtres sont relativement jeunes, et ne peuvent offrir qu'un aspect

monotone à côté des magnificences que révèlent aux
voyageurs celles des pays étrangers.

Au Brésil, à la Guyane et dans presque toutes les
régions intertropicales, se déploient une fougue, une
ardeur de vie dont les résultats dépassent tout ce que
les plus fécondes imaginations essaieraient vainement
d'inventer. Le désordre s'y développe avec un tel caractère de grandeur et d'harmonie, que l'on se prend à
trouver presque normales ces agglomérations luxuriantes où des millions de végétaux luttent entre eux
d'énergie, se superposent, s'enlacent, s'étranglent ou
s'étouffent, dans l'ivresse d'une puissance vitale qui
dépasse toute mesure.

Fraîche verdure, couleurs éclatantes, chaudes senteurs, feuillages de toutes sortes, tiges enlacées, troncs
énormes, — que d'éléments confus et de beautés amon-
celées! L'œil éperdu s'égare de la mousse à l'herbe,
de l'herbe à l'arbre, et de l'arbre à ces parasites flottantes, gracieuses, mais redoutables, qui, plus haut
que toute cime, élèvent leurs guirlandes mortelles. Le
parasitisme atteint des proportions incroyables, dans
ces forêts que l'homme n'a jamais touchées de sa hache.
La Vanille odoriférante, les Bauhinias éclatantes, les
fières Passiflores, les Paullinias, les Bignonias, les Gre-
nadilles montent, s'enroulent, remplissent la forêt de
leurs cordages, de leurs festons et de leurs enlacements. C'est le royaume des végétaux grimpants, depuis
les plus minces lianes, jusqu'à ces énormes et gigantesques tiges volubiles, véritables boas végétaux, tels
que les Bromélias, certains Figuiers parasites, ou la
Cipo-Matador, qui, après avoir étranglé dans leurs
lentes mais progressives contractions l'arbre dont ils

ont fait leur appui, restent encore debout quelquefois, après la mort et la décomposition du tronc où la vie s'est éteinte. Trois ou quatre de ces redoutables végétaux grimpants s'acharnent souvent après la même victime qui, affaissée et comme ensevelie sous une montagne de fleurs et de verdure, languit et meurt bientôt d'asphyxie, quand elle n'est pas brisée par le poids de ces envahisseurs.

Ce ne sont que merveilles dans ce monde incomparable : de la petite fleurette qui se perd sous les herbes, à la gigantesque corolle qui couvre la verdure de ses cloches éclatantes ou de ses pétales rayonnés; depuis la dernière Graminée, jusqu'aux troncs énormes dressés aux lisières de la forêt dont ils forment comme les immenses portiques, et jusqu'à ses voûtes hautes et sombres, se multiplient des beautés de toutes sortes, dont l'ensemble enivre le regard et l'oreille d'un spectacle et de bruits sans pareils. Cris inconnus, rugissements d'amour, de rage ou de douleur, quel concert saisissant et complexe, où le susurrement de l'insecte et la douce chanson du colibri se mêlent aux hideux sifflements du reptile, aux formidables accents de la bête fauve!

Mais ce qu'il y a de bien plus saisissant encore que tous ces bruits et tous ces spectacles, c'est l'aspect qu'offre la forêt pendant les heures solennelles de la nuit. Calme ou tempétueuse, la nuit est pleine de majestés, mais aussi de frissons et d'angoisses. Même aux clartés douces de la lune, l'homme se sent perdu dans l'immensité de ces redoutables solitudes, où la brise se change parfois en une chaude haleine qui vous fait retourner brusquement, où toute ombre devient mys-

tère, où flotte le fantôme et d'où s'exhale la terreur.
Qu'est-ce donc et comment décrire ces régions d'épou-
vante, alors que dans les ténèbres se déchaîne un de
ces ouragans des tropiques, dont tout le monde connaît
les effroyables convulsions ! Les branches, les troncs
eux-mêmes, frottés les uns contre les autres, poussent
d'étranges gémissements ; et quand les rafales augmen-
tent encore de violence, branches et tronc, le tout brisé
par le vent ou la foudre, pousse un dernier cri, éclate
et va rejoindre, au noir chaos fangeux, l'herbe et
l'arbre colosse égalisés par la tempête.

Herbages, Bruyères, Forêts, — nous les avons
décrites toutes les trois, ces grandes et importantes
associations végétales qui à elles seules, et suivant
qu'elles abondent ou disparaissent, changent la face
du monde et décident de la destinée de ses habitants.
On se fait généralement une idée très-inexacte de
l'importance des végétaux, et du rôle qu'ils jouent
dans l'économie universelle.

Voyez-vous ce désert torride, ces sables calcinés, ces
rochers qui s'écroulent, et là-bas, ce marécage pesti-
lentiel ? Attendez un peu, et vous allez voir quel décor
magique va bientôt succéder à ce lamentable tableau. Ici
quelques prairies, plus loin quelques Bruyères, là-haut
une forêt, et c'est tout : voyez quelle oasis inattendue !
Voilà non-seulement la physionomie du paysage entièrement modifiée, mais encore un nouveau climat, des
productions inconnues et des industries nouvelles. Voilà
un torrent qui descend de la montagne, un lac dans ces
bas-fonds, des usines le long du ruisseau, quelques
maisonnettes autour du lac, là-haut des tourbières pro-
ductives, ici d'admirables pâturages.

Ce n'est pas tout; où il n'y avait que poussière et soleil, il y a aujourd'hui ombrage et fraîcheur, des nids d'oiseaux dans les feuilles, et des papillons dans les airs. Une faune nouvelle a été comme créée de toutes pièces par notre flore improvisée. Un monde radieux a surgi. Une douce et bienfaisante nature a succédé au désert inhospitalier, et depuis le dernier des grillons qui se cache et chante sous l'herbe, jusqu'au cultivateur heureux qui pousse sa charrue où ne croissaient autrefois que les Chardons, s'élève comme un hymne de reconnaissance à nos Herbages productifs, à nos Bruyères fertilisantes, à notre Forêt enfin, habile et sage dispensatrice des eaux, qui font la joie de la terre, sa vie et sa fécondité.

# LES ORCHIDÉES

———

Les Orchidées forment un monde à part dans le règne
végétal. Grâce, originalité, diversité inouïe de formes,
de couleurs et d'aspects, tels sont les caractères principaux de ces plantes, dont la loi semble être précisément de n'en connaître aucune. L'architectonique de
la fleur des Orchidées, dit un auteur allemand, surpasse tout ce que pourrait produire la fantaisie du
plus fantasque artiste. Cette fleur se compose de six
folioles; mais, par des modifications innombrables dans
la forme de ces pétales, et surtout celle de l'inférieur,
appelé *label,* la nature parvient à faire, à l'aide de ces
simples éléments, les combinaisons les plus originales.
Abeilles, araignées, sauterelles, têtes de serpents, singes
à longue queue, hommes pendus, batraciens inconnus,
papillons incomparables, ou colibris aux ailes étendues, toutes les formes animales, que dis-je? toutes
sortes d'objets inanimés se trouvent représentés par la
fleur des Orchidées : ce sont des pantoufles mignonnes,
des lampes fantastiques, des berceaux lilliputiens, des
corbeilles, des gobelets, des cassolettes, des girandoles,
et, pour représenter tous ces êtres et tous ces objets,
toutes les matières sont également imitées, depuis la

soie et le velours jusqu'aux métaux et aux pierres
fines : acier blanc, bronze fauve, argent niellé, or éclatant, topaze, émeraude et rubis.

Et ce n'est pas seulement comme forme que ces fleurs
sont étranges, mais encore et surtout comme expres-

Orchidées.

sion. Les Orchidées sont les singes du monde végétal.
Grimpantes, accrochées, suspendues la tête en bas, car
elles descendent généralement vers la terre, elles font
aux vieux troncs d'arbres qui les soutiennent toutes
les grimaces imaginables. Ce n'est point qu'on doive
les ranger dans la catégorie des véritables parasites.

Elles vivent sur les arbres, — beaucoup d'entre elles,
du moins, — mais sans leur demander guère autre
chose qu'appui et protection. Leurs racines flottantes
à l'air libre se nourrissent des vapeurs d'eau et des
gaz qu'elles pompent dans l'atmosphère. Il leur suffit,
à ces aériennes créatures, d'être balancées par la brise,
et c'est un spectacle admirable que de voir, du haut
des branches noires et moussues, descendre de longues
guirlandes chargées de fleurs les plus merveilleusement
belles qu'il soit possible d'imaginer. Dans les serres, un
morceau de vieux bois garni de son écorce suffit au
développement de ces sobres prisonnières; il en est
même auxquelles ce morceau de bois devient superflu,
et qui, accrochées à n'importe quoi, font pendre dans
l'atmosphère leurs racines flottantes.

Toutes les Orchidées ne sont pas d'une aussi étrange
sobriété. Il est une espèce terrestre qui croît dans le
sol comme les autres plantes, et dont les fleurs, au printemps, remplissent certaines de nos prairies humides
et argileuses. C'est là que se passe un curieux phénomène, qui a valu autrefois aux Orchidées le nom de
« plantes qui marchent ». Elles changent en effet de
place tous les ans. Chaque Orchis est nourri par un
tubercule souterrain et donne naissance à un autre
tubercule chargé de faire vivre à son tour la plante de
l'année qui va suivre. Or ce tubercule nouveau laisse
toujours en arrière celui dont le rôle est accompli, de
telle sorte qu'en ajoutant tous les espaces parcourus
pendant une vingtaine d'années, l'Orchis observé se
trouverait à une distance de trente centimètres environ
de l'endroit où se trouvait un de ses ancêtres; d'où, par
induction, l'on peut conclure que ces plantes nomades

pourraient, après un long espace de temps, avoir suivi un chemin relativement considérable. Toutefois cette théorie n'est peut-être qu'une pure hypothèse, et, s'il faut en croire des observateurs plus modernes, les tubercules tendraient plutôt à faire accomplir à l'Orchis une marche circulaire, de telle sorte qu'au bout d'un nombre d'années déterminé, la plante se retrouverait sur le lieu même qu'aurait occupé déjà une de ses devancières. Ces dernières observations, du reste, fussent-elles vérifiées, ne diminuent en rien la curieuse faculté de locomotion de l'Orchis, puisqu'il décrirait ainsi une éternelle circonférence.

Malgré toutes leurs beautés, les Orchidées ne peuvent modifier que dans une mesure très-limitée la physionomie générale d'un paysage. La plupart se cachent dans l'épaisseur des forêts vierges ; mais il faut avouer que dans leur domaine restreint, elles arrivent aux plus remarquables résultats en fait d'ornementation végétale.

Les Orchidées sont fort nombreuses, et se subdivisent en une foule de genres qui tous se distinguent par une extrême originalité. Les amateurs en cataloguent près de deux mille espèces, parmi lesquelles quelques-unes à peine se recommandent à l'attention des hommes utilitaires.

Mais n'exigeons pas de cette plante artistique par excellence ce qu'elle ne doit ni ne peut nous donner. Les Orchidées sont dans le monde végétal la plus magnifique expression de l'élégance et de la fantaisie. Elles décorent, parfument, poétisent tout lieu qu'elles habitent. Quelques guirlandes, quelques fleurs, et voilà un coin de forêt splendide. Que dire de ces régions tropi-

cales où elles abondent et où elles rivalisent de richesse et de beauté avec les Lianes les plus admirables?

Citons toutefois, avant de terminer, les quelques
substances utiles que l'homme peut retirer de la famille
des Orchidées; ces substances sont le salep, la vanille
et le faham. — Le salep est fourni par les racines tubé-
reuses des Orchis et des Ophrys, qui contiennent une
abondante quantité de fécule. On continue à tirer le
salep de Perse et de l'Asie; mais nos Orchis indigènes
ne sont pas inférieurs aux espèces exotiques, et l'on
pourrait les exploiter avec avantage. Il n'en est pas de
même de la Vanille, dont le fruit a besoin d'un soleil
tropical pour développer complétement son arome
exquis entre tous. La Vanille aromatique que l'on cultive dans nos serres est une plante sarmenteuse qui
habite les rivages maritimes de la Colombie et de la
Guyane. Elle grimpe le long des rochers, escalade les
arbres et enfonce ses racines dans la mousse qui recouvre leur écorce; souvent même elle se sépare entièrement du sol et laisse flotter à l'air libre ses longues racines adventives. C'est sa capsule charnue,
longue et qui n'est pas sans analogie avec celle du
Catalpa, que l'on emploie comme condiment. Ce fruit
contient une notable quantité d'huile volatile d'odeur
suave et d'acide benzoïque. Le faham est la feuille d'un
Angrec, genre voisin des Vanilles et habitant comme
elles les régions tropicales. Cette feuille, dont l'odeur
rappelle très-vaguement celle de la vanille, est employée
aux îles Mascareignes en infusion théiforme (thé de
Bourbon), comme digestives et propres à arrêter les
progrès de la phthisie pulmonaire.

## LES LIANES

Des Orchidées aux Lianes, la transition est toute faite.
Les Lianes, toutefois, ne sont pas une famille de végétaux que rattache aucune parenté botanique. C'est simplement un groupe contenant des plantes que rendent
analogues un mode de végétation et des allures semblables. Toutes les Lianes sont sarmenteuses, c'est-à-dire
qu'elles grimpent et aiment à s'enrouler autour d'un
appui quelconque. Du reste, nous le répétons pour
éviter toute erreur, nulle parenté qui unisse beaucoup
d'entre elles. Ce sont des Cannabinées (Houblon), des
Convolvulacées (Liseron), des Ampélidées (Vigne), des
Légumineuses (Haricot), des Tropéolées (Capucine),
des Hédéracées (Lierre), des Cucurbitacées (Citrouille),
des Rubiacées, des Passiflores, des Apocynées, des
Euphorbiacées, des Asclépiadées, des Figuiers, des
Palmiers Rotangs et surtout des Bignoniacées, les véritables Lianes de la forêt vierge des tropiques.

On ne fait généralement aucune différence entre les
végétaux sarmenteux et les végétaux grimpants, mais
ces deux expressions doivent être distinguées dans le
langage botanique. Une plante grimpante exécute dans
son ascension un double mouvement spiral sur elle-
même et sur le tronc qu'elle embrasse. Ce dernier mouvement se produit tantôt à droite, tantôt à gauche. Il
n'en est pas de même des végétaux sarmenteux, qui
s'accrochent un peu au hasard et se couchent d'une
façon quelconque sur la plante qui leur sert d'appui. Il

Arbre étranglé par une Liane.

est enfin une troisième classe de végétaux grimpants,
qui ne s'enroulent pas en spirale, mais qui s'élèvent,
suivant une direction indéterminée, en s'aidant de
crampons ou de racines accrochantes, tels que le Lierre,
par exemple. A ces trois catégories appartiennent tous
les végétaux rangés sous la dénomination très-générale
de Lianes.

Mais avançons dans notre étude. Que sont-elles ces
Lianes, toutes analogues, bien que si diverses quelquefois? Un rôle identique les rapproche et les unit dans
une commune culpabilité. Toutes ces belles Lianes sont
de redoutables voisines; quelques-unes même sont des
meurtrières.

Ne m'accusez pas d'exagération. Au milieu de leurs
superbes guirlandes, regardez, et vous verrez presque
toujours quelque malheureux arbre qui, écrasé ou
étouffé par ces mortelles enchanteresses, semble tendre
les bras et crier au secours. De quoi se plaint-il donc?
N'est-il pas orné de festons charmants, enivré de
parfums suaves?... Ah! les infortunés! s'ils pouvaient
nous dire ce qu'ils souffrent, tous ceux qui se meurent
lentement sous ces apparentes caresses et ces monceaux
de fleurs!

Les Lianes serrent avec une telle puissance le tronc
des arbres envahis, qu'elles finissent par pénétrer dans
l'intérieur même du bois, malgré les plus dures écorces.
Sous ces effroyables étreintes, on comprend que la séve
s'engorge rapidement; de part et d'autre de la tige parasite, se forment des bourrelets qui grossissent, dé-
bordent, la recouvrent parfois et amalgament ainsi des
tissus différents qui finissent par se souder de la plus
étrange façon. Il est des Figuiers grimpants et des

Rotangs, surtout, d'une longueur démesurée, qui, semblables à d'horribles serpents, s'aplatissent sur leurs victimes et les enlacent de tant de replis, qu'une asphyxie lente, mais progressive, en est l'inévitable résultat.

Au nombre des Lianes les plus redoutables, se place la *Cipo-Matador* dont les botanistes voyageurs nous racontent les innombrables méfaits. Cette *meurtrière* (c'est le sens du nom espagnol) a, en effet, des embrassements mortels. Elle ne semble d'abord demander qu'un soutien; mais, en s'appuyant, elle étrangle, et il vient un jour, après de longues années d'amitié apparente, où toute séve s'engorge et s'arrête dans la tige du malheureux protecteur. Il meurt alors, se dessèche, puis tombe, et dans sa chute entraîne son assassin qui, dans la boue noire de la forêt, expie ses perfidies sous le cadavre de sa victime.

La tige de beaucoup de Lianes des tropiques est extrêmement remarquable par sa bizarre structure. Il n'est pas rare de rencontrer, dans ces régions, des arbres munis d'excroissances, sortes de loupes démesurées, dans lesquelles on tranche quelquefois des roues de voiture, ou des tables d'une seule pièce. Il est des cas où ces excroissances se multiplient autour du tronc, et y forment alors un certain nombre de niches et de loges latérales d'une telle dimension, qu'un homme peut s'y abriter complétement.

Eh bien ce caractère est également commun aux Lianes. Bien que se manifestant à un moindre degré, il leur donne une forme cannelée généralement quadrangulaire, et d'autant plus étonnante que les sillons pénétrant dans le corps ligneux y amènent également l'écorce, qui forme ainsi, sur une coupe de la tige, de véritables mosaïques de l'effet le plus varié.

Mais laissons les régions tropicales et revenons à nos zones tempérées, où, sous des formes infiniment plus modestes, le type des Lianes est également représenté. Plaçons en tête le Liseron des haies, dont tout le monde connaît les charmantes guirlandes et les clochettes doucement parfumées [1] ; après viennent le Houblon, le

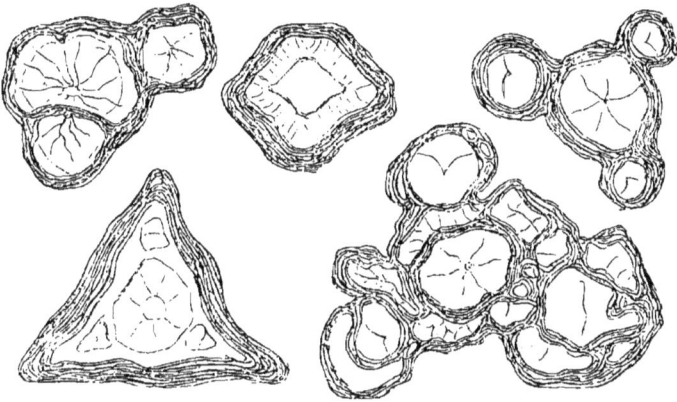

Coupes transversales faites sur des tiges de Lianes.

Chèvrefeuille, la Bryone vulgairement appelée *Couleuvrée*, la Clématite des haies, le Lierre, dans une certaine mesure, et enfin les Vignes, dont les espèces sont fort nombreuses. La Vigne vierge couvre de ses jolies feuilles palmées nos cabinets de verdure. Quant à la Vigne cultivée (qui du reste n'est pas de la même famille), c'est la plus belle de nos Lianes. On connaît toutes les images poétiques suggérées par les groupes de la « Vigne mariée à l'Ormeau », et l'on voit encore,

___

1 Il s'agit ici du Liseron indigène à fleurs blanches et à odeur faible mais suave.

dans le royaume de Naples, les routes traversées par d'énormes pampres qui, d'un Orme à l'autre, remplissent tout l'intervalle de ces longues et gracieuses guirlandes dont les treilles de Campanie seules peuvent donner le spectacle.

Ce serait peut-être s'avancer beaucoup que d'affirmer la parfaite innocence de toutes les Lianes de nos régions tempérées et de ces opulentes Vignes en particulier; il faudrait, avant d'émettre un jugement définitif, consulter les Ormes qu'elles parent de beaucoup trop de guirlandes; néanmoins, l'on ne peut établir aucune comparaison

Houblon.

entre elles et les Lianes des pays tropicaux.

Quoi qu'il en soit, pardonnons-leur à toutes en faveur

de leur beauté. Soyons indulgents en songeant qu'elles n'ont pas la conscience du mal qu'elles commettent, et avouons quelles se font absoudre par tout le charme qu'elles répandent dans les lieux qu'elles décorent. Tout en elles est enchantement, séduction : formes élégantes, fleurs charmantes, parfums délicieux. Toute réserve faite sur l'insuffisante exactitude du rapprochement, l'on pourrait dire que les Lianes représentent dans la forêt l'élément féminin : flexibles ondulations, étreintes gracieuses, — quelquefois perfides, — insinuations timides, audaces feintes, câlineries et enlacements. Il y a bien d'autres symbolismes, à coup sûr, dans ce monde des Lianes. S'il y en a beaucoup de tendres, l'on en trouve de fougueuses, d'échevelées, et d'autre part, lorsque par suite d'une chaleur excessive ou d'une maladie quelconque, il en est qui laissent retomber mélancoliquement leurs feuilles et leurs fleurs, elles deviennent alors la saisissante image de tout ce que le découragement a de plus attristant, la souffrance de plus contagieux, le désespoir de plus navrant et de plus sympathique.

# LES PALMIERS

Au nombre des plus belles formes végétales, parmi les types remarquables entre tous, se distingue le Palmier, tout à la fois svelte, souple et majestueux. Qu'il mesure un mètre de hauteur, ou qu'il en mesure quarante, c'est toujours le même élancement, la même grâce mélancolique et fière. C'est tantôt un frêle roseau qui, avec les petits Bambous, auxquels il ressemble beaucoup alors, se distingue à peine des hautes Graminées ; tantôt c'est le roi de la forêt, que domine comme une colonne corinthienne son stipe gigantesque couronné lui-même du panache de ses feuilles ailées. Sous cette forme et avec cette stature, le Palmier devient la plus magnifique expression vivante de la flore tropicale. Il semble que c'est pour se rapprocher le plus possible de l'ardent soleil, à peu près perpendiculaire en ces régions, que le noble végétal monte droit vers le zénith, avec une puissance d'ascension qui défie toute rivalité.

La grande famille des Palmiers comprend des centaines d'espèces qui ne franchissent guère, d'un côté ni de l'autre, les deux lignes tropicales.

Le climat qui leur convient le mieux, dit Humboldt,
est celui dont la température moyenne se maintient à
20 degrés, et même dans ces données climatériques,
l'on a remarqué que certaines espèces affectionnent des
zones particulières ; ce qui n'empêche pas quelques
Palmiers indépendants de s'isoler de leurs semblables et
de s'en aller, sur le rivage de la mer, dominer quelque
falaise rocheuse d'où se profile sur le ciel bleu leur
élégante silhouette. Ils paraissent alors poser véritablement sur la côte, et le navigateur artiste leur sait gré

de concourir pour une si large part à la décoration
du paysage.

Chez les Palmiers, que Linné appelait les princes du
règne végétal, l'utilité, chose rare, s'unit à la beauté
des formes. Ces arbres, en effet, forment l'unique fortune de peuplades entières. Ils leur fournissent tout, du
bois, et du bois si dur quelquefois qu'il leur sert à
la confection des flèches, des vases fabriqués avec les
spathes qui environnent la fleur, des étoffes tissées
avec l'enveloppe fibreuse du fruit, des cordes, des ali-

ments [1], des filets, du sucre, du vin et de l'alcool
extraits de la séve, de l'huile et une sorte de beurre
tirés de l'amande de certaines espèces, enfin de la cire
et des substances médicinales qui suintent de l'écorce
de certaines autres.

Un détail des plus curieux de l'histoire des Palmiers,
c'est à coup sûr leur mode de fructification. Ces végétaux, en effet, sont souvent dioïques, c'est-à-dire que
certains arbres ne portent que des fleurs fécondantes
contenant la poussière jaune appelée *pollen,* tandis
que certains autres ne portent que des fleurs à fruit.
Or on sait que, pour le produire ce fruit, il faut que
ces dernières fleurs soient saupoudrées par la poussière
des fleurs fécondantes, de telle sorte que lorsqu'un Palmier de cette espèce se trouve trop éloigné de tout
autre arbre de la même famille, il demeure stérile.
C'est donc aux insectes et aux vents surtout qu'est
confiée la fécondation de ces végétaux solitaires.

Et avec quelle conscience ils s'en acquittent! Un poëte
ancien nous raconte l'histoire d'un Palmier à fruits qui
croissait à Otrante, et qui fut fécondé par le pollen d'un
Palmier à fleurs qui se trouvait à Brindes, c'est-à-dire à
une distance de quinze lieues. Depuis nombre d'années,
le Palmier d'Otrante fleurissait chaque printemps, sans
jamais produire de fruits, lorsque inopinément ces fruits
se montrèrent. On s'enquit alors de la cause de ce fait
inattendu. On battit les environs, d'abord dans un
rayon restreint, puis plus vaste; point d'autre Palmier.
On poursuivit les recherches, on en élargit le cercle, et
ce n'est qu'à Brindes qu'un second Palmier fut décou-

---

[1] Noix de coco, dattes, chou palmiste, sagou, etc.

vert. Mais était-ce bien possible? Le doute était vraiment permis. Il fallut pourtant se rendre à l'évidence, lorsqu'on apprit que c'était pour la première fois que le Palmier de Brindes avait fleuri. L'expérience, du reste, fut surveillée, vérifiée, répétée depuis, et il est bien constaté aujourd'hui que les vents emportent des poussières polliniques, qui, à des distances considérables, vont porter la fécondation et la vie. Les fameuses pluies de soufre, dont s'épouvantait le moyen âge, n'étaient que des nuages de pollen enlevés par les vents à des forêts de Conifères (Pins et Sapins) et qui retombaient dans les campagnes à des distances telles quelquefois, qu'il était impossible d'imaginer d'où ils pouvaient provenir.

Sans y mettre autant de poésie, l'homme s'est également fait un agent de fécondation artificielle. Il s'agit de l'opération qui, en Algérie et dans tout l'Orient, se pratique dans les plantations de Dattiers. En Égypte, elle a lieu en février ou en mars. Les spathes contenant les fleurs fécondantes sont fendues à leur maturité et divisées par fragments. Un ouvrier en remplit le capuchon de son burnous, puis, s'appuyant sur un cercle de corde embrassant à la fois son corps et le tronc de l'arbre, — corde, que par un mouvement particulier il élève au fur et à mesure qu'il monte, — il grimpe ainsi avec une agilité merveilleuse jusqu'au sommet du Dattier qu'il s'agit de féconder, se glisse avec adresse entre les feuilles armées d'aiguillons acérés, et après avoir fendu avec un couteau les spathes florales, il y insinue l'un des fragments qu'il a préparés à cet effet.

Quelque grande que soit l'utilité des Palmiers et le rôle important qu'ils jouent dans l'alimentation de cer-

tains peuples, on ne peut s'y arrêter longtemps, forcé
que l'on est d'insister sur le côté artistique de ce magnifique végétal. Groupés ou solitaires, les Palmiers se
distinguent par un tel caractère propre, qu'ils donnent
un cachet spécial à la région dont ils illustrent le
paysage. Lorsque, semés par la main de l'homme, les
Palmiers constituent des massifs d'une certaine importance, on oublie la pensée utilitaire qui les a réunis ;
ce n'est plus la plantation que l'on voit, c'est le groupe
admirable qu'ils forment, et dont le paysage tire à
coup sûr son expression entière. C'est ce qui arrive
particulièrement pour les Cocotiers, les Palmiers oléi-
fères et les Dattiers.

A de vertigineuses hauteurs, nous raconte Melville
en parlant des forêts de Cocotiers de Taïti, on voit se
voûter de vaporeuses arcades, au travers desquelles
glissent de fuyants rayons de soleil. Partout règne un
silence solennel ; mais lorsque vers midi s'élève la
rafraîchissante brise de mer, un doux bruissement se
fait entendre, chaque feuille de Palmier, frissonnante,
chuchote avec sa voisine, va, vient et de plus en
plus s'agite, à mesure que le vent devient plus fort.
C'est bientôt toute la tête de l'arbre qui oscille, tandis
que les gigantesques stipes se balancent. Vers le soir,
c'est la masse entière de la forêt qui, semblable à une
mer, ondule avec une grâce tout à la fois molle et majestueuse dont il est impossible de rendre l'expression
saisissante.

Laissons les généralités. Il est dans la famille des
types qui réclament de nous plus qu'une simple
silhouette, et puisque nous venons de dire quelques
mots de la fécondation artificielle des Dattiers, reve-

nons à ce bel arbre et résumons ce que nous en disent les historiens.

## LE DATTIER

Le *Palmier-Dattier* s'appelle en latin *Phœnix*, et les étymologistes font venir ce mot du nom grec de la Phénicie, pays dont les dattes jouissaient en Grèce d'une réputation méritée. Quant au nom français du Dattier, il vient probablement encore d'un mot grec, *dactulos*, qui signifie doigt, par allusion à la forme digitée des fruits de cet arbre. Quoi qu'il en soit, le Dattier est un des Palmiers les plus majestueux; sa tige, ou plutôt son stipe écailleux, s'élève parfois jusqu'à plus de vingt mètres, et sa tête est formée par une vaste touffe de

Palmier - Dattier.

feuilles ailées de trois à quatre mètres de longueur. Les fleurs forment d'énormes bouquets appelés *régimes*. C'est quatre à cinq mois après la floraison que les fruits sont bons à cueillir. Chaque Palmier en porte de trois à onze grappes, dont le poids, pour chacune, varie de vingt à quarante livres.

La beauté du Dattier lui a de tout temps valu l'admiration des hommes et presque leurs hommages. C'est lui qu'on représente ordinairement comme le type des Palmiers, et c'est, pour ainsi dire, à son ombre que s'est abrité le berceau de notre civilisation ; aussi le prit-on quelquefois, dans l'antiquité, pour le symbole de la Judée.

Ses feuilles étaient nommées *palmes*, et c'est de là qu'a été tiré le nom de la famille. Chez les anciens ces feuilles étaient consacrées aux héros victorieux. Plus tard, et par extension de la même idée, ce signe de triomphe devint l'emblème du martyre. Le Dattier est originaire de l'Orient ; mais il est particulièrement cultivé dans la région de l'Afrique septentrionale appelée Biléduldjérid, nom qui en arabe signifie pays des dattes. Là, il forme de véritables forêts, et il serait difficile d'en décrire la magnificence, alors que sous les vertes ogives s'abrite et surtout fleurit tout un peuple de Citronniers, d'Orangers et de Grenadiers, dont les fleurs, comme autant de cassolettes, exhalent leurs parfums sous les voûtes du plus beau des temples.

Les anciens comptaient diverses sortes de dattes ; celles des environs de Jéricho passaient pour les plus estimées. Ces fruits sont employés de mille manières. Frais, ils sont succulents, sucrés, et donnent, lorsqu'on les soumet à une forte pression, une sorte de sirop appelé miel de dattes, dont les usages sont nombreux. On tire encore de ces mêmes fruits du vin, de l'alcool et de la farine dont on approvisionne les caravanes ; sèches, les dattes servent à la préparation de tisanes pectorales.

Quand les Dattiers sont vieux et qu'ils ne portent

plus de fruits, ils ne cessent pas encore d'être utiles;
les cultivateurs indigènes les effeuillent, font des en-
tailles au sommet et y suspendent des vases, où découle
un liquide appelé vin de Palmier, qui fournit une
agréable boisson. Le bois du Dattier est mou, mais ses
feuilles servent à mille usages divers. On en fait des
paniers, des tapis; leurs fibres servent à la confection
de tissus et de cordages, les débris enfin servent de
combustible.


## LE SAGOUTIER


Les *Sagoutiers* ou Palmiers qui forment le sagou,
sont appelés *Sagu* dans l'Inde, et c'est de là que vient
sans aucun doute leur dénomination générale. On
n'en connaît que peu d'espèces, et toutes, à peu près,
habitent dans les régions équinoxiales de l'Afrique et
de l'Asie.

La substance connue sous le nom de sagou est formée par la moelle du stipe de plusieurs espèces de Palmiers. Les procédés employés pour l'extraction de cette
matière médullaire paraissent varier selon les pays.
Généralement les Sagoutiers sont coupés par tronçons,
puis fendus, et la moelle extraite est amenée, par diverses préparations de trituration et de lavage, à livrer
la fécule qu'elle contient. Cette fécule, fort analogue à
celle de la pomme de terre, ne fut apportée en Europe
que vers le milieu du xviiie siècle. Elle constitue une
nourriture légère, excellente pour certains malades,
pour les enfants et pour les vieillards. Il y a des Sagoutiers d'espèces différentes qui fournissent, les uns du

crin végétal, les autres un vin coloré, spiritueux et pétillant comme le vin de Champagne.

## LE COCOTIER

Le *Cocotier*, ainsi appelé du nom de ses fruits (noix de coco), est un des plus beaux Palmiers. Son stipe mince, qui s'élève à une hauteur de vingt à trente mètres, est couronné par un bouquet de gigantesques feuilles ailées. Le fruit, d'abord verdâtre ou de couleur violette, renferme une amande dont le tissu ferme et blanc contient un liquide lacté d'un goût fort agréable lorsqu'il est frais. Ces cocos sont utilisés à différentes époques de leur maturité; quand leur pulpe n'a encore acquis que la consistance de la crème, on les nomme cocos de lait, et on les mange alors après y avoir ajouté du sucre et quelques aromates. L'amande du coco parvenue à sa maturité a le goût de la noisette, mais sa saveur s'altère assez rapidement; aussi les noix qu'on apporte en Europe ne peuvent-elles donner qu'une idée très-imparfaite des qualités réelles de ces fruits consommés en temps opportun.

Le Cocotier habite toute la zone torride; il aime le voisinage des mers, comme les peuplades maritimes que leur instinct empêche de quitter le littoral de l'océan Pacifique, et qui semblent y être retenues par les bienfaits que leur prodigue ce végétal précieux. Il fournit, en effet, à l'homme de quoi suffire à tous ses besoins. La tige, les feuilles, les fibres ligneuses et la graine servent à l'abriter, à le vêtir, à le désaltérer, à l'enivrer même et à le guérir d'une partie de ses maladies. Le Cocotier est donc, au moins autant que le Dattier, la fortune des cultivateurs indigènes ; et l'exportation facile des produits de cet arbre utile et magnifique devrait inspirer à beaucoup d'entre eux le désir de donner à cette culture l'importance et l'extension qu'elle mérite.


## LES ROTANGS

Les *Rotangs* sont encore des Palmiers, mais des Palmiers minces, longs, souples, grimpants et rampants et qui atteignent quelquefois une longueur paradoxale. Il y a dans l'Inde des Rotangs à cordes dont la tige, épaisse de trois ou quatre centimètres au plus, et longue de plus de cent cinquante mètres, s'enlace aux arbres, passe de l'un à l'autre, ou rampe sur le sol comme de véritables serpents végétaux que le voyageur sent parfois avec un frisson lui accrocher la jambe.

Les tiges des Rotangs ordinaires croissent quelquefois tellement serrées les unes contre les autres, qu'elles forment des taillis protecteurs que les plus petits oiseaux et même que certains insectes ne peuvent traverser. On fait avec d'autres espèces des cannes (connues dans le commerce sous le nom de *joncs* ou de *rotins*) ou même des meubles, lorsque les tiges ont acquis un développement assez considérable. Enfin, avec les fibres de ces petits Palmiers longs et flexibles, on fabrique des cordages d'une résistance telle, qu'ils servent à la confection de certaines amarres de navires et qu'ils contiennent, même en ses plus terribles violences, la colère des éléphants indomptés.

Un dernier mot sur un dernier Palmier,

## LE CORYPHE DU MALABAR

Celui-là se distingue par la beauté majestueuse du parasol de verdure qui vient, à une hauteur de vingt à trente mètres, couronner son grand stipe élancé. Ce parasol, de plus de quinze mètres de largeur, est formé de feuilles d'une dimension si extraordinaire, qu'une vingtaine de personnes peuvent, sous l'une d'elles, s'abriter de la pluie et du soleil. Mais une particularité plus étrange chez ce Coryphe, c'est qu'il ne fructifie qu'une seule fois. Vers l'âge de 40 ans, il lui naît de sa couronne une feuille roulée en cornet, ou spadice, auquel sont attachées en nombre incalculable, — quelque chose comme vingt mille, — des fleurs formant un amas énorme; après les fleurs viennent les fruits; ces fruits mettent quatorze mois à mûrir; puis le pauvre Coryphe, épuisé par cet effort, languit, se dessèche et finit par mourir, sans pouvoir jamais résister à cette épreuve redoutable.

# LES ARBRES VERTS

---

Ces arbres verts, dont le nom botanique est *Coni-fères*, forment, sinon une famille, du moins une vaste classe de végétaux qui se distinguent tout d'abord par la nature de leurs feuilles étroites et pointues; aussi les appelle-t-on, non pas des feuilles, mais des ai-guilles. On comprend quel caractère de roideur donne au paysage l'agglomération de ces arbres, roideur qu'augmente encore la forme généralement pyrami-dale de leur architecture. Mais toutes les formes s'as-socient dans la nature, et il suffit d'avoir vu une seule fois quelques Sapins hérisser de leurs sombres panaches la crête d'une montagne, pour comprendre quelle harmonie naît de l'ensemble de ces lignes droites du végétal rapprochées des rudes arêtes de la pierre.

C'est dans cette classe de végétaux que l'on ren-contre les arbres les plus élevés que l'on connaisse; c'est là que se groupent, entre autres, le Pin, le Sapin, le Mélèze, le Cèdre, le grand Araucaria du Chili et aussi le Sequoia gigantesque de la Californie, dont les voyageurs racontent les choses les plus extraordinaires. Quelques mots sur chacun d'eux.

## LE PIN

Le Pin, fort rapproché du Mélèze et du Sapin, s'en distingue par la disposition de ses aiguilles, qui, par deux, trois ou cinq, sont réunies dans chaque gaîne, tandis qu'elles sont solitaires dans le Sapin, et que dans le Mélèze elles sortent par houppes nombreuses des tubercules de l'écorce. Les Pins se font presque tous remarquer par leurs formes essentiellement originales. Ce n'est point que tous soient beaux, mais tous ont une physionomie, et certains d'entre eux sont admirables. Aussi est-il à remarquer que ces arbres *font paysage*, pour peu qu'ils aient acquis une suffisante grosseur. Qu'ils s'élancent en pyramide, ou s'arrondissent en parasol, c'est toujours cette silhouette un peu étrange qui fait si bien sur un ciel bleu.

Mais, quelque physionomie qu'il puisse avoir, c'est bien moins par ce qu'il paraît être, que par ce qu'il vaut, que se recommande notre Pin modeste et utile. Oui, utile et modeste, voilà les deux qualificatifs qui lui conviennent au plus haut degré. Le Pin n'a aucune prétention ; jamais on ne remarque en lui cette *pose* qui caractérise certains arbres, cette coquetterie d'allures, ou ce miroitement des feuilles qui, chez le Tremble, le Saule et le Peuplier, entre autres, papillote et tire l'œil. Les Conifères sont des arbres toujours sérieux, souvent tristes, parfois même lugubres, témoin les Ifs et les Cyprès. Leurs branches droites s'agitent avec une roideur solennelle et produisent, sous le vent, tantôt un sifflement monotone et doux, tantôt

un sourd murmure analogue au lointain mugissement
de la mer.

Toutefois, si le Pin n'est pas un arbre brillant, c'est
un austère et fécond travailleur, une honnête nature,
une pure essence, qui donne à l'homme les produits
les plus sains que l'industrie puisse mettre à profit, et
dont elle retire des remèdes efficaces et des antiseptiques de premier ordre [1].

La direction rectiligne des tiges des Pins les a, de
toute antiquité, rendus précieux pour la mâture des
vaisseaux. D'autre part, la résine qu'ils renferment les
rend à peu près incorruptibles dans l'eau; aussi s'en
servait-on pour la construction des carènes, où leur
excellence a été surabondamment constatée par l'histoire de ce navire qui, submergé depuis treize cents
ans, fut retiré de l'eau dans un parfait état de conservation.

Jusqu'au temps où l'on eut l'idée de brûler de l'huile
ou du suif, on ne s'éclaira guère qu'avec des éclats de
bois résineux dont on faisait des torches ou qu'on allu-
mait dans une sorte de cage en fer, ainsi que cela se
pratiquait encore, il y a quelques années, dans le
royaume de Naples.

Aujourd'hui, le bois de Pin est encore apprécié pour
certaines constructions souterraines ou sous-marines,
et particulièrement pour les poutres de pilotis; mais
c'est surtout par la production de la résine que cet
arbre se recommande à tous les soins de l'arboriculteur.
Robuste, résistant aux vents de mer et s'accommodant

---

1 Ces produits sont la résine, la térébenthine, le goudron, etc., dont
on tire toutes sortes d'essences (essence de térébenthine, benzine, acide
phénique, etc.).

des terrains sablonneux les plus stériles, il arrête les dunes, fertilise les landes, fournit la résine et remplit d'émanations balsamiques les régions qu'il habite.

Parmi les diverses espèces, citons le *Pin maritime* ou *résinier*, originaire du midi de l'Europe; le *Pin*

Pin maritime ou résinier.

*sylvestre*, qui forme de vastes forêts sur les montagnes et dans le nord de l'Europe; le *Pin de Corse*, le plus grand de tous; le *Pin de Weymouth*, importé d'Amérique par le lord de ce nom; et enfin le *Pin pignon*, qui, entre tous ses congénères, se distingue par le vaste parasol que forme sa tête, et dont tout le monde connaît l'effet pittoresque dans les paysages d'Italie.

Pin pignon ou Pin d'Italie.

## LE SAPIN

Les Sapins, comme les Pins, sont de grands arbres résineux, mais là s'arrête la ressemblance. Élégance et majesté, grâce et puissance, tels sont les caractères de ce végétal magnifique. C'est au sein de ses forêts qu'il faut le voir étaler ses longues branches et dresser sa fière pyramide jusqu'à plus de quarante mètres de

hauteur. Dans les Pyrénées, dans les Alpes, sur les
Vosges, dans la Forêt-Noire, et enfin tout le long de
la Suède et de la Norvége, s'étendent d'admirables
agglomérations de grands Sapins dont la majesté est
indescriptible. Un vieux Sapin couvert de neige, comme

Sapins.

ceux qu'excellait à peindre le paysagiste Calame, est
certainement une des plus remarquables figures du
monde végétal, et lorsque, par un de ces artifices qui
abondent dans la nature, on trouve quelques-uns de
ces beaux arbres accrochés aux flancs d'une roche et
surplombant quelque fougueuse cascade, le paysage

alors revêt une telle expression pittoresque que le
voyageur, frappé d'admiration, s'arrête et demeure
rêveur.

Connaissez-vous les Pyrénées, ami lecteur, et dans
les Pyrénées, le col d'Aspin? Si vous avez suivi cette
admirable route qui, de Bagnères de Bigorre, va, par
la montagne, jusqu'à Bagnères de Luchon, vous pou-
vez avoir une idée de l'effet saisissant que produit une
belle forêt de Sapins. Cette forêt, c'est celle de Paillole,
que traverse la route qui monte, monte et tourne
avec lenteur, jusqu'à ce qu'enfin l'on arrive au sommet du col, où le panorama devient alors d'une magnificence incomparable. Derrière s'étend la forêt
sombre, hérissée, profonde; à vos pieds s'ouvre la
large et pittoresque vallée d'Arau; puis à l'horizon
s'arrondit l'amphithéâtre grandiose, dont les gradins
se colorent suivant cette admirable gamme des teintes
montagneuses qui, des premiers plans d'un vert foncé,
passent au vert clair, puis au vert bleuâtre, puis enfin
au blanc pur, à cette belle ligne des neiges qui étincelle au soleil et que dentelle, sur le ciel pâle, une
rangée circulaire de pics géants dominés, tout au fond,
par les puissants sommets du groupe de la Maladetta.
Qui a vu ce spectacle ne l'oubliera de sa vie, et réunira
toujours dans son souvenir les noires teintes de la
forêt de Paillole avec les lumineuses splendeurs du
panorama du col d'Aspin.

## LE MÉLÈZE

Arbre vert ? Oui, à coup sûr ; toutefois moins vert que les autres, puisque, seul parmi les Conifères, il perd ses feuilles au retour de chaque hiver. Le Mélèze est d'humeur sauvage. On le trouve isolé, près des neiges, sur les hautes Alpes, qu'il affectionne particulièrement, et où il croît bien au-dessus des Sapins, dans de glaciales solitudes. Là, il acquiert parfois un accroissement énorme. On en rencontre dont le tronc, de cinq ou six mètres de circonférence à la base, s'élève à une hauteur prodigieuse et rappelle cette fameuse poutre historique, qui, transportée à Rome par les ordres de Tibère, fut ensuite employée à la construction de l'amphithéâtre de Néron ; — elle avait cent dix pieds de longueur sur deux pieds d'équarrissage.

Le bois de Mélèze ne fend jamais, et est considéré comme à peu près incorruptible : témoin ce vaisseau trouvé dans la mer après mille ans de submersion, et dont toutes les planches de Mélèze avaient acquis une telle dureté qu'elles étaient difficilement entamées par la hache. Mais nous avons hâte d'arriver au plus célèbre de tous les Conifères,

## LE CÈDRE

Le Cèdre du Liban ! Qui ne le connaît et ne se souvient aussitôt de cette sorte de légende, suivant laquelle sept de ces beaux arbres, contemporains du roi

Salomon, se voient encore sur la montagne dont ils ont gardé le nom? Cette légende paraît être vraie, d'après le récit de certains voyageurs qui affirment les avoir vus; d'autre part, la longévité bien connue de ces puissants Conifères permet d'admettre la haute antiquité de ces quelques représentants d'une si lointaine époque.

Les vestiges de ces antiques forêts de Cèdres qui couronnaient le Liban, nous dit M. Pouchet, sont religieusement visités par les voyageurs qui parcourent la Syrie; mais ces forêts, que Salomon faisait dévaster jadis par quatre-vingt-dix mille hommes pour la construction de son temple, sont aujourd'hui à peu près anéanties. En 1787, un voyageur ne compta plus qu'une centaine de pieds, parmi lesquels sept se faisaient remarquer par leur taille colossale; en 1830, ces quelques débris existaient encore, et seront, il faut l'espérer du moins, longtemps conservés par la vénération traditionnelle dont les entourent les populations arabes.

Toutefois il ne faudrait pas croire que le Liban ait le monopole de tous les Cèdres du monde. Les voyageurs parlent avec admiration des splendides forêts de l'Asie-Mineure, et le Taurus en Cilicie se fait particulièrement remarquer par les agglomérations végétales de ses vallées et de ses gorges, dont la richesse défie toute description. Cèdres, Chênes, Pins, Sapins, Ifs, Oliviers, Myrtes et Lauriers, tous s'y mêlent dans le plus opulent désordre; mais ce sont les Cèdres surtout qui, au-dessus des massifs inférieurs, forment des groupes d'une incomparable beauté.

La physionomie du Cèdre est tout à fait caractéristique. Empruntant au Sapin ses branches horizontales, mais surtout au Pin pignon sa vaste tête couronnée, il joint à l'austérité du sombre et immobile feuillage des Conifères la prestance des plus beaux Chênes. Il a des inflexions de branches d'une puissance magistrale, et il est tels de ces arbres qui, renversés en arrière comme un athlète dont les reins se cambrent, profilent sur le ciel les plus fières silhouettes qu'il soit possible de rêver.

Le Cèdre est un des plus grands arbres de la nature. Son tronc acquiert jusqu'à dix mètres de circonférence, sur une hauteur de près de quarante, et cette tige se couronne d'une tête colossale dont chacune des branches équivaut, pour sa part, à un arbre de fortes dimensions. Le plus énorme Cèdre que mentionne l'histoire est celui qui servit à la construction de la galère de Démétrius, qui avait onze rangs de rames et cent trente pieds de longueur. C'est également en bois de Cèdre qu'étaient construits ces fameux vaisseaux liburniques sur lesquels Caligula longea les rivages de l'Italie, vaisseaux d'un luxe aussi insensé que leur maître, où l'or et les pierreries se combinaient aux peintures les plus riches, et sur lesquels se trouvaient des portiques, des salles de bains et des appartements décorés d'arbres chargés de leurs fruits mûrs.

Le bois de Cèdre, comme celui de presque tous les Conifères, a de tous temps été regardé comme à peu près indestructible; aussi est-ce pour cela que Salomon l'avait choisi pour l'édification de son temple, et que les Grecs et les Romains l'employaient pour représenter leurs dieux.

L'un des plus beaux Cèdres du Liban que l'on con-

Cèdres du Liban.

naisse en Europe, est celui que l'on voit aujourd'hui au Jardin des Plantes, où il a été planté en 1735, par Bernard de Jussieu, qui l'apporta d'Angleterre, — *dans son chapeau,* ajoutent les historiens facétieux.

Citons encore l'*Araucaria,* ce végétal ancêtre dont il a été précédemment question; la *Casuarine,* le plus étrange individu de la famille, dont le feuillage ressemble, — et c'est de cela que vient son nom, — aux plumes effilées des Casoars, et enfin le colosse des colosses,

## LE SEQUOIA GIGANTESQUE

Le Sequoia est un arbre dont on ignorait l'existence il y a peu de temps encore, et les détails que nous en donnent les voyageurs sont tellement étranges, que nous laissons la parole à M. Ch. Müller, qui nous raconte comme suit l'impression produite par la découverte de ce végétal extraordinaire :

« Dans ces derniers temps, on a, à différentes reprises, entretenu le public d'un arbre appelé Arbre-Mammouth. D'après la *Chronique des Jardiniers,* cet arbre fut découvert par un voyageur anglais, le naturaliste Lobb, sur la Sierra-Nevada, en Californie, à une hauteur de cinq mille pieds, vers les sources des fleuves Stanislas et Saint-Antoine. Il appartient à la famille des Conifères, et atteint une hauteur de deux cent cinquante à trois cent vingt pieds. Des renseignements plus récents lui donnent même une hauteur de quatre cents pieds. Proportionnellement à celle-ci, son diamètre aurait l'importante dimension de dix à vingt pieds, et,

d'après de nouveaux renseignements, de douze à trente
et un pieds. L'écorce, qui comporte jusqu'à dix-huit
pouces d'épaisseur, est d'une couleur cannelle, et possède
intérieurement une contexture fibreuse ; tandis que la
tige est, au contraire, d'un bois rougeâtre, mais mou
et léger. L'âge de l'un de ces arbres abattus s'élevait,
d'après les anneaux annuaires, à plus de trois mille
ans. Par un acte de vandalisme, on a évidé à une hauteur de vingt et un pieds, et exposé à San-Francisco,
l'écorce de la partie inférieure de l'un de ces géants.
Elle constituait une chambre que l'on avait garnie de
tapis. On se fera facilement une idée de ses dimensions,
quand on saura qu'outre un piano, il fut possible d'y
établir des siéges pour quarante personnes, et qu'une
autre fois cent quarante enfants y trouvèrent suffisamment place.

« Les ramifications de cette espèce végétale sont
presque toujours horizontales, légèrement inclinées,
et ressemblent à celles du Cyprès par leurs feuilles d'un
vert de prairie ; l'Arbre-Mammouth ne produit guère
que des cônes fort courts, qui forment contraste avec la
taille des sujets. Ces cônes ressemblent à ceux du Pin
de Weymouth, sans néanmoins concorder entièrement
avec les formes des cônes d'aucun Conifère connu. C'est
pourquoi on a érigé cet arbre en genre particulier, et
on l'a appelé *Wellingtonia gigantea*, bien que récemment la vanité américaine en ait fait, paraît-il, un
*Washingtonia* [1]. On rencontra environ quatre-vingt-
dix de ces arbres sur une circonférence d'un mille.
Pour la plupart, ils sont groupés par deux ou trois sur

---

[1] C'est ce dernier nom qui a encore été changé en celui de *Sequoïa*.

Séquoia gigantesque de la Californie.

un sol fertile, noir et arrosé par un ruisseau. Les cher-
cheurs d'or eux-mêmes leur ont accordé leur attention.
Ainsi l'un de ces arbres porte chez eux le nom de
*Chambre des mineurs*, et possède une tige de trois
cents pieds de hauteur, dans laquelle s'est pratiquée
une excavation de dix-sept pieds de largeur. Les *Trois
Sœurs* sont des individus issus d'une seule et même
racine. Le *Vieux Célibataire*, échevelé par les ouragans, mène une existence solitaire. La *Famille* se compose d'un couple d'ancêtres et de vingt-quatre enfants.
L'*École d'équitation* est un gros arbre renversé et
creusé par le temps, dans la cavité duquel on peut entrer à cheval, jusqu'à une distance de soixante-quinze
pieds. Il est étonnant que de semblables monuments
végétaux aient pu nous demeurer aussi longtemps inconnus. »

Voilà tout ce que nous savons de ces prodigieux
Conifères, qui, avec certains Eucalyptes de la Nouvelle-
Zélande, sont les arbres les plus élevés du globe.

Comme physionomie, ils ressemblent aux Sapins :
même élancement, même feuillage, et de plus une
majesté vraiment écrasante, tant ces végétaux dépassent la limite à laquelle l'œil de l'homme est habitué.
Leur tronc, d'une rectitude parfaite, est nu jusqu'au
tiers ou à la moitié de leur hauteur; puis il disparaît à
demi dans l'opulence de sa ramure.

Nous pourrions nous arrêter ici, après l'énumération
des principaux types de la famille des Conifères; mais il
en est encore deux, l'If et le Cyprès, dont nous dirons
quelques mots en terminant cette série.

7

## L'IF

L'If est un arbre robuste d'une quinzaine de mètres
environ, et qui d'un bout de l'année à l'autre conserve
son feuillage d'un vert sombre, serré, massif et immobile. Il croît spontanément sur les montagnes de l'Europe, dans l'Asie et l'Amérique septentrionale. L'If est
remarquable par son extrême longévité. Il croît avec
une telle lenteur, que des années se passent sans qu'on
s'aperçoive d'aucun changement dans sa taille; et cependant l'on en trouve d'énormes : témoin celui d'Écosse
dont parlent les historiens, et qui mesure cinquante-
trois pieds anglais de tour. Qu'on juge du nombre prodigieux d'années qu'il a fallu à ce végétal de croissance
si lente pour acquérir une telle circonférence.

L'If ne produit pas de sucs résineux, aussi ne pos-
sède-t-il point l'arome de la plupart des Conifères. Son
feuillage lugubre, vénéneux, et les sucs délétères que
renferme son bois contribuèrent à le faire regarder,
ainsi que le Cyprès, comme l'attribut du séjour des
morts. Tout cela n'empêche pas le bois de l'If d'avoir
des veines élégamment dessinées, d'être susceptible
du plus admirable poli et de durer presque indéfiniment.

J'éprouve le besoin d'être pour cet arbre d'une grande
bienveillance, afin de le consoler s'il est possible de tous
les outrages que lui ont fait, que lui font et que lui
feront, dans tous les siècles, les prétendus décorateurs
de jardins. Abusant de la docilité touchante avec laquelle l'If se prête à toutes les mutilations du ciseau,

ils donnent libre carrière à leur horrible mauvais goût,
et nous offrent, à titre de curiosités ou d'œuvres d'art,
ces innombrables et grotesques figures de dieux de la
Fable ou d'animaux qui abondent dans certains parcs :
heureux quand ils ne font pas de ces infortunés confiés

Ifs taillés.

à leurs soins, des tables, des cuvettes, des auges ou
des tabourets.

Laissons-leur toutes ces vilaines figures sur la conscience, et passons au dernier type intéressant de nos
Conifères.

## LE CYPRÈS

On connaît l'origine mythologique du Cyprès, qui n'était autre, nous raconte la Fable, que le pauvre *Cyparisse* qui, désespéré d'avoir tué par mégarde un cerf qu'il affectionnait, fut métamorphosé en cet arbre par son ami Apollon, touché de sa douleur. Une autre étymologie, beaucoup plus probable, fait venir le nom de notre Conifère du mot grec *Kupros*, Chypre, île où ces végétaux sont extrêmement communs.

Le Cyprès, de même que l'If du reste, n'est vraiment plus un arbre vert, c'est un arbre noir. Noir de couleur, sombre d'aspect et de destination mélancolique, le Cyprès est essentiellement l'arbre des tombes, le symbole de la tristesse, du souvenir et des regrets. Funéraire végétal, c'est lui qui couvre de son ombre épaisse le lieu de notre dernier sommeil, lui qui de sa noire colonne vient limiter, de part et d'autre, la place ironiquement exiguë où viennent s'ensevelir toutes les vanités de la terre. Le vent siffle mélancoliquement dans son épais feuillage, et ses branches froissées par la tempête claquent les unes contre les autres d'une façon bizarre et lugubre.

Le Cyprès commun ou pyramidal est originaire du Levant, et il abonde encore aujourd'hui dans toutes les îles de l'Archipel, où son extrême longévité a été dès longtemps remarquée. Lent à croître comme l'If, mais aussi, comme lui, accumulant les années et les siècles, il vieillit, vieillit et grossit toujours, si bien qu'il passe pour l'un des arbres dont la tige peut pré-

senter l'accroissement le plus considérable. Le Cyprès
distique, originaire de l'Amérique septentrionale, se
distingue entre ses congénères par le diamètre énorme
qu'acquiert son tronc conique et relativement court.
Les voyageurs affirment que, dans la Caroline, il en
existe qui ont dix mètres de circonférence et dans
lesquels on creuse une
pirogue entière ; mais
qu'est-ce encore à côté
de ce Cyprès de Santa-
Maria, au Mexique, dont
le tronc monstrueux me-
sure près de quarante
mètres de circonférence !
Cet arbre phénoménal,
auquel on attribue au
moins six mille années
d'existence, abrita, dit-
on, sous sa vaste cou-
ronne, toute la petite
armée à la tête de la-
quelle Fernand Cortez
envahit le Mexique, en
1519.

Le bois de Cyprès, à

Cyprès.

peu près incorruptible lui aussi comme celui de la
plupart des Conifères, servait aux anciens Égyptiens
pour la construction de leurs vaisseaux et des coffres
funéraires où ils enfermaient leurs momies. Un témoin
oculaire raconte qu'il vit retirer du fond d'un lac d'Italie
le navire de Trajan dont nous avons déjà parlé plus
haut, et dont les planches de Cyprès s'étaient mer-

veilleusement conservées après treize cents ans d'im-
mersion. Les portes primitives de la basilique de Saint-
Pierre de Rome, faites en bois de Cyprès, durèrent
sans altération environ onze cents années. Telles sont
les qualités étonnantes de ce bois en particulier, et de
celui de la plupart des Conifères en général : bois
parfumé, solide, veiné; parfois susceptible d'un poli
admirable, lorsqu'il ne renferme pas dans ses tissus
ces riches matières résineuses dont nous avons énuméré
plus haut les innombrables applications industrielles.

# LES RUBIACÉES

---

Parmi les familles célèbres, les Rubiacées occupent un rang des plus distingués. On le comprend de reste, quand on songe qu'elles renferment des végétaux tels que la Garance, l'Ipécacuanha, le Quinquina et enfin le Caféier, la plante qui après le Froment et la Pomme de terre joue peut-être le rôle le plus important dans la destinée des peuples civilisés. Résumons rapidement l'histoire de chacun d'eux, en commençant par

## LA GARANCE

Le mot *Garance* ne signifie rien du tout, mais il est accompagné dans les livres de botanique du nom latin *Rubia*, tiré du mot *ruber*, qui signifie rouge. C'est que toutes les vertus de la Garance, en effet, se résument dans le principe colorant que contiennent ses racines.

La Garance ne pose pour aucune espèce de grâce végétale. Toute hérissée de poils raides, presque d'aiguillons, maussade, sournoise, la rude travailleuse se soucie fort peu de plaire. Ses tiges sont noueuses, carrées, ses fleurs petites, d'un jaune verdâtre, ses

baies noires; nul éclat, aucun luxe, rien qu'une préoccupation, le travail, travail qui consiste à accumu-
ler dans ses longues racines rampantes des quantités
considérables de ce précieux suc qu'utilise l'industrie.
Ce principe colorant, appelé *alizarine*, donne par
suite des préparations chimiques de magnifiques teintes
rouges et violettes remarquables par leur éclat et par
leur fixité.

Les propriétés tinctoriales de la Garance furent connues et appréciées dès la plus haute antiquité. Au
moyen âge, les Normands la cultivaient sur une vaste
échelle, dans le pays de Caen; mais, au xvi<sup>e</sup> siècle, la
concurrence des Flamands fit disparaître les garan-
cières de la basse Normandie. Vers le xvii<sup>e</sup> siècle, un
habitant de Haguenau introduisit notre Rubiacée en
Alsace, en même temps qu'un Arménien d'Ispahan
en apportait de la graine dans le comtat d'Avignon,
et le dotait ainsi d'une industrie qui aujourd'hui produit plus de vingt millions de francs dans le seul département de Vaucluse. La France est loin d'avoir le
monopole de cette précieuse culture; on estime fort,
dans le commerce, la Garance de Smyrne, de Chypre,
d'Athènes, et la Hollande en exporte chaque année pour
plusieurs millions en Angleterre.

Ce ne sont pas seulement les tissus que peuvent
teindre les sucs colorants de la Garance; ce sont aussi
diverses sécrétions du corps des animaux, tels que
leur lait, leur salive, leur sueur, bien plus, jusqu'à
leurs os eux-mêmes, qui deviennent au bout de quelque temps d'un rouge magnifique; aussi les physiologistes ont-ils profité de ce remarquable phénomène,
pour démontrer le mouvement vital qui renouvelle

incessamment les corps, en remplaçant dans leurs tissus tous les matériaux vieillis par les éléments nouveaux que fournissent les aliments.

Les espèces de Garances sont nombreuses, et toutes, plus ou moins, possèdent les mêmes principes colorants que l'espèce principale; mais passons, et, sans nous arrêter à des plantes très-voisines, les Gaillets ou Caille-Lait, qui remplissent nos bois et nos haies, arrivons à une plante exotique d'une grande importance médicinale, il s'agit d'un petit arbrisseau des forêts vierges du Brésil, qu'on appelle

## LE CÉPHAELIS IPÉCACUANHA

Ipécacuanha, — mot terrible qui généralement vous fait faire une faute d'orthographe, — signifie *racine rayée*, et fait allusion aux anneaux rapprochés qui sillonnent en effet transversalement l'écorce grise de la racine du Céphaëlis. C'est dans cette écorce que résident les propriétés médicinales de cette plante.

« L'Ipécacuanha, nous raconte M. le Maout, n'a été connu en France qu'au milieu du xviie siècle. Les botanistes voyageurs qui l'avaient vu employer avec succès au Brésil, le préconisèrent en Europe ; mais on n'ajouta pas foi à leurs affirmations. En 1686, un marchand français nommé Grenier rapporta du Brésil cent cinquante livres de racines d'Ipécacuanha, et s'associa pour en tirer parti avec un Hollandais nommé Helvetius qui exerçait la médecine à Paris, et à qui il révéla les vertus anti-dyssentériques du Céphaëlis. Helvetius ne tarda pas à opérer des cures qui attirèrent sur lui l'attention publique; il fut mandé auprès du Dauphin, atteint d'une dyssenterie, et il le guérit. Ce succès lui valut l'autorisation de faire, à l'Hôtel-Dieu de Paris, des expériences publiques sur les vertus de son remède secret. Les expériences ayant réussi, Louis XIV lui accorda le privilége exclusif de débiter sa précieuse racine, et lui donna en outre une récompense de mille louis. C'est alors que Grenier, l'associé d'Helvetius, voyant que ce dernier cumulait hardiment les honneurs de la science et les profits de l'industrie, revendiqua sa part, et plaida contre lui devant le Parlement. Le Parlement donna gain de cause à Helvetius. Grenier, furieux de cette solution inattendue, jura de se venger, et pour rendre infructueuse la victoire de son adversaire, il divulgua son fameux secret. A dater de ce jour, l'Ipécacuanha fut enregistré dans les livres de matière médicale, et sa vogue, qu'avait préparée le charlatanisme, fut consolidée par le scandale d'un procès. »

L'Ipécacuanha, que son premier historien, Pisan, appelait une *ancre de salut*, a conservé de nos jours sa réputation acquise dès le xviiᵉ siècle. Dans certaines maladies spéciales, il agit « héroïquement », disent les médecins qui, en effet, citent des cures vraiment merveilleuses.

Les indigènes du Brésil racontent que les vertus du Céphaëlis ont été révélées à leurs ancêtres par un chien sauvage, dont l'histoire nous a conservé le nom, il s'appelait *Guara*. Cet animal, disent-ils, à demi empoisonné quelquefois par l'eau corrompue des marécages qu'il avait bue, mâchait des racines d'Ipécacuanha, qui le faisaient..... enfin bref, qui le rendaient à la santé.

Tous les habitants du Brésil considèrent l'Ipécacuanha comme une panacée universelle, dont le prix s'élève de jour en jour, au point de faire craindre la disparition d'une denrée dont aucune loi ne protége la conservation.

Dans cette même famille, et tout à côté des Céphaëlis, qui sont fort nombreux, se place un végétal américain, le *Chiococca,* dont nous ne pouvons ne pas mentionner en passant les propriétés curatives dans les cas de morsure par les serpents venimeux. Le célèbre botaniste voyageur Martius raconte les effets de ce remède violent, souvent employé par les indigènes. Ils enlèvent l'écorce de la racine, l'écrasent dans l'eau et en obtiennent un breuvage d'un goût nauséabond qu'ils font boire au malade. Celui-ci, glacé par le poison, est plongé dans un assoupissement léthargique, accompagné de tous les symptômes d'une mort prochaine. Mais, peu après l'ingestion du breuvage, le moribond est agité par des mouvements convulsifs d'une violence effrayante que suivent d'abondantes déjections, lesquelles, à leur tour, amènent un sommeil paisible, précurseur d'une guérison complète.

## LE QUINQUINA

C'est avec respect, avec une sorte de vénération même qu'il faut raconter l'histoire de cette Rubiacée, entre toutes précieuse et bienfaisante.

Les espèces du genre *Quinquina Cinchona* sont des arbres ou des arbrisseaux toujours verts, habitant les vallées des Andes tropicales, à une hauteur de mille à

quatre mille mètres au-dessus du niveau de l'Océan. Le
tronc et les grosses branches sont rondes, mais les
jeunes rameaux sont un peu angulaires; quant à l'écorce
elle est d'une amertume caractéristique, et c'est elle
qui, entre autres principes, contient la *quinine* et la
*cinchonine,* dont la puissance thérapeutique se place au
premier rang. Le bois, à peu près blanc, acquiert en
vieillissant une teinte d'un jaune pâle; les feuilles sont
veinées et çà et là rehaussées de petites saillies coniques
qui leur donnent un reflet particulier; les fleurs enfin,
dont les pétales blancs, roses ou purpurins, exhalent
une faible mais suave odeur, surmontent les rameaux
de leurs panicules terminales.

La partie corticale de ces végétaux est appelée *Kina*
par les sauvages américains, quelquefois même *Kin
Kin,* ou enfin *Kina Kina,* mots qui signifient écorce,
ou plutôt écorce des écorces, afin d'en exprimer l'excellence. La dénomination du Cinchona rappelle le nom
de la comtesse del Cinchon, vice-reine du Pérou, qui
passe pour avoir fait connaître à l'Europe les vertus de
ces diverses Rubiacées.

Diverses, en effet, car les Quinquinas sont nombreux. On les classe sous les dénominations générales
de *Quinquina jaune, Quinquina gris, Quinquina rouge*
et *Quinquina blanc.*

Le *Quinquina jaune* est un arbre à racines velues.
Son écorce, d'un jaune rougeâtre, est préférée à toute
autre, parce qu'elle contient le plus de quinine; aussi
devient-elle si rare qu'on ne la vend plus seule, mais
qu'on la mélange à d'autres Quinquinas.

Le *Quinquina gris* est un grand arbre originaire des
Andes péruviennes. C'est à cette espèce, la première

observée et décrite par la Condamine, que se rapportent les traditions plus ou moins fabuleuses relatives à la découverte du Quinquina. Son écorce, rugueuse et grisâtre, est aujourd'hui peu estimée, parce qu'elle ne contient guère que de la cinchonine et très-peu de quinine.

Quinquinas.

Le *Quinquina rouge* est un bel arbre à feuilles luisantes et lancéolées. Son écorce, facilement reconnaissable à sa teinte foncée, est une des plus estimées, après la jaune toutefois.

Le *Quinquina blanc*, enfin, qui ne s'élève qu'à trois

ou quatre mètres, a des feuilles coriaces, cotonneuses et produit une écorce d'un gris blanchâtre, peu usitée en médecine.

Ces différentes écorces se récoltent de septembre à novembre. On les détache de l'arbre à l'aide de couteaux, puis on les fait sécher et on les expédie en Europe, sous la forme de gros ballots appelés *surons*. Le mélange que l'on fait ici de ces divers produits rend assez difficile parfois la désignation exacte de l'espèce végétale d'où ils sont tirés.

La découverte des propriétés médicinales du Quinquina est enveloppée d'une obscurité qui a donné lieu aux versions les plus contradictoires. Ce qu'il y a de certain, c'est que cent cinquante ans après la découverte de l'Amérique, ni les Européens, ni même les dominateurs du nouveau monde ne connaissaient les vertus fébrifuges de cette écorce. Les indigènes les connaissaient-ils? On l'ignore, et ce qu'on ignore surtout, c'est le fait à l'occasion duquel ces propriétés ont été révélées.

Cette découverte est tantôt attribuée aux Jésuites, tantôt à des voyageurs qui auraient cru remarquer que certaines bêtes fauves tourmentées par la fièvre étaient poussées par leur instinct à ronger l'écorce des Quinquinas ; d'autres fois encore au simple hasard, qui aurait amené des fiévreux à se désaltérer dans des mares d'eau où des fragments de cette écorce auraient longtemps macéré.

Suivant une autre tradition, ce serait la comtesse del Cinchon, femme du vice-roi du Pérou, qui, guérie d'une fièvre opiniâtre par un indigène, aurait elle-même apporté en Espagne cette fameuse *poudre de la comtesse* ou *Cinchona*, primitivement désignée sous le nom de *poudre des Jésuites*. Toutes ces versions importent peu ; ce qu'il y a de certain, c'est que l'écorce de Quinquina, sérieusement importée en Europe dès la fin du XVII<sup>e</sup> siècle, ne fut analysée chimiquement qu'en 1820, époque à jamais mémorable pour la chimie et surtout pour la médecine.

Ce fut la Condamine qui, le premier, tenta de faire connaître en Europe l'*arbre du Quinquina*. Il en embarqua plusieurs pieds ; mais il eut la douleur de voir sombrer pendant le voyage le vaisseau qui portait son trésor, et ce ne fut que beaucoup plus tard que quelques plants levés au Jardin des Plantes permirent d'étudier de près la plus importante des Rubiacées.

On ne s'est pas borné à ces tentatives d'exportation purement botaniques. Justement préoccupés de l'avenir, en présence de la prodigalité insensée avec laquelle s'opérait l'exploitation des forêts de Quinquinas en Amérique, quelques hommes de science et de cœur, — citons entre autres Clément Markham, — ont entrepris de transplanter ailleurs que dans le nouveau monde, où nulle loi ne les protégeait, les meilleures espèces de cet incomparable fébrifuge. Le succès a pleinement répondu à leurs efforts, et aujourd'hui des plantations importantes de Quinquinas sont exploitées dans l'île de la Réunion, à Java, dans l'Himalaya et dans le sud de l'Indoustan.

Indépendamment de ces ressources, si bien faites pour tranquilliser tous les amis de l'humanité, on ne peut, avec notre historien, que faire des vœux pour que la chimie organique, déjà si puissante et si riche, élargisse encore le cercle de ses découvertes en trouvant

dans nos végétaux indigènes un digne succédané du
Quinquina. Beaucoup d'essais sont, il est vrai, de-
meurés infructueux. La petite Centaurée, la Camomille,
le Houx, l'écorce du Saule et du Pêcher, sont à coup
sûr d'impuissántes rivales à opposer à l'héroïque Rubiacée du Pérou ; mais que l'on cherche encore, et peut-
être trouvera-t-on de quoi rendre tout à fait inexacts
et menteurs les deux vers ironiques si connus :

> Dieu mit la fièvre en nos climats,
> Et le remède en Amérique.

Terminons ce chapitre par le portrait d'une dernière
Rubiacée, dont l'importance est à peu près égale à
celle du Quinquina ; on comprend que nous voulons
désigner ainsi

## LE CAFÉIER

Le Caféier d'Arabie ( *Coffea Arabica* ) est un svelte et
élégant arbrisseau toujours vert, dont les feuilles lancéolées, ondulées et luisantes ont une grande analogie
avec celles du Laurier. Les fleurs sont blanches, odori-
férantes ; le fruit est une baie rouge, du volume d'une
cerise environ, et formé d'une pulpe qui renferme deux
noyaux accolés, ou graines plano-convexes, sillonnées
sur la face intérieure et recouvertes d'une enveloppe
parcheminée.

Le Caféier, originaire de l'Abyssinie, croît particulièrement dans les provinces de Kaffa, — d'où son nom,
suivant les étymologistes, — et s'étend de là dans l'intérieur de l'Afrique, jusqu'aux sources du Nil Blanc.

Ce n'est que dans le xvᵉ siècle que le Caféier a été transporté de l'Abyssinie en Arabie, qui est bien vite devenue sa patrie adoptive.

La graine du Caféier, dont l'usage est aujourd'hui universel, contient divers principes (caféine, acide caféique [1]) qui, soumis à l'influence d'une torréfaction légère, dégagent cet arome que tout le monde connaît et apprécie.

Que dire de cette liqueur qui n'ait été dit et chanté par ses dégustateurs passionnés? Ce qu'il faut avouer, c'est qu'elle mérite les éloges les plus enthousiastes. Cette teinte admirable qui rappelle les tons les plus chauds des régions orientales, ce parfum pénétrant, frère des plus fines essences, et par-dessus tout cette propriété merveilleuse de n'exciter dans l'homme que ses plus nobles facultés,

Le Caféier.

assignent au Caféier le premier rang parmi les végétaux qui d'une manière quelconque fournissent des breuvages à l'humanité. Bien supérieur au vin, qui hébète et dégrade l'homme, le café ne produit d'autre

---

1 Le café contient encore autre chose, s'il faut en croire certains chimistes qui affirment y avoir trouvé du cuivre en proportions telles, que les Européens qui consomment plus de cent millions de kilogrammes de café, mangeraient annuellement quelque chose comme deux cents kilos de cuivre.

ivresse qu'une ivresse intellectuelle, c'est-à-dire qu'une
sorte d'éveil donné aux organes cérébraux. Aptitudes
plus vives à percevoir des sensations, à observer des
faits scientifiques, à comparer des idées, à créer des
œuvres d'imagination, tels sont les effets de cette exquise boisson que prépare pour nous, là-bas, entre
les sables torrides et le ciel de feu de l'Éthiopie, la
modeste petite graine du Caféier. Humble entre les
humbles, dure, terne, comme à demi écrasée, sans
parfum et presque sans couleur, elle nous apporte,
à nous, déshérités de la lumière, sous notre ciel bru-
meux, je ne sais quels lointains mirages et quel monde
de rêves, où miroitent, ce semble, les reflets de ce
flamboyant soleil qui l'a mûrie de ses rayons.

Ce sont les Orientaux qui ont introduit en Europe
l'usage du café ; mais on ne sait à quelle époque ils
connurent eux-mêmes les vertus de cette graine excellente. Sans passer en revue les diverses traditions
suivant lesquelles on cherche à s'orienter dans cette
ténébreuse histoire, arrivons au xvie siècle, où nous
trouvons le café apprécié par des populations entières
et déjà persécuté par le mahométisme. Les prêtres, en
effet, qui en avaient profité les premiers, voyant le
peuple déserter les mosquées pour aller encombrer les
boutiques où l'on en vendait, poursuivirent de leurs
malédictions cette boisson réputée si sainte autrefois.
Le café fut assimilé au vin, et conséquemment inter-
dit comme liqueur enivrante, si bien que l'on bâtonna
haut et ferme les appréciateurs trop enthousiastes de
l'innocente « fève d'Arabie ».

Grâce à cette persécution, — qui, comme toutes les
persécutions possibles, porta bien vite ses fruits, — le

café devint de plus en plus populaire. Chacun, naturellement, voulut boire de cette liqueur, qu'il fallait
parfois acheter au prix d'une bastonnade; en sorte
que, dès la première moitié du xviie siècle, il y eut
au Caire environ deux mille boutiques de cafetiers.
Aujourd'hui le café est dans tout l'Orient une des plus
indispensables nécessités de la vie. Il fit, du reste, bien
vite son chemin; introduit en Italie en 1645, et à Lon-
dres en 1652, il fut offert aux Parisiens en 1669 par
Soliman, ambassadeur de la Porte près de Louis XIV.

Quelques années après le départ de l'ambassadeur
Turc, un Arménien nommé Pascal s'établit sur le
quai de l'École, dans une petite boutique. Autre boutique dans la rue de Bussy, transportée peu après dans
la rue Mazarine. Ces établissements se multiplièrent
bientôt; mais, il faut le dire, c'étaient d'horribles et
puantes tabagies, et le *Café* qui, le premier, mérita ce
nom, fut celui qu'établit le Sicilien Procope dans la rue
des Fossés-Saint-Germain, en face de la Comédie française. Ses débuts furent brillants, et il devint bientôt
le rendez-vous des auteurs dramatiques, des gens de
lettres et des habitués du théâtre, qui, au milieu des
plus turbulentes réunions, discutaient le mérite des
pièces nouvelles. C'est là, nous raconte M. le Maout,
que se rendit un jour Voltaire, déguisé en Arménien,
avec une barbe postiche formidable. On venait de jouer
une de ses tragédies. Il s'assit au milieu de ses adver-
saires, vit se former la cabale qui complotait sa chute
pour le lendemain, et nota, avec tous les autres, les
vers qui devaient être accueillis par les plus terribles
coups de sifflets. Cela fait, les conjurés se séparèrent;
mais, tandis qu'ils dormaient, Voltaire, lui, ne dormit

pas. Il veilla même si bien, qu'avant la fin de la nuit
son cinquième acte était refait; appris et répété en six
heures, il fut mis à la place de celui de la veille, et
quand le rideau fut levé, les siffleurs, désappointés,
mystifiés, ahuris et n'y comprenant absolument rien,
attendirent inutilement les vers incriminés qui devaient
leur servir de signal.

Laissons le café Procope et terminons l'histoire du
Caféier. C'est de l'Arabie que nous venait, avant le
xviii<sup>e</sup> siècle, tout le café qui se consommait en Europe.
Les Européens, toutefois, fatigués de payer des droits
exorbitants aux pachas d'Égypte et de Syrie, cher-
chèrent à s'en affranchir. Les Hollandais se procurèrent
quelques pieds de Caféiers dans les environs de Moka,
et les transportèrent dans leurs colonies de Surinam et
de Batavia.

Quelques échantillons de ces arbustes furent envoyés
à Amsterdam et transplantés dans le Jardin botanique,
où ils fleurirent et se multiplièrent par la culture. Un
de ces nouveaux plants, offert à Louis XIV, fut mis
au Jardin des Plantes, y prospéra, s'y reproduisit, et
ce fut alors, vers 1720, que trois de ces jeunes Caféiers
français furent confiés au capitaine Desclieux, qui se
chargea de les transporter à la Martinique. La traversée
fut longue et difficile, l'eau manqua, deux des Caféiers
moururent; le troisième seul fut sauvé par le dévoue-
ment du capitaine, qui se priva de boire, afin de pouvoir arroser son pauvre petit passager malade. Bref,
celui-ci arriva sain et sauf, et c'est lui qui, à la Martinique, est devenu la souche de toutes les plantations
dont se sont enrichies les Antilles.

Lors de l'introduction du café en France, les médecins le considérèrent comme nuisible à la santé ; on a toutefois remarqué que bien des amateurs forcenés de cette boisson sont parvenus à un âge très-avancé, Fontenelle et Voltaire entre autres. « Le café est un *poison lent,* dit un jour quelqu'un devant celui-ci. — Oui, *très-lent* en effet, répondit le malin vieillard, car voilà bientôt quatre-vingts ans que j'en bois, sans qu'il ait produit son effet. »

Il est donc constaté, quoi qu'en ait dit la Faculté, que le café est une liqueur digestive, stomachique, fébrifuge même, et qu'il serait un agent thérapeutique efficace en beaucoup de circonstances, s'il ne servait de boisson habituelle.

# LES ROSACÉES

La rose! Voilà la reine des fleurs et la « splendeur des plantes » comme l'appelaient les anciens. Couleurs merveilleuses, parfums exquis, voire même des épines — la coquette! — tout juste assez pour éviter la fadeur et rendre sa conquête plus piquante.

N'attendez pas de moi l'énumération de tous les mythes, symboles, fables, odes et autres productions des esprits poétiques de tous les siècles, enthousiasmés par les beautés de la rose. On lui a naturellement attribué les origines les plus diverses : sang d'Adonis, sang de Vénus, sueur de Mahomet..... Pouah! — Il faut vraiment que ces pauvres Turcs soient dénués de toute espèce de poésie.

Ne lui attribuons rien du tout à notre belle rose, et ne voyons en elle que l'une des plus admirables individualités que puisse nous offrir le règne opulent auquel nous devons toutes les parures de la terre. Faut-il vous décrire la rose? non, n'est-ce pas? Outre que tout le monde la connaît, c'est chose à peu près impossible. Passe encore de les peindre, comme Redouté, qui consacra une bonne partie de sa vie à cette œuvre charmante; mais comment les décrire avec une

plume ? Et cependant, quelle tentation n'éprouve-t-on
pas en songeant aux splendeurs de la rose à cent
feuilles, ou aux grâces de son exquise petite cousine,
la rose mousseuse. Je dis cousine, car, bien que la
chose puisse paraître étonnante, celle-ci n'est qu'une
variété de la première.

Tout bien considéré, c'est la petite que je préfère et
de beaucoup. La rose à cent feuilles a le parfum il est
vrai, ce parfum sans pareil, qui n'a d'autre rival, ici-
bas, que celui de la vanille ; mais l'autre, dites-moi,
quelle petite merveille fleurie ! Connaissez-vous rien de
plus joli, dans tout le règne végétal, qu'un bouton
de rose mousseuse ? Ce calice émeraude qui tranche
sur le fin tissu des pétales par les élégantes rugosités
dont il est recouvert, ces deux couleurs complémen-
taires si merveilleusement assorties, et enfin cette corolle repliée en bouton, sorte d'œuf rose enveloppé
d'un brin de mousse verte... Non, avouez qu'il n'est
rien de plus charmant ni de plus frais.

La rose à cent feuilles, c'est l'opulence, opulence
même exagérée, car il y a surabondance, pléthore.
Cette rose-là veut être si grosse, si ronde, épanouir si
largement sa riche corolle dont les pétales ne se comptent plus, qu'elle outre-passe un peu le droit qu'a toute
fleur de s'étaler en liberté et de faire valoir ses avan-
tages. Elle sacrifie décidément à l'apparence, et ce qui
le prouve, c'est qu'elle transforme en pétales presque
toutes ses étamines, trésor sacré dont toute fleur doit
se montrer jalouse de sauvegarder l'intégrité. Je ne
voudrais pas être trop sévère, mais je suis contraint
de reconnaître que ce procédé dénote une fâcheuse
tendance, révèle même un vilain défaut qui s'appelle

la vanité. Aussi, savez-vous ce que cela lui a valu? Un très-vilain nom, fort prosaïque et presque injurieux, on l'a appelée *rose chou!* C'est bien fait; il faut tout de même avouer que c'est un peu dur.

Rose à cent feuilles.

Cette semonce faite, — semonce, dont il se peut bien que notre belle vaniteuse ne profite guère, — revenons à l'indulgence, et avouons qu'elle est décidément admirable, cette rose si grosse, si parfumée et dans laquelle il est si délicieux de plonger éperdument le nez [1].

---

[1] Croiriez-vous qu'il soit possible de ne pas aimer le parfum de la rose? non, n'est-ce pas? Eh bien si. Il a existé et il existe encore des créatures assez déshéritées du Ciel pour haïr cet arome si doux. Parmi elles, l'his-

Les espèces de roses sont innombrables. M. Pouchet nous apprend qu'en 1836 M. Leprévost, botaniste distingué de Rouen, en cultivait déjà neuf cent quarante-neuf variétés. Qui saurait dire toutes celles qui ont été inventées depuis? On comprend ce désir de multiplier à l'infini tout ce que renferme en lui le type de cette superbe fleur. A part quelques variétés médiocres ou mal réussies, toutes sont charmantes, depuis la simple et gracieuse Églantine, jusqu'à ces produits complexes de l'art de l'horticulteur, où formes et couleurs ont été longuement méditées et péniblement obtenues.

Les Rosiers habitent toutes les régions de la partie septentrionale des deux continents, puisqu'on en trouve jusqu'en Laponie. Tous ces Rosiers du Nord ont les fleurs simples; mais, chez ceux qui croissent dans les régions méridionales, la corolle se double souvent et donne ainsi, spontanément, des produits que la culture seule amène chez beaucoup d'autres fleurs.

Depuis l'enfance de la civilisation, ces arbustes ont été l'objet des soins les plus assidus. Sans remonter aux bosquets de Rosiers qui décoraient les environs de Jéricho, nous trouvons, en Grèce, la rose chantée par Anacréon, par Sapho, et occupant la place d'honneur dans toutes les cérémonies. A Rome, la consommation qu'on en faisait n'était pas moins considérable. Pas de fêtes sans roses, même en hiver; les rues, les places en étaient jonchées, et, après certaines fêtes nautiques, la surface du lac Lucrin en était littéralement couverte.

toire a conservé deux noms : Catherine de Médicis, qui ne pouvait supporter sans dégoût même l'image d'une rose peinte ; et le chevalier de Guise, que la seule vue d'un bouquet de ces fleurs faisait presque évanouir, tant son horreur était profonde.

Au moyen âge, même enthousiasme pour la reine des Rosacées. Nulle cérémonie pompeuse où l'on ne portât « chapel de roses sur son chief », c'est-à-dire une couronne de roses sur sa tête.

Ce furent les Asiatiques surtout qui usèrent de la rose avec une prodigalité tout orientale. Certains historiens affirment que lorsque Saladin enleva Jérusalem, en 1188, il fit laver tout l'intérieur de la mosquée d'Omar avec de l'eau de rose, et qu'il en fut employé une telle quantité pour cette opération, qu'il fallut cinq cents chameaux pour la transporter de Damas à Jérusalem. Même chose fut faite, paraît-il, dans l'église Sainte-Sophie, après la prise de Constantinople par Mahomet II. La princesse Nourmahal, la blonde ou plutôt la *rousse,* dont Victor Hugo chante, dans ses *Orientales,* l'éclatante beauté, fit mieux encore que tous ces rois prodigues : elle fit remplir d'eau de rose un canal entier, sur lequel elle fit une promenade dans une barque, accompagnée du grand Mogol. Ce fut même, ajoute l'histoire, pendant cette promenade mémorable que l'*huile essentielle de rose* fut découverte : on la trouva flottante à la surface du canal, où l'avait amassée l'action chimique de la chaleur solaire.

Dès le siége de Troie, s'il faut en croire le témoignage d'Homère, on savait déjà préparer une sorte d'*huile de rose* en mettant infuser ces fleurs dans un liquide oléagineux, et l'île de Rhodes (en grec, *rhodon* signifie rose) fut appelée de ce nom par allusion à ses magnifiques cultures de Rosiers, exploitées de toute antiquité. L'huile essentielle de rose (qu'il ne faut pas confondre, on le voit, avec l'eau du même nom) est un des aromates les plus délicieux, et aussi les plus chers, puisqu'il faut

environ cent livres de fleurs pour obtenir, par distillation, quelques grammes de cette essence exquise.

L'eau de rose, si largement employée en Orient,
était également d'un fréquent usage en Europe. C'est
ainsi que les seigneurs, dont l'étude du moyen âge a
révélé certaines habitudes de luxe tout à fait inattendues, avaient coutume de s'en laver les mains avant et
après chaque repas, et que quelques-uns d'entre eux
poussaient la prodigalité jusqu'à en avoir des fontaines
jaillissantes en divers endroits de leurs châteaux.

On raconte que, par suite de la chute d'un vase rempli d'eau de rose, le poëte Ronsard, encore enfant, fut
complétement inondé. Est-ce à ce bain parfumé qu'il dut
son amour pour les roses? Je ne sais. Toujours est-il
que, parmi ses innombrables poésies, souvent assez
ridicules, on trouve un charmant virelai dont je vous
transcris ici les deux premières strophes, malgré la
déclaration formelle que je vous ai cependant faite, en
commençant ce chapitre, de ne citer aucune production
de cette nature.

> Mignonne, allons voir si la rose
> Qui, ce matin, avait d'éclose
> Sa robe de pourpre au soleil,
> N'a point perdu, cette vesprée,
> Les plis de sa robe pourprée
> Et son teint au vôtre pareil.
>
> Las! voyez comme en peu d'espace,
> Mignonne, elle a dessus la place,
> Hélas! ses beautés laissé choir!
> Oh! vraiment marâtre nature,
> Puisqu'une telle fleur ne dure
> Que du matin jusques au soir!

Les Rosiers les plus parfumés et qui servent, surtout

en Orient, à la production de l'essence de rose, sont le Rosier à cent feuilles, le Rosier de Damas et le Rosier musqué.

La famille des Rosacées est fort nombreuse et de très-haute importance. C'est elle qui peuple la plupart de nos vergers, et qui, au printemps, les blanchit de sa « neige odorante »... quand cette neige n'est pas rose. Le rose et le blanc sont, en effet, les couleurs essentielles de cette famille : le Poirier blanc, le Pêcher rose, voilà les types. Le Pommier cumule les deux. Après eux viennent en série décroissante l'Amandier, le Prunier, l'Aubépine et la Ronce brutale, tout près, le croirait-on! de l'utile et doux Fraisier, de la Potentille printanière, enfin de la charmante, modeste et innocente Spirée.

# LES LILIACÉES

Les Liliacées sont de race noble et privilégiée. Les noms eux-mêmes des genres qu'elles comprennent ont je ne sais quoi d'élégant et de fier. Ce sont le Lis blanc, le Martagon tacheté, les grands Aloès, les Tulipes éclatantes, l'Asphodèle superbe, la Fritillaire piquetée, les Muscaris originaux, les Jacinthes gracieuses, le Muguet parfumé et le Dragonnier gigantesque; et, dans des familles toutes voisines, l'Iris éblouissant, l'admirable Glaïeul, la gracieuse Colchique, la touchante Perce-neige, le Narcisse des poëtes, l'Amaryllis, la Tubéreuse, et, pour finir, le patient Agavé.

Famille illustre entre toutes! Grâce, beauté, parfum, majesté, tout est chez elle, et l'on chercherait vainement, je crois, dans le règne végétal, une plus glorieuse corporation.

Oui, tout est en elle, même les plus curieux contrastes. N'est-il pas étrange, en effet, de voir figurer en si haute et si noble compagnie l'Ail vulgaire aux parfums roturiers? Croyez qu'il n'en est pas plus embarrassé pour cela. Le rude vilain ne rougit pas à côté de l'aristocratique Tubéreuse ; il a, soyez-en sûr, le sentiment de son utile valeur, la conscience de ses saines vertus, et il trône avec non moins d'aplomb dans les carrés de son potager que la Tulipe au milieu de ses plates-bandes.

Mais quittons les généralités ; la plupart des individualités de cette belle et riche famille des Liliacées valent la peine qu'on leur fasse un portrait spécial. Commençons par

## LE LIS

C'est en effet lui qui a donné son nom à la famille entière. Le Lis blanc, superbe entre tous, a toujours passé pour être originaire de l'Orient, surtout de la Syrie et de la Palestine. Maintenant il est acclimaté dans nos jardins, où il domine fièrement de son éblouissant diadème le menu peuple des petites fleurs. La beauté remarquable du Lis, dont l'imagination des Grecs avait été frappée, lui fit donner une origine mythologique par ce peuple aux goûts artistiques et toujours épris du merveilleux. Selon certains poëtes donc, il dut sa naissance à Vénus, qui métamorphosa en cette fleur une jeune fille dont la beauté lui paraissait inquiétante ; selon d'autres auteurs, dont l'imagination était beaucoup plus excentrique, le Lis n'était pas autre chose que la transformation végétale d'un peu de lait tombé du sein de Junon, un jour qu'elle allaitait le petit Hercule. Quelques gouttes éparpillées sur la voûte céleste y auraient formé la *voie lactée,* tandis que les autres, égarées sur la terre, en auraient immédiatement fait jaillir le Lis, dont la blancheur également lactée rappelle l'origine ; de là vient même le nom de Rose de Junon que les Latins donnèrent à cette fleur.

Les propriétés du Lis blanc ont été singulièrement exagérées; elles sont cependant à peu près nulles, quoi qu'en ait pu dire un certain Matthias Tilingius, — son nom vaut vraiment la peine d'être conservé, — qui, emporté par une ardeur inconsidérée, composa sur les prétendues vertus de ce végétal une indigeste compilation de six cents pages !

Voilà de quoi peut être capable l'enthousiasme d'un botaniste.

Les bulbes du Lis sont remplis d'un mucilage dont l'action adoucissante est en partie neutralisée par la présence d'un principe d'une grande âcreté. Quant à l'odeur qui s'exhale des fleurs, elle est douce et pénétrante, mais elle devient bien vite dangereuse quand elle est trop condensée, — ce qui arrive du reste avec toutes les fleurs, — et l'histoire a conservé le souvenir de diverses personnes qui, s'étant endormies dans des chambres où fleurissaient des Lis, y ont été trouvées mortes le lendemain.

Mais ce ne sont ni ses qualités cachées, ni ses vertus secrètes qui constituent l'originalité du Lis. Ce qui le distingue et le classe parmi les végétaux remarquables, c'est le caractère de sa beauté, en un mot, sa physionomie. De tous temps cette plante a occupé une place importante dans la symbolique des fleurs. Les uns en ont fait l'emblème de la pureté, les autres de la modestie; les anciens en faisaient le symbole de l'espérance. Toutes ces appréciations sont naturellement arbitraires, et comme, d'autre part, on a de toutes façons abusé du « langage des fleurs », il vaut mieux n'insister que sur l'expression... que j'appellerais philosophique, si je ne craignais d'effaroucher certains de mes lecteurs et la plupart de mes lectrices. Mais que les uns et les autres se rassurent, car le mot est plus effrayant que la chose. Laissons donc de côté symboles et emblèmes, décrivons simplement le beau végétal qui fait l'objet de cette étude.

Que voyons-nous dans le Lis ? D'abord une touffe de feuilles qui, serrées les unes contre les autres, ont l'air de concentrer leurs efforts. Que va-t-il sortir du milieu d'elles ? A quoi donc leur beau groupe va-t-il servir de piédestal ?

La voici qui s'élève, la colonne merveilleuse. Svelte mais suffisamment feuillée, elle s'élance, elle monte, dépassant d'environ dix fois la hauteur de sa base étalée. Qu'elle est belle dans l'harmonie de ses proportions ! Plus basse, elle semblerait écrasée; plus haute, elle paraîtrait trop grêle. Elle est superbe ainsi.

Voyez avec quelle ardeur, avec quelle sorte d'émulation montent et se dépassent, les petites folioles qui, en s'étageant le long de la tige, semblent vouloir atteindre, là-haut, les belles fleurs épanouies.

Et dans cette fleur, quelle simplicité, quelle pureté, quel éclat ! Avec quelle loyauté elle étale au grand jour ses irréprochables pétales ! Oh ! elle a la conscience pure, allez; regardez jusqu'au fond, vous n'y trouverez pas une seule tache, rien que la poussière d'or que versent les étamines sur ces fermes tissus, dont la blancheur opaque et laiteuse est devenue proverbiale et sert, comme la neige, de terme de comparaison.

Elle était si pressée de fleurir, c'est-à-dire d'atteindre l'idéal que
rêve toute plante,
qu'elle a négligé de
se faire un calice,
ou plutôt que ce
calice lui-même a
revêtu sans transi-
tion l'éclatante li-
vrée d'une corolle.
Le voilà ce Lis! ad-
mirons-le, et sans
chercher à définir
l'idée plus ou moins
mystique qu'il re-
présente, contem-
plons en lui les pro-
portions élégantes,
les belles lignes, les
couleurs éclatantes,
et cette expression
de loyauté sereine
qui émane de sa
pure et calme beau-
té.

Les espèces de Lis
sont nombreuses :
citons le Lis ensan-
glanté, rayé de li-
gnes pourpres, va-

Lis blanc.

riété remarquable du Lis blanc; le Lis Martagon, le
Lis tigré de la Chine et le Lis superbe du Canada, dont

les pétales plus ou moins piquetés se teintent par la culture des plus magnifiques couleurs.

## LA TULIPE

Le mot Tulipe, nous assure-t-on, est une altération de *Toliban*, nom d'origine persane. Cette éclatante Liliacée, que les anciens ne semblent pas avoir connue, nous a été apportée de l'Asie Mineure. Le botaniste Gesner la découvrit le premier, en 1559, dans le jardin d'un amateur auquel elle avait été envoyée de la Cappadoce. Ce ne fut que vers la fin du xvi⁰ siècle que la culture des Tulipes se répandit en France. Les Hollandais la connaissaient déjà. On sait à quel degré de folie arrivèrent les tulipomanes de ce pays.

Tulipe.

On fut amené à créer un mot spécial pour désigner ces êtres insensés, qui, pour un ognon rare, allaient jusqu'à aliéner tout ou partie de leur fortune, on les appela des *fous-tulipiers*. C'est un de ces maniaques jaloux qui, en présence d'un amateur auquel il refusait de vendre un certain ognon de Tulipe, même aux prix les plus extravagants, finit par écraser l'ognon désiré, afin que « nul au monde ne pût désormais en contempler la beauté » ; c'est ainsi qu'il s'exprima, tandis que le talon de sa botte broyait en germe l'innocente fleur.

Il était naturel qu'une telle passion multipliât presque indéfiniment le nombre des variétés de la Tulipe. C'est ce qui est arrivé en effet, puisqu'on en compte plus de deux mille aujourd'hui, auxquelles on a donné, pour en augmenter l'importance, les dénominations les plus pompeuses et les plus absurdes, telles que *Henri-le-Grand*, *Beauté incomparable*, *Gloire du monde*, *Rose invincible*, *Triomphe de Flore*, *Splendeur de la vie*... Je vous fais grâce des autres.

## LA FRITILLAIRE

Nous pouvons, sans aucune transition, passer de la Tulipe à la Fritillaire. Celle-ci, en effet, ressemble à une petite Tulipe sauvage, je parle de la Fritillaire-Pintade ou Damier, noms dus aux petits carreaux blancs et lilas, qui font de ses gentilles clochettes une véritable mosaïque. Ces Fritillaires, bien que de couleurs ternes et d'aspect plus que modeste, font un assez joli effet, lorsqu'au mois d'avril, dans les bois et surtout dans les prés, elles se réunissent par bandes innombrables. Au moindre vent, elles se balancent avec grâce, et font entendre, sous les pas du promeneur, un petit bruit sec de grelot fêlé, qui ne manque ni d'originalité, ni de charme.

La Fritillaire impériale nous vient de la Thrace ou de la Perse. Elle a été transportée, en 1570, de Constantinople à Vienne, et dès lors elle a conquis, par sa beauté, une place honorable dans les parterres.

## L'ALOÈS

Une autre belle Liliacée, c'est l'Aloès, dont le nom mélodieux mais un peu étrange est probablement d'origine arabe. Le nom n'est pas plus étrange que la plante. Les historiens parlent de l'étonnement général produit en Europe par la physionomie de ces végétaux extraordinaires, dont on ne pouvait se lasser d'admirer les feuilles charnues et les superbes girandoles de fleurs. Ce qu'il y a de certain, c'est que cette physionomie est d'une grande originalité. Impassible, austère, dressant de part et d'autre, comme des bras armés, ses feuilles piquantes et inflexibles, l'Aloès n'est, à coup sûr, rien moins que le symbole de la bienveillance. Rien ne transpire de son impénétrable épiderme, et il fleurit le moins possible dans nos climats.

Il faut reconnaître, d'autre part, que s'il donne peu, il ne demande presque rien non plus. Sobre comme le Chameau, son compatriote, il mange à peine, ne boit presque jamais, se nourrit d'air, comme le Cactus, et se plaît à vivre dans la solitude, avec toutes les allures de l'ascète ou du misanthrope. Le cap de Bonne-Espérance paraît être son lieu de prédilection, bien qu'on en trouve ailleurs, au Sénégal, par exemple.

L'Aloès est devenu dès longtemps une plante industrielle, grâce à ses précieuses vertus médicinales. On en distingue trois sortes dans le commerce : l'*Aloès succotrin*, ou plutôt *soccotrin*, ainsi nommé parce qu'on le tire de l'île de Soccotora, sur les côtes orientales de l'Afrique, et qui est de qualité tout à fait supérieure;

l'*Aloès ordinaire*, qui vient du Cap; et l'*Aloès caballin*,
de qualité très-inférieure, qu'on n'emploie que dans la
médecine vétérinaire.

L'Aloès succotrin, dont on connaît l'extrême amertume, et qui se présente sous la forme de fragments
bruns, luisants et aromatiques, est une substance
précieuse très-usitée en
médecine. C'est un to-
nique purgatif d'une
grande puissance. On
l'obtient en coupant ou
en pilant les feuilles
d'Aloès, dont on extrait
le suc qu'on purifie en-
suite au soleil par divers
procédés de lavage et
d'évaporation. Dès l'an-
tiquité, on avait reconnu
les vertus médicinales et
antiseptiques des sucs de
cette plante. Les Égyp-
tiens s'en servaient dans
leurs cérémonies reli-
gieuses, elle figurait en
particulier parmi les ma-

Aloès.

tières employées pour l'embaumement des momies;
et l'on affirme qu'il faisait la base de la panacée du
fameux alchimiste Paracelse, panacée qui, selon lui,
devait rendre l'homme à peu près immortel, et qu'il
avait la précaution de toujours porter avec lui, enfer-
mée dans le pommeau de son épée.

L'Aloès ne se compose pas toujours de quelques

feuilles étalées, comme ceux de nos jardins et de nos serres; il prend une forme plus majestueuse dans les pays chauds, et ceux du Cap, en particulier, sont de grands arbres dont les branches tordues sont couronnées par des bouquets de feuilles que surmontent de longues grappes dressées, d'un grand effet et d'une fière prestance. Nous pourrions énumérer les diverses espèces d'Aloès dont les produits sont plus ou moins utilisés par l'industrie, tels que l'Aloès en épi, l'Aloès perfolié et l'Aloès dichotome; mais il est temps de passer à une autre Liliacée, celle-ci toute mignonne et charmante,

## LA JACINTHE

La Jacinthe, qu'on appelle aussi Hyacinthe, quand on veut se souvenir de l'origine mythologique de cette fleur, est née, suivant les poëtes grecs, du sang du jeune Hyacinthe, ami d'Apollon, que ce dernier tua par mégarde, en jouant au disque avec lui. Mais c'est toute une histoire; reprenons donc les choses de plus haut, dans l'hypothèse toute gratuite que vous l'auriez oubliée.

Hyacinthe, prince jeune et beau, aurait pu, s'il eût été superstitieux, se préoccuper de la fatalité qui pesait sur sa vie. L'étymologie de son nom, en effet, faisait allusion à sa fin malheureuse; il est formé, en grec, d'une syllabe qui signifie *hélas*, et d'un mot qui veut dire *fleur*, quelque chose donc comme *fleur de malheur*.

Mais, je vous le demande, s'occupe-t-on d'étymo-

logie à vingt ans? Notre jeune prince, à coup sûr, ne
s'en inquiétait guère, pas plus que de la rivalité qui, à
cause de son amitié fort enviée, paraît-il, divisait
Apollon et Borée, ou Zéphire, selon d'autres. Quoi qu'il
en soit, Hyacinthe devint le compagnon favori d'Apollon. Borée ou Zéphire jura de se venger; l'occasion ne
se fit pas attendre, et un jour que les deux amis jouaient
ensemble sur les rives de l'Eurotas, Borée ou Zéphire,
— on n'a jamais su lequel, — détourna perfidement de
sa direction le disque lancé par Apollon et le fit tomber
sur la tête du pauvre Hyacinthe, qui, gravement blessé,
pencha la tête, s'affaissa et mourut sur le lieu même
de l'accident. Apollon, désespéré, voulut que son malheureux ami devînt fleur, et cette fleur, colorée encore
du sang du jeune prince, fut la Hyacinthe, plus généralement appelée Jacinthe.

La Jacinthe, comme la Tulipe, a été une fleur à la
mode, et elle l'est encore dans une certaine mesure.
Bien que la mode se trompe souvent, — je dirais presque toujours, si je l'osais, — je dois avouer qu'ici son
choix a été justifié. La Jacinthe est une admirable fleur;
ses riches et longues grappes d'une odeur si suave, et
colorées des plus ravissantes couleurs, depuis le bleu
clair jusqu'au bleu noir, et depuis le rose le plus pâle
jusqu'au rose le plus vif, peuvent soutenir la comparaison avec les plus magnifiques Liliacées.

C'est en Hollande, comme pour la Tulipe, que la
culture de la Jacinthe a été poussée jusqu'à ses dernières limites. On en a fait des milliers d'espèces, et
l'engouement des amateurs pour elles n'a reculé devant
aucune extravagance. Quand il s'agissait, pour faire
jaunir de jalousie un rival moins heureux, d'acheter

l'ognon de *Saturne*, ou de *Pompée*, ou du *Trône des lions de Salomon*, vous comprenez qu'il fallait y mettre le prix; et on l'y mettait, je vous l'assure. On cite tels caïeux, c'est-à-dire des fragments d'ognon, qui ont été vendus plus de deux mille francs chacun.

Ce n'est que depuis une époque relativement peu éloignée que l'on s'applique à former des Jacinthes à fleurs doubles. Du temps des grands amateurs, des amateurs classiques, toutes les Jacinthes étaient simples, et les horticulteurs hollandais poussaient même le scrupule jusqu'à faire détruire celles qui poussaient doubles dans leurs semis. Mais l'un d'eux étant un jour tombé malade, une de ses Jacinthes doubla, plut à un amateur, et fut achetée à un tel prix par ce dernier, que l'amour du lucre fit abandonner les principes austères. Ce fut dès lors une lutte entre concurrents alléchés. On doubla, on tripla ces modestes Jacinthes, qui, troublées par l'ambition sans doute, se prêtèrent à ces manœuvres intéressées, et sont devenues ces petits paquets de pétales frisottés et chiffonnés, qui, pour n'être pas absolument sans charmes, n'en sont pas moins fort déchus de leur première et touchante simplicité.

N'importe, les Jacinthes sont magnifiques en Hollande. Dans les environs de Harlem, des jardins entiers en sont couverts; aussi lorsque arrive l'époque de la floraison, c'est une réjouissance publique, et les promeneurs, par centaines, viennent contempler les éblouissantes plates-bandes, où papillons, zéphyrs et rayons de soleil célèbrent eux aussi la plus belle des fêtes.

Ce n'est pas seulement au jardin que les Jacinthes sont

charmantes, c'est aussi dans les appartements, sur la
cheminée, dans ces jolis vases transparents remplis d'eau,
où l'on voit descendre d'énormes faisceaux de racines.
Cette faculté qu'ont les Jacinthes d'être *forcées*, selon
l'expression des horticulteurs, c'est-à-dire de croître
et de fleurir par leur simple contact avec l'eau, rend
tout à fait intime et familière la beauté de notre aimable Liliacée. Elle croît chez nous, sous nos yeux, pour
nous ; sachons-lui donc gré de s'accommoder à domicile
d'un mode de végétation dont tant d'autres plantes ne
voudraient ou ne pourraient se contenter.

Maintenant, rapprochons violemment des êtres entièrement disparates, agissons par voie de contraste, et à
côté du noble Lis, de l'aristocratique Tulipe, de la Fritillaire impériale, du fier Aloès et de la Jacinthe parfumée, plaçons, sans plus de façons que n'en met la
nature,

## L'AIL

Oui, vous avez bien lu, l'Ail plébéien, aux bulbes
nauséabonds. La culture et l'emploi alimentaire de cette
obscure Liliacée remontent presque à l'origine de l'histoire de l'homme. Les plus anciens botanistes énumèrent
longuement les vertus médicinales qu'on lui prêtait,
et les auteurs du moyen âge sont loin d'en avoir rac-
courci la liste.

Le genre Ail comprend des espèces fort nombreuses
(Ognon, Échalote, Poireau, Civette, Rocambole, etc.)
et elles exhalent toutes, lorsqu'on les froisse ou qu'on
les divise, une odeur désagréable et souvent irritante ;

mais, de tous ces Aulx, le plus fétide à coup sûr est
l'Ail cultivé.

Cette espèce contient dans sa tige, dans ses feuilles,
et surtout dans son bulbe, composé de plusieurs caïeux,
une huile volatile sulfurée, âcre et caustique, à laquelle
on doit les propriétés stimulantes qui la font rechercher
comme condiment, surtout dans le midi de l'Europe.
« Toutefois, dit à ce sujet M. le Maout, tous les estomacs
ne sont pas également disposés à le digérer; il en est qui
s'y refusent avec indignation. Lorsque ce cas fâcheux
arrive, le soufre, l'hydrogène, l'azote et l'acide carbonique, éléments fournis par l'Ail ou par l'estomac lui-
même, et combinés deux à deux ou trois à trois, dans
ce vivant laboratoire, s'en dégagent sans cesse et enveloppent le coupable d'une vapeur éminemment anti-
sociale. »

C'est probablement ce qu'avait remarqué Alphonse,
roi de Castille, qui, dans le quatrième siècle, fonda
un ordre de chevalerie dont les statuts interdisaient
l'Ail à ceux qui en faisaient partie; les délinquants
étaient exilés de la cour pendant un mois.

Tous ces jugements sévères, en partie justifiés, il
faut bien l'avouer, par l'odeur désagréable dont l'Ail
imprègne rapidement toutes les sécrétions du corps,
n'empêchent pas que cette plante ne soit pour certains
organismes faibles ou lymphatiques un condiment nourrissant et sain. On pensait même autrefois que ses seules
vapeurs étaient fortifiantes, puisque Bacon raconte
qu'un homme, en respirant les émanations qui s'en
exhalent, trouvait la force de jeûner ensuite pendant
quatre ou cinq jours. A cause de ses propriétés diverses,
l'Ail est employé en médecine comme vermifuge, et il

entre dans la composition d'une liqueur pharmaceu-
tique, préparée avec du vinaigre, des aromates et du
camphre, et bien connue sous le nom de *Vinaigre des
quatre voleurs*. Ce nom fait allusion à l'histoire de
quatre scélérats qui exerçaient leurs brigandages dans
la ville de Marseille désolée par la peste, et qui,
dit-on, se préservèrent du fléau en faisant usage de
cette préparation antiseptique.

S'il faut en croire certains savants, l'Ail était l'objet
d'un culte chez les Égyptiens. Les moissonneurs, les
matelots et surtout les guerriers romains en faisaient
un grand usage ; il était même devenu à Rome le symbole de la vie militaire. « Tu ne saurais manger de
l'Ail, » disait-on à ceux qui, élevés dans la mollesse,
parlaient d'embrasser l'état de soldat ; et Vespasien,
impatienté par les obsessions d'un courtisan efféminé
qui lui demandait le gouvernement d'une province, lui
répondit dédaigneusement : « J'aimerais mieux que tu
sentisses l'Ail que les parfums. »

A ce même genre appartient, nous l'avons dit plus
haut,

## L'OGNON

Cette plante est cultivée depuis l'enfance de la civilisation ; aussi l'on ne sait de quel pays elle est originaire. Il est cependant probable qu'elle vient de l'Inde,
et qu'elle a été transportée en Égypte, puis en Grèce,
d'où elle a passé en Italie et s'est propagée dans le reste
de l'Europe. C'est l'Ognon que les Hébreux regrettaient
si amèrement dans le désert, et qui dans toute l'Égypte

était adoré comme une divinité. Toutefois Pline ajoute fort malicieusement, à ce sujet, que c'est probablement pour obliger le peuple à s'en abstenir que l'on plaça l'Ognon au rang des dieux.

De la cuisine, où il figure en toutes circonstances, l'usage de l'Ognon s'est étendu jusqu'au domaine médical. Son suc passe pour un résolutif efficace, et ses tissus servent à la préparation de tisanes pectorales.

L'Échalote, fréquemment employée aussi, est originaire de la Palestine, des environs d'Ascalon; de là son vieux nom d'Escaloigne, dont celui d'Échalote n'est évidemment qu'une altération. Cette Liliacée, apportée en France à l'issue de la dernière croisade, est aujourd'hui acclimatée dans toute l'Europe. L'*Échalote d'Espagne*, dont la fleur est chargée de petits bulbes appelés *Rocamboles*, est également fort répandue.

Le Poireau, qui paraît être originaire des montagnes de l'Europe et surtout de la Suisse, est cultivé depuis une longue série de siècles, puisque Néron s'en nourrissait exclusivement certains jours, afin de se donner une voix plus suave.

L'Ail Moly, qui se pare de belles fleurs jaunes, est cultivé comme plante d'ornement. L'*Ail magique*, enfin, autrefois fort célèbre, était employé dans les enchantements.

Assez de cuisine comme cela; revenons, non plus précisément à des Liliacées, mais à des plantes non moins belles, et qui appartiennent à des familles tellement voisines, que certains auteurs les ont souvent confondues avec elles.

Voici donc encore une noble série : Iris, Glaïeul,

Narcisse et tant d'autres; mais procédons par ordre et citons en tête

## LES IRIS

C'est à la brillante coloration de leurs fleurs que ces plantes doivent d'avoir été décorées du beau nom de la

déesse dont l'écharpe aux sept couleurs, pour parler le langage mythologique, est connue de nos jours sous le nom moins poétique d'arc-en-ciel.

Il faut avouer que les Iris méritent les plus flatteuses appellations. Non-seulement leurs fleurs sont éclatantes, mais tout en elles est de forme élégante et fine : leur tige est gracieusement contournée, leurs feuilles sont allongées et tranchantes, tantôt triangulaires comme l'épée, tantôt plates comme le glaive,

Iris.

— *gladiolus* en latin, d'où le nom du Glaïeul, l'une des plus belles Iridées. Quant à la fleur, il n'est rien de plus admirable : vives couleurs, inflexions gracieuses des pétales, richesse inouïe de la corolle, dont trois divisions sont convergentes, tandis que trois autres se réfléchissent au dehors, et que, pour comble d'opulence, les trois styles s'élargissent en ailes et se terminent par trois rubans pétaloïdes qui recouvrent les étamines comme d'une tente splendide. Des spathes membraneuses enfin, qui semblent formées par des feuilles avortées, environnent les fleurs d'une sorte de gracieuse collerette.

Il serait difficile, on le voit, d'imaginer un ensemble plus luxueux que l'appareil floral des Iridées ; si l'on ajoute à cela que ces ravissantes fleurs, dans certaines espèces, semblent choisir coquettement les situations les mieux faites pour les rendre plus séduisantes encore, telles que de belles ruines ou de pittoresques cimes de rochers, on comprendra l'enthousiasme qui les a fait nommer par certains botanistes le « diadème des vieilles murailles ».

A ce dernier mot, cher lecteur, vous avez sans doute reconnu le bel Iris Germanique, dont les grandes fleurs d'un bleu violacé couronnent en effet les toits, les rochers et les murs. Les racines de cette espèce, lorsqu'elles sont sèches, exhalent une odeur de violette, comme celles de l'Iris de Florence, dont tout le monde connaît le doux parfum. Toutefois il ne faudrait pas se laisser trop séduire par le charme de ces racines parfumées ; elles ont une énergie purgative dont il serait dangereux de ne pas se méfier, et qui agit comme poison dans l'emploi à haute dose.

L'Iris des marais possède des racines extrèmement âcres, mais inodores, d'où s'élèvent de hautes tiges, que terminent d'élégants bouquets de fleurs jaunes mouchetées de noir, en même temps que des gerbes de longues feuilles flexibles, sur lesquelles les Rainettes vertes aiment tant à se balancer et à chanter le soir au clair de lune.

Les Lis, qui ornèrent constamment la bannière des
rois de France depuis Louis-le-Jeune jusqu'à nos jours,
n'ont probablement point été créés pour symboliser les
fleurs que nous connaissons sous ce nom; ils ne leur
ressemblent ni par la forme, ni par la couleur. D'après
l'opinion la plus fondée, les fleurs-de-lis françaises
sont celles de l'Iris des marais, qui, d'un jaune d'or
comme elles, se détachent également sur le champ
d'azur que leur forment quelquefois les eaux au bord
desquelles elles croissent. Cette opinion est d'autant
plus probable que l'Iris des marais portait au moyen
âge le nom de *Lis*, qu'il porte encore dans certaines
contrées.

## LE GLAÏEUL

Plus admirable encore que les Iris est le Glaïeul,
dont la corolle jette au soleil des lueurs empourprées.
Le Glaïeul commun, qui, dans le Languedoc et en
Provence, dresse tout le long des chemins, des haies
et des ruisseaux, ses merveilleuses grappes roses, est
arrivé sans transition et sans perfectionnement à la dignité de fleur de parterre, où ses couleurs splendides
ont fait pâlir toute rivalité.

Mais le héros parmi les Iridées, le phénomène de la
famille, c'est à coup sûr le *Glaïeul changeant* du cap
de Bonne-Espérance, qui doit cette épithète au singulier phénomène qu'offrent ses fleurs, en changeant
insensiblement de coloration selon les heures de la
journée, et qui, brunes le matin, deviennent d'un
bleu clair vers le soir.

## LE NARCISSE

Après ces éclats et ces splendeurs, nous ne pouvons maintenant que descendre. Que sont le *Narcisse* et la *Galantine* et l'*Amaryllis* elle-même à côté de ces éblouissements? Et cependant qu'ils sont beaux tous ces Narcisses, dont on a indéfiniment multiplié les variétés, comme on l'a fait pour les Tulipes! le *Narcisse des poëtes*, mélancolique et pâle au-dessus de sa collerette orangée; le *Narcisse Jonquille*, d'un si beau jaune doré, et le *Narcisse des prés*, et le *Narcisse odorant*...

Mais, qu'aperçois-je là-bas parmi les branches mortes et sous les herbes sèches jaunies par la gelée? Le bois est encore dépouillé, la terre est entièrement nue, et les dernières feuilles de Chêne frissonnent sous la bise glaciale. N'importe j'ai vu... du vert, du blanc... c'est une fleur, vous dis-je... Oui, une fleur, et l'une des plus jolies du monde. On l'appelle Galantine, — c'est-à-dire, en grec, blanche comme du lait, — ou bien encore d'un autre nom gracieux :

## PERCE-NEIGE

La Perce-neige, l'une des premières fleurs du printemps, émerge, en effet, de la neige quelquefois, en février ou en mars. Son calice est d'un blanc mat, ses pétales, échancrés en cœur et délicatement striés, sont lavés au dehors d'une douce teinte verte. Il est impossible d'imaginer rien de plus charmant et de plus pur.

Toutes les suavités sont résumées dans cette fleurette idéale, qui, toute frissonnante et à peine éclose, doit affronter bise glaciale, pluie, neige et frimas. Aussi, comme elle se fait petite et humble, la pauvrette, quand les grands vents de l'ouest ou du nord font craquer au-dessus d'elle les branches nues ou les feuilles mortes! On voudrait pouvoir intercéder pour elle auprès de toutes les rudesses de la nature ; mais les dernières rigueurs de l'hiver sont terribles, et la rafale, insoucieuse de la pauvre Perce-neige, passe hurlante et courroucée, pour aller se perdre au fond des grands bois. Une autre fleurette pour le moins aussi fragile, c'est

## LA COLCHIQUE

Celle-ci est toute nue; pas de feuilles, pas de calice ; montée sur un frêle pédoncule, la corolle sort de terre, on ne sait vraiment trop comment, car cette terre est souvent dure, ou du moins ferme, grasse et massive.

C'est dans les derniers jours de septembre, généralement, qu'apparaissent dans les prairies humides les clochettes lilas clair de la Colchique d'automne. Elles sont charmantes mais mélancoliques, ou du moins elles figurent toujours dans un paysage dont la tristesse rêveuse gagne bien vite le promeneur solitaire.

C'est en effet l'automne, plus triste encore que l'hiver. L'hiver est une léthargie que le réveil va suivre. L'automne est un dépérissement, une vie qui s'éteint. Dans les jours d'hiver les plus sombres, on sent, en pleine campagne, que quelque chose va sourdre de cette face noire de la terre, qui, même sous son blanc linceul de neige, ne paraît qu'endormie ; dans les jours d'automne, même les plus beaux, on ne sent que décadence et prophétie de mort.

Eh bien! c'est dans ce cadre-là que fleurit la Colchique. Les dernières feuilles jaunies s'envolent en tournoyant, les Hirondelles ont fui ; mais en revanche, dans le champ voisin, s'abat un grand vol de Corbeaux qui, d'un air capable et se prenant tout à fait au sérieux, parcourent les sillons à grandes enjambées comme d'austères magistrats qui après une absence inspectent leurs propriétés.

La Colchique s'appelle vulgairement *Veilleuse* ou *Veillotte,* parce que son apparition annonce l'époque où les veillées d'hiver vont recommencer. On l'appelle encore *Tue-chien*, nom qui fait allusion à ses propriétés vénéneuses, car cette jolie plante, hélas! il faut bien l'avouer, est moins innocente qu'elle n'en a l'air au premier abord. Outre l'amidon que renferment ses tubercules souterrains, ils contiennent de plus un poison d'une assez grande énergie pour justifier la crainte qu'inspire aux habitants des campagnes la suspecte Veillotte. C'est, du reste, une plante fort singulière ; ses nouveaux tubercules poussent à côté des anciens, avec la tendance de toujours s'enfoncer davantage. Les fleurs naissent immédiatement de ces tubercules, et ce n'est qu'au printemps suivant que les feuilles apparaissent à leur tour, particularité qui faisait supposer autrefois que ces feuilles appartenaient à une plante qu'on n'avait jamais vue fleurir.

On cultive dans les jardins des variétés de la Colchique d'automne, ainsi que la *Colchique panachée,* dont les fleurs bigarrées sont piquetées de taches semblables à celles d'un damier. La Colchique, qu'on appelle encore *Safran bâtard,* nous fournit une transition toute naturelle pour passer au type proprement dit,

## LE SAFRAN

Cette dénomination vient, dit-on, du nom arabe *Zafaran,* tiré à son tour du mot *assfar,* qui signifie jaune. Les Safrans, semblables aux Colchiques, s'élèvent peu au-dessus du sol; leurs racines sont bulbeuses, et elles donnent naissance à des fleurs protégées d'abord par une spathe membraneuse. Nous avons dit, tout à l'heure, *les* Safrans; c'est qu'il y en a plusieurs, en effet, fort distincts les uns des autres, et parmi lesquels se distinguent le Safran printanier ou Safran sauvage, et le Safran cultivé. Les feuilles de ce dernier sont allongées, repliées, et ses fleurs, d'un violet clair, sont rayées de veines rouges. Le Safran est peut-être une des Iridées les moins jolies; ses lignes rouges s'allient assez mal avec le fond qu'elles sillonnent, et l'ensemble de la fleur n'a pas toujours, comme la Colchique, le bénéfice d'une touchante et gracieuse nudité. En revanche, le Safran est une plante utile; il faut donc lui pardonner son air un peu gauche, qu'il serait peut-être équitable d'appeler simplement un air modeste, et ne voir en elle que la source d'un produit rare et précieux.

Les contrées de l'Orient sont vaguement indiquées comme étant la patrie de cette plante : indications vagues, en effet, puisqu'on la trouve un peu partout, en Afrique, en Italie, en Tartarie, et peut-être ailleurs encore. Aujourd'hui on la cultive dans plusieurs provinces de l'Espagne, et dans quelques départements de la France. C'est, paraît-il, vers le xive ou xve siècle que cette Iridée a été introduite en Europe par les Maures, qui, les premiers, en ont révélé l'utilité.

C'est dans les terres sablonneuses que le Safran réussit le mieux. Planté au printemps, il fleurit en automne, et aussitôt cueilli on en extrait l'extrémité jaune des styles que l'on soumet à une douce chaleur. La dessiccation opérée, ces styles sont mis en sacs et constituent dès lors le Safran du commerce, matière précieuse et très-chère, dont on consomme en France pour plus d'un million par an.

Les usages économiques du Safran, qui remontent très-haut dans l'antiquité, sont encore aujourd'hui extrêmement étendus. Les Arabes l'ont employé de tout temps comme matière alimentaire. En Angleterre et en Allemagne, on le mêle à beaucoup de pâtisseries; en Espagne, il sert à colorer le pain; chez nous, les confiseurs et les liquoristes l'emploient pour colorer et aromatiser les produits de leur art. Le Safran, dont l'action n'est pas sans analogie avec celle de l'opium, exhale une odeur caractéristique qui n'est pas sans danger; elle produit de violentes douleurs de tête, et si elle est intense, une espèce d'ivresse ou de profond narcotisme qui amène parfois la mort.

Les propriétés médicales de cette Iridée sont connues depuis longtemps; on lui attribuait autrefois une telle efficacité, que les médecins la qualifiaient pompeusement : c'était pour les uns le « roi des végétaux », pour d'autres la « panacée végétale », pour d'autres encore « l'âme des poumons » !

En voilà bien assez, n'est-ce pas? sur la physionomie, les vertus et le rôle utilitaire du Safran ; arrêtons-nous donc là, et terminons le chapitre trop long peut-être de nos Liliacées, par l'esquisse de trois types : l'Agavé d'abord, puis, pour faire contraste, le Muguet et le Dragonnier.

## L'AGAVÉ

Le mot Agavé est très-probablement l'altération d'un mot grec à peu près analogue et qui signifie admirable. Admirable, en effet, est cette plante majestueuse, qui, du centre d'une touffe de feuilles charnues, émet une hampe chargée de fleurs et semblable à un gigantesque candélabre à girandoles.

L'Agavé d'Amérique, apporté en Europe vers le milieu du xvie siècle, est maintenant répandu dans toutes ses contrées méridionales, surtout en Espagne et dans le royaume de Naples. Il est entièrement naturalisé sur les montagnes de la Barbarie, où il croît mêlé à de superbes Cactus. Toutefois, dans le nord de la France, il fleurit rarement; aussi ne faut-il pas s'étonner si ces floraisons si rares font époque et constituent un véritable événement dans l'histoire botanique.

De Candolle raconte donc qu'à la fin du siècle dernier, il se trouvait un Agavé au Jardin des Plantes de Paris. Depuis plus de cent ans, il était là, végétant tout juste pour ne pas mourir, et croissant avec une lenteur extraordinaire, lorsque tout à coup, c'était en 1793, il s'élance, émet en quelques jours une énorme grappe florale, s'échauffe, s'enfièvre, fleurit et meurt !

Cette simple histoire m'a toujours vivement frappé. Entraîné par cette tendance que l'on a de prêter aux objets de la nature quelques-unes de nos sensations humaines, on se prend à songer et à se demander ce qu'a pu éprouver cet Agavé muet et languissant,

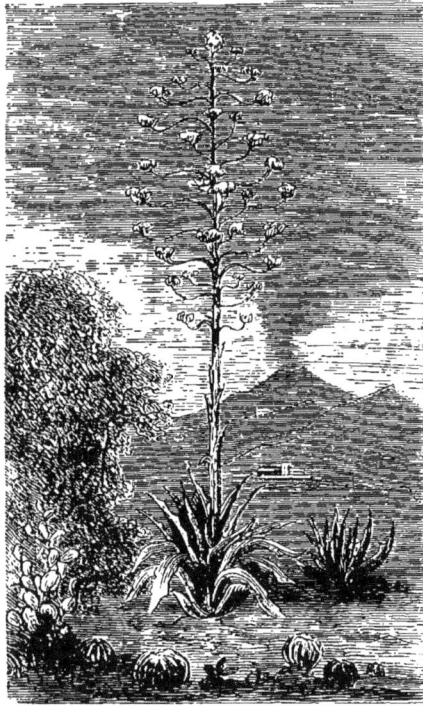

Agavé.

qui, pendant cent années sommeillait à demi, et rêvait sourdement peut-être de sa lointaine floraison.

La rapidité avec laquelle ces Agavés émettent leur hampe florale tient véritablement du prodige. M. Pouchet a vu de ces pédoncules improvisés atteindre en huit ou dix jours la hauteur extraordinaire de six mètres environ, et se couvrir dans le même temps de plusieurs milliers de fleurs, dont on comprend l'effet splendide. Les feuilles inférieures sont longues, épaisses, pointues et bordées de formidables épines ; aussi se sert-on de ce végétal, dans le midi de l'Europe, pour faire des haies naturelles, à peu près impénétrables. Les fibres ligneuses contenues dans ces feuilles fournissent une excellente filasse que l'on nomme *soie végétale*. Les Mexicains arrachent le bourgeon central de leurs Agavés, et recueillent soigneusement la liqueur limpide et sucrée qui en découle, pour en obtenir, par la fermentation, une boisson enivrante qu'ils nomment *pulqué*.

## LE MUGUET ET LE DRAGONNIER

Le Muguet et le Dragonnier, avons-nous dit, termineront ce chapitre, et feront contraste.

Certes oui, le contraste est grand. D'un côté, le Muguet haut de quelques centimètres, modeste, fragile, éphémère ; de l'autre, le Dragonnier colossal, cinquante ou soixante fois centenaire, et qui, du haut de son antiquité, la plus haute peut-être qu'il ait été donné à l'homme de constater sur la terre, domine l'histoire entière du règne végétal.

Le Muguet de mai, que tout le monde connaît et apprécie, possède dans mon cœur une bonne moitié des sympathies que j'ai tout à l'heure chaudement exprimées au sujet de la Perce-neige. Même blancheur lactée, même pureté, même innocence absolue, et de plus le parfum le plus exquis. C'est à ce parfum, à là fois pénétrant et suave, que le Muguet doit son ancienne

réputation. En Allemagne, elle était particulièrement
répandue ; l'essence qu'on retirait de cette plante par la
distillation était appelée « Eau d'or », et passait pour
être douée des vertus les plus magiques. Le Muguet
est aujourd'hui sans usage; mais il demeure, par son
arome et le charme de son individualité, une des plus
aimables fleurs printanières.

Je ne sais rien de plus délicieux, parmi les grâces
végétales, que cette grappe de gentils grelots d'un tissu
ferme, blanc, potelé pour ainsi dire, et qui, avec la
dentelure de leur clochette toujours à demi fermées,
vous font je ne sais quelle adorable petite moue de l'effet le plus ravissant. A la limite des Liliacées, qui presque toutes sont des herbes, près du pauvre Muguet que
le pied du promeneur peut écraser sous une feuille,
plus près encore de l'humble Asperge, aux rameaux
filiformes, vient se placer le monstrueux Dragonnier
de l'Inde orientale et des îles Canaries. Le genre Dragonnier (en latin *Dracona*) est caractérisé par une tige
de consistance généralement molle qui laisse exsuder
dans les grandes chaleurs un suc résineux, rouge,
le *Sang-dragon* des officines ; ses rameaux, qui
vont en se bifurquant, sont couronnés à leur sommet
par des touffes de feuilles en forme de glaive, tranchantes, épineuses à leur extrémité et surmontées par
de longues grappes florales. C'est surtout le Dragonnier
d'Orotava que les voyageurs vont admirer à Ténériffe.
Son tronc, creusé par le temps jusqu'à l'origine des premières branches, s'élève à une hauteur de vingt-quatre
mètres, et dix hommes se tenant par la main peuvent
à peine embrasser sa circonférence.

Lorsque l'île de Ténériffe fut découverte, en 1402,

la tradition rapporte qu'il était à peu près aussi gros qu'aujourd'hui. Ce qui rend cette tradition acceptable, c'est la lenteur extraordinaire avec laquelle croissent les jeunes Dragonniers qui vivent aux Canaries, et dont l'âge est exactement connu. Cette comparaion donne lieu à des calculs qui confondent l'imagination, et dont les plus modérés ne permettent pas de douter que le Dragonnier d'Orotava ne soit le plus ancien des végétaux dispersés sur la surface de la terre.

De Humboldt nous raconte qu'avant le xive siècle les Guanches, premiers habitants des îles Canaries, adoraient ce Dragonnier déjà gigantesque. La vénération de ce peuple pour ce végétal étrange n'a rien qui doive nous étonner; son aspect majestueux, ses proportions démesurées et puis ce liquide rouge qui, semblable à du sang, découle de son tronc que balafrent d'énormes cicatrices, tout cela était bien fait pour frapper l'imagination de ces peuplades primitives. Aussi n'est-il pas impossible, d'autre part, que la légende mythologique qui nous raconte tout au long l'histoire des îles Hespéries, où, sous la surveillance d'un animal fabuleux, mûrissaient les fruits des Hespérides, n'ait pas eu d'autre base que ce Dragonnier fantastique, préposé à la garde des Citronniers et des Orangers qui naturellement frappèrent les premiers voyageurs.

Quoi qu'il en soit, ce géant d'Orotava semble défier les âges. Depuis que les hommes de science s'occupent de lui, quatre siècles se sont écoulés sans laisser de trace apparente, ni sur son tronc trapu, noueux et massif, ni sur ses branches, dont le faisceau maintient sa vaste circonférence, ni sur sa tête, qu'ébranlèrent

9 *

tant de fois les tempêtes qui viennent de l'équateur.
C'est dans ces moments-là qu'il faut le voir, alors que
soufflent les violents alizés, que la foudre éclate au-
dessus de la vallée sonore d'Orotava, et qu'au travers
des sombres nuées déchirées par l'ouragan on aperçoit
au-dessus de la tête de l'antique *Dracœna Draco* la
haute cime volcanique du pic de Ténériffe, qui sur-

Le Dragonnier d'Orotava.

plombe et vous écrase de sa masse. On se plaît à rapprocher, malgré leurs différences, les deux colosses
l'un de l'autre, la montagne et le vieil arbre, repré-

sentant à eux deux les deux premiers règnes de la
nature [1].

[1] La description qu'on vient de lire ne doit plus être prise qu'au passé.
Des nouvelles récentes nous annoncent la mort du pauvre vieux géant
d'Orotava, qui depuis quelques années, paraît-il, avait eu beaucoup à
souffrir des orages si fréquents dans ces parages. Un dernier ouragan l'a
complétement anéanti.

# LES SENSITIVES

Dans les premières pages de ce livre, où nous avons essayé de donner une idée générale de la plante et de sa vie, nous avons dit quelques mots de l'un des plus curieux problèmes que nous offre la physiologie botanique, et qui, sous le nom de *sensibilité végétale,* a défrayé les discussions les plus passionnées.

Nous avons dit que deux écoles s'étaient formées; que deux opinions, diamétralement opposées et exagérées toutes deux, avaient alternativement poussé le débat sur un terrain où les sereines observations scientifiques ne peuvent s'engager. On sait donc que, pour les uns, la plante n'est qu'un objet inerte, dont les divers phénomènes n'ont d'autre cause que certaines lois à développement nécessaire et pour ainsi dire fatal; tandis que cette même plante est pour d'autres une créature animée, douée de sensibilité et possédant enfin une *âme*, dont les passions et les facultés ne diffèrent guère de celles que l'on trouve dans le règne supérieur.

Ces deux points de vue, est-il besoin de le répéter? nous paraissent également inexacts l'un et l'autre. La plante, qui n'est à coup sûr ni une chose inerte, ni une créature raisonnable, est animée d'une vie spéciale et

vague, dont il est à peu près impossible de donner la définition. C'est comme le prologue d'une vie plus explicite
et mieux formulée. C'est un ensemble mystérieux de
sensations confuses, de rêveries inconscientes et d'aspi-
rations obscures, dont le caractère élémentaire, et pour
ainsi dire embryonnaire, échappe complétement à nos
moyens d'appréciation.

Il n'importe. Pour aussi vagues que soient ces diverses notions du végétal, elles peuvent cependant nous
satisfaire, en ce sens qu'elles rétablissent à nos yeux la
série vivante que tout esprit logique aime à retrouver
dans la nature. La vie spéciale de la plante — qui, elle
aussi, dans sa propre sphère, est graduée, comme tout
l'est dans la création, — part du minéral, dont la vitalité,
s'il en a une, nous échappe complétement, et monte
de degré en degré jusqu'au seuil du règne animal, où
la série, loin de s'interrompre, se rattache par des anneaux de transition et pousse sa marche ascendante
à travers les organismes d'un monde supérieur.

Cela dit, nous n'essaierons pas d'expliquer les mystérieuses facultés des Sensitives, nous les constaterons
simplement, en laissant à chacun de nos lecteurs le soin,
nous dirions presque le devoir, de se recueillir dans un
sentiment d'admiration profonde devant les innombrables et merveilleux problèmes que la nature offre à
nos investigations.

Les Sensitives! Il en est plusieurs en effet, et l'on a
tort d'appliquer cette qualification expressive à la Mimosa pudique (*Mimosa pudica*), que tout le monde
connaît sous ce nom. Si celle-là s'est rendue célèbre par
ses exquises susceptibilités, il est d'autres plantes, particulièrement dans cette même grande famille des Lé-

gumineuses, où figurent les Mimosées, qui témoignent de leur « sensibilité », puisque l'expression est admise, par des mouvements spéciaux qu'il est parfaitement impossible d'expliquer.

## LA MIMOSA PUDIQUE

Tout le monde a entendu parler de cette gracieuse et délicate personnalité végétale. Généralement frêle et nerveuse, elle étale de charmantes feuilles ailées, c'est-à-dire composées de folioles qui, rangées deux à deux comme dans la plupart des Légumineuses, ressemblent à une série de papillons verts accrochés à la même tige.

Mais silence! pas un bruit, pas un souffle, pas une secousse surtout; sans quoi, vous allez voir les papillons verts fermer leurs ailes, et les tigelles qui les supportent fléchir elles-mêmes et s'incliner chacune sur sa branche.

Problème ravissant! Que lui faut-il donc, à notre gentille boudeuse, pour se fermer ainsi et prendre cette physionomie de plante malheureuse et martyrisée? Oh! presque rien, je vous assure; le plus léger choc, une vapeur, même fugitive, une odeur qui flotte, une ombre qui passe..... Tenez, voilà le soleil qui vient de se cacher derrière un nuage, et notre délicate s'en est émue. Une goutte d'eau peut, à la rigueur, mouiller l'une de ses feuilles sans qu'elle s'en effarouche sérieusement, mais qu'une simple gouttelette d'acide y soit déposée, et notre pauvrette crispée, tordue et, comme convulsionnée, ferme ses feuilles et attend avec une résignation touchante la fin de la persécution. L'opium,

en revanche, la fait dormir comme nous, et comme
nous aussi, elle meurt, l'innocente, lorsqu'une main
cruelle arrose ses racines de quelques gouttes d'un
liquide vénéneux [1].

Et, qu'on le remarque bien, sauf le sommeil qui
revient tous les soirs replier ses folioles allanguies, il
n'y a rien de périodique dans ces manifestations extraordinaires. C'est par des mouvements tout spontanés et
uniquement selon les circonstances qu'elle révèle les
sensations douloureuses ou simplement le malaise
qu'elle paraît éprouver. On a vu des Sensitives se fermer à l'approche d'un homme, comme un troupeau
effarouché, replier également leurs feuilles quand un
cheval passait à une certaine distance, et enfin, chose
bien plus étrange encore, s'avertir les unes les autres
de l'accident arrivé à l'une d'entre elles, sur la lisière
d'un champ par exemple, et transmettre, pour ainsi
dire, le signal d'alarme jusqu'aux extrémités les plus
éloignées [2].

Ce qui ôte toute apparence mécanique à ce curieux
phénomène de sensibilité, c'est ce fait bien constaté
que notre Mimosa *s'habitue* à telle expérience désagréable, au point de ne plus sembler s'en inquiéter.
On connaît l'histoire de cette Sensitive qui, placée dans
une voiture, fermait précipitamment ses feuilles aux
premiers cahots, et cela chaque fois que le véhicule se
remettait en marche, puis qui, voyant que nul acci-

[1] On a remarqué que si l'on gratte avec la pointe d'une aiguille une
tache blanchâtre qu'on observe à la base des folioles, celles-ci s'ébranlent
tout à coup et bien plus vivement que si l'aiguille eût été portée dans tout
autre endroit.

[2] Voir l'*Ame de la plante*, par M. A. Boscowitz.

dent grave n'en résultait, les rouvrait graduellement
et paraissait supporter les ennuis du voyage avec une
douce philosophie.

Je crois en avoir dit assez pour rendre aussi intéressante que possible la personnalité de notre charmante
*Mimosa pudica*. Oui, c'est en vérité la « pudique » par
excellence, et si jamais plante fut faite pour tenter la
verve descriptive d'une plume féminine, c'est bien
notre Papilionacée [1] craintive et frémissante, dont
M^{me} de Genlis fait le portrait suivant :

« La Sensitive, dont le nom et les surnoms sont si
doux et si touchants, cette plante qu'on appelle aussi
la *chaste*, la *timide*, cet aimable symbole d'une pudeur
craintive, pourrait l'être encore de la douceur et du
mystère. La plus grande irritabilité la porte, non à
blesser la main profane qui l'attaque, mais à se replier
sur elle-même ; elle ne veut ni se venger ni punir, elle
n'a rien de menaçant. Semblable à ces vierges inno-
centes qui n'ont jamais songé à s'armer de rigueur,
parce qu'elles n'ont pas l'idée d'une offense, la Sensitive
n'a point d'aiguillons ; c'est l'image parfaite de l'innocence : elle n'a rien prévu, puisqu'elle ne sait rien ; elle
se montre sans défiance ; mais dès qu'elle est remarquée
de trop près, elle se dérobe autant qu'elle le peut à
tous les regards ; cette timidité paraît être en elle un
instinct, un sentiment, et non un dessein combiné. On
attribuait autrefois beaucoup de vertus merveilleuses à
la Sensitive. Un philosophe du Malabar est devenu fou
en s'appliquant à examiner les singularités de cette
plante et à en rechercher la cause. »

---

[1] Légumineuse ou Papilionacée, nom de la famille.

Passons donc, puisqu'il y a danger de s'arrêter
ici. D'autres Sensitives, beaucoup moins sensibles que
notre illustre Mimosa, ne se distinguent que par l'irritabilité de certains de leurs organes. Les étamines de
l'*Opuntia*, du *Sparmannia*, du *Mimulus*, du *Mar-
tynia* et de beaucoup d'autres plantes de la famille
des Bignoniacées, des Scrofularinées, etc., s'agitent au
moindre attouchement; il est d'autres végétaux où le
pistil éprouve une sorte de mouvement ondulatoire.
Dans l'Épine-vinette, qui remplit nos haies et nos bois,
il suffit, dans une fleur bien épanouie, de chatouiller
légèrement les étamines avec l'extrémité d'un brin
d'herbe, pour les voir aussitôt se redresser vivement,
et l'on dirait presque tendrement, contre le pistil,
qu'elles ont l'air de vouloir préserver de toute atteinte.

Il est, parmi les Sensitives, quelques plantes qui s'en
distinguent par la continuité de certains mouvements,
telles que la Bryone et le Concombre cultivé, dont les
vrilles décrivent une courbe perpétuelle; mais ces
oscillations sont peu apparentes, et diffèrent en cela de
celles de la plus curieuse des Légumineuses, après la
Sensitive première du nom, il s'agit de

## LA DESMODIE OSCILLANTE

Cette Papilionacée, originaire du Bengale et très-
voisine des Sainfoins, exécute des mouvements con-
tinus qui semblent dépendre de la température. La
feuille se compose de trois folioles; les deux latérales,
beaucoup plus petites que la terminale, sont animées,
de jour et de nuit, par la sécheresse et par l'humidité,

d'un double mouvement de flexion et de torsion sur
elles-mêmes, assez semblable aux petites saccades de
l'aiguille d'une montre à secondes. L'une des deux
s'élève tandis que sa sœur jumelle s'abaisse d'une quantité équivalente. Ces mouvements sont d'autant plus
rapides, que la chaleur et l'humidité sont plus grandes.
La grande foliole, indépendante de la gymnastique de
ses petites voisines, dort et veille, c'est-à-dire s'abaisse
et se relève suivant l'action de la lumière, comme la
plupart des plantes de la même famille.

Certes, c'est un étrange végétal que cette Desmodie,
qui perpétuellement bat de l'aile, comme un papillon
inquiet; mais que dire devant cette autre plante d'une
autre famille, dont le nom explicatif indique les habitudes extraordinaires, puisqu'elle s'appelle

## LA DIONÉE ATTRAPE-MOUCHES

Mon Dieu! oui, une plante qui attrape les Mouches,
ni plus ni moins qu'un piége à Souris, qu'un trébuchet
à Fouine, ou qu'un traquenard à Loup. Voyez plutôt:
ses feuilles sont terminées par deux plaques arrondies,
velues et roses, que relie l'une à l'autre une véritable
charnière élastique. Voilà le piége; maintenant voici
l'appât : sur la face supérieure de chacune de ses
feuilles se trouvent plusieurs petites glandes qui distillent une liqueur sucrée. Vous voyez que tout y est.

Mais voici une Mouche qui passe : que va-t-il arriver? Oh! c'est bien simple. La Mouche voit ou sent le
sucre, et naturellement veut y goûter. Toutefois elle
est fine, prudente et se défie. D'où vient-il ce sucre?

Serait-ce un piége?... Jamais, c'est une innocente fleur
qui me le présente, et la voilà qui se pose sur les lobes
vermeils...

Perfidie et malédiction, la Dionée s'est fermée subitement, et la Mouche est saisie ! Toutefois elle se débat;
elle espère s'être trompée. C'est une erreur, se dit-elle,

Dionée attrape-mouches.

un simple quiproquo, le plus élémentaire des malen-
tendus... et toujours elle bourdonne et s'agite... tandis
que la pince-sans-rire, d'autant plus irritée par ce
chatouillement incessant, se contracte, serre, et si
bien, que la malheureuse bestiole expire, en protestant
contre l'injuste destinée!

L'insecte, bien et dûment étouffé, la Dionée meurtrière se rouvre, et de nouveau étale placidement au
soleil ses feuilles roses, sucrées et tentatrices.

La perfide! Pourquoi fait-elle donc cet horrible mé-
tier? Encore si elle les mangeait, ses victimes, elle
pourrait, en manière d'excuse, alléguer les exigences
impérieuses de la faim. Le Loup égorge les Agneaux,
lui aussi, mais enfin c'est pour s'en nourrir; tandis
qu'elle, cette petite scélérate qui, tout le long du jour,
étouffe, étrangle, assassine, qui l'y oblige, qui l'y
pousse? Non, elle tue évidemment pour tuer... pour
se distraire... ou bien peut-être pour se donner de
l'exercice... pour s'assouplir les charnières... par mesure d'hygiène en un mot! Dites, avez-vous jamais vu
petit monstre pareil?

— Madame Dionée a ses nerfs, direz-vous peut-être,
et les Mouches l'agacent, tout comme elles nous im-
patientent nous-mêmes, lorsqu'elles se promènent sur
notre figure.

— D'accord; mais alors, pourquoi les attirer, ces
insectes qui l'ennuient? Pourquoi ce sucre sur ces
feuilles perfides, qu'elle transforme en véritables tartines de confitures? Oh! ces tartines, ces tartines,
voyez-vous, c'est là le plus noir de l'affaire et l'irré-
missible condamnation de la Dionée Attrape-Mouches.

La cause est entendue. Arrêtons-nous ici et concluons. Concluons que ce chapitre de la sensibilité végétale est vraiment une série de phénomènes incompré-
hensibles, et que nous nous exposerions positivement
à devenir fous, comme l'infortuné philosophe du Malabar, si nous nous obstinions à en chercher le mystère.

# LES ORIGINAUX

Nous avons déjà, dans les pages précédentes, énuméré de fort singuliers types, n'est-il pas vrai? Outre
les Champignons, parfois si étranges, nous avons vu les
Orchidées, qu'on peut, dans une certaine mesure, appeler les Singes du règne végétal, les Lianes et les Rotangs,
qui en sont les Serpents; nous verrons les Cactus, qui
en sont les monstres : mais nous n'avons rien dit encore
de certains originaux particuliers, si bizarres qu'il est
vraiment bien difficile de ne pas les mentionner d'une
façon spéciale.

Toutefois le lecteur en connaît déjà, tels que la Rafflésia de nauséabonde mémoire, dont il sera question
encore, la Mimosa pudique, la Desmodie oscillante et
la Dionée Attrape-Mouches; d'autres lui seront présen-
tés plus tard, tels que l'Arbre-Vache, que nous retrouverons parmi les végétaux à suc laiteux. Qu'il nous
suffise donc de mentionner, à titre de simple souvenir,
ces originaux épars dont l'histoire est connue, afin de
n'avoir à nous occuper que de ceux qui vont suivre.

Les originaux, on le voit, ne constituent pas une famille spéciale; ils appartiennent à divers groupes, et de
toutes parts nous arrivent grotesques, improbables,

curieux, souvent utiles, parfois même charmants, mais toujours étranges et bien faits pour rendre éclatante cette merveilleuse diversité qui caractérise les œuvres de la création.

Parmi les physionomies les plus extraordinaires, et l'on pourrait même dire à leur tête, doit à coup sûr figurer

## LE NÉPENTHÈS

Celui-là est tellement original que pendant fort longtemps les botanistes ne surent où le classer, et qu'en définitive on en a fait une famille spéciale, celle des Népenthées, représentée dans l'Inde par le *Nepenthes distillatoria*; à Madagascar, par une variété du même genre que caractérisent les crêtes foliacées de ses urnes; en Cochinchine, par le *Nepenthes Phyllamphora*; à Java, par le *Nepenthes gymnamphora*; et enfin à Singapour, par le *Nepenthes Rafflesiana,* le plus beau de tous, sans contredit.

Voilà bien du latin, n'est-ce pas, ami lecteur; toutefois rassurez-vous, la nomenclature est finie, et nous arrivons sans plus tarder au portrait de notre Népenthès.

Oui, mais ce portrait, comment le faire? Il est fort heureux, je vous assure, qu'une figure explicative vienne suppléer à l'impuissance de ma description, car je n'aurais vraiment pu, sans elle, vous donner une idée du plus original de nos originaux.

Dans ses racines, dans sa tige, rien qui puisse nous frapper. Ses feuilles elles-mêmes ressemblent à bien

d'autres..... C'est-à-dire..... Attendez ! Par Flore, notre
aimable et gracieuse patronne, nous n'avons jamais
vu, non, jamais, à coup sûr, feuilles se terminer par
semblable appendice.

Figurez-vous un sac, une poche, une bourse, un nid,
une urne qui n'est certes point une urne, encore moins

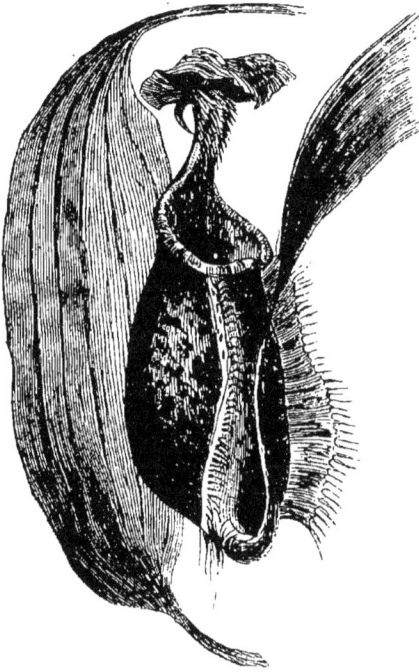

Népenthès.

un nid, et pas plus une bourse qu'une poche ou qu'un
sac. — Vous voyez parfaitement cela d'ici, n'est-il pas
vrai ? — C'est bordé d'un bourrelet] strié, orné d'ailes
membraneuses, tacheté comme une peau ade bête
fauve, coloré des teintes les plus diverses, enfin sur-
monté d'un opercule merveilleusement bosselé, gaufré
ou frangé, qui, au moyen d'une charnière mobile,

s'entrouvre ou se referme, suivant l'heure du jour ou l'état de la température. Eh bien, cette chose invraisemblable est située à l'extrémité de chacune des feuilles du Népenthès. Et encore, si cela tenait immédiatement à la feuille, rien de mieux, parce qu'on comprendrait que c'est le tissu foliacé qui s'est replié sur lui-même; mais non, c'est au bout d'une sorte de fil entortillé, d'une longue nervure, que cette urne se balance, comme un défi, comme une ironie, comme la plus audacieuse des mystifications.

Et vous croyez peut-être que c'est tout. Profonde erreur! Savez-vous, en définitive, ce qu'il est cet appendice du Népenthès, l'un des mécanismes les plus travaillés qu'on puisse rencontrer dans les productions les plus complexes de la nature? C'est un réservoir. Rempli d'une eau douce et limpide que sécrète la plante elle-même, il se ferme au matin, s'ouvre pendant la chaleur du jour afin qu'une partie du liquide s'évapore, et se remplit de nouveau pendant la nuit suivante, de telle sorte que chaque aurore retrouve la petite amphore pleine de liquide et le couvercle hermétiquement fermé. Gracieuse et charmante originale, n'est-il pas vrai? que cette plante qui, croissant en des climats ardents, distille silencieusement, pendant chaque nuit, de quoi sauver de la mort, tout au moins d'affreuses tortures, le voyageur égaré, qui le lendemain viendra tomber auprès d'elle, mourant de fatigue et brûlé par la soif.

Un original de seconde catégorie, c'est

## LE SARRACENIA

Certes, il est, lui aussi, de conformation fort bizarre, mais il a le grand tort de venir après le Népenthès. Ce qu'il y a de particulièrement grave dans son cas, c'est

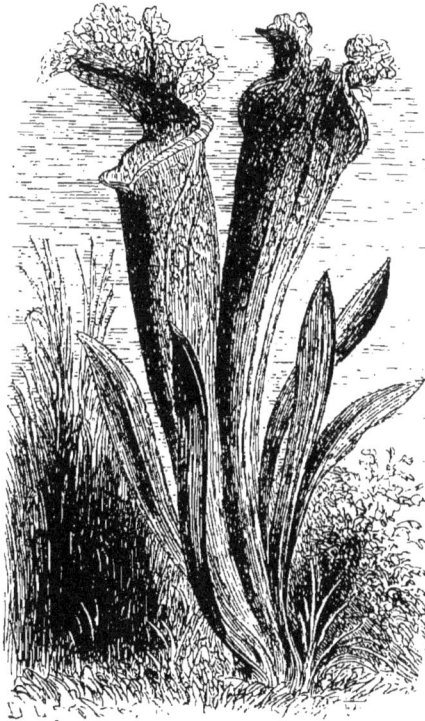

Sarracenia.

qu'il paraît, — je suis peut-être injuste, — c'est qu'il paraît, dis-je, déguiser mal une préoccupation de plagiat. On dirait, à le voir, — me préserve le Ciel d'aucune partialité! — que la gloire du Népenthès l'empêche de fleurir. Ce tube tacheté, ce rebord à

bourrelet, cet opercule à franges…. Sarracenia, Sarracenia mon ami, c'est une vilaine chose que de copier
son voisin et de chercher à lui voler quoi que ce soit,
fût-ce même sa physionomie ! Aussi qu'est-il arrivé ?
C'est qu'il est de beaucoup inférieur à ce rival qu'il jalouse. Il n'a pas su, comme lui, compliquer savamment
l'ordonnance de son édifice. Ses feuilles en cornet et
surmontées par une crête frangée s'élancent, tout d'une
venue, de la base même du végétal, et ne peuvent, en
aucune façon, lutter avec ces urnes du Népenthès si
originalement suspendues à l'extrémité d'un simple filament.

Et cependant — voyez pourtant comme je suis faible
vis-à-vis de mes chères plantes — je crains d'avoir été
trop sévère. Est-il bien avéré qu'il ait voulu copier le
Népenthès ? N'a-t-il pas été poussé plutôt par la louable
ambition de faire lui aussi quelque bien, en offrant de
l'eau à boire aux voyageurs altérés ? Ce qu'il y a d'incontestable, c'est qu'il est loin de manquer de caractère, notre Sarracenia. Ce long tube évasé, veiné de
rouge et bordé d'écarlate, cet opercule en crête qui, en
se levant, fait ressembler la feuille entière à je ne sais
quel monstre aveugle ouvrant une gueule fantastique,
tout cela ne manque certes pas de *cachet*, comme disent
les artistes ; aussi suis-je tout prêt, malgré mes cri-
tiques précédentes, à délivrer au Sarracenia incriminé
un certificat en bonne forme d'originalité de seconde
catégorie.

## LA VALLISNÉRIE

Célèbre entre les célèbres, gracieuse et charmante entre les plus charmantes et les plus gracieuses, tels sont les titres de la *Vallisneria spiralis*, dont le nom latin rappelle tout à la fois la conformation et les remarquables particularités.

Son histoire, la voici en deux mots. Elle vit tout au fond de l'eau, de l'eau tranquille et stagnante des canaux du midi de la France, qu'elle affectionne tout particulièrement, et puis elle est dioïque, comme les Dattiers, dont vous vous rappelez peut-être la fécondation si curieuse, c'est-à-dire que ses fleurs à pistils ne sont pas situées sur le même pied que ses fleurs à étamines. Or ces dernières, attachées à un pédoncule très-court et de plus étroitement enfermées dans une spathe, sont retenues au fond de l'eau, tandis que les fleurs à pistils terminent de longues tiges tordues en spirale élastiques, qui, selon le niveau

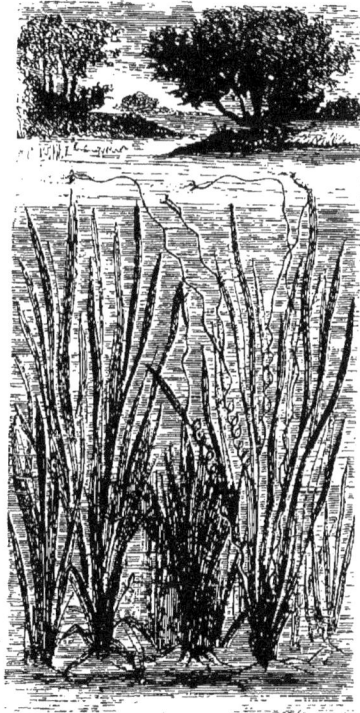

Vallisnérie.

des eaux de la rivière ou du canal, s'allongent ou se raccourcissent.

Eh bien, voici ce qui arrive à l'époque de la fécondation. Alors que les fleurs pistillées de notre Vallisnérie, déroulant toute grande la spirale de leur pédoncule, viennent à la surface des eaux flotter languissantes et solitaires, tandis que tout au fond demeurent enchaînées et prisonnières les pauvres fleurs à étamines... que vous dirai-je? une sorte de prodige s'accomplit.

Vous savez, n'est-ce pas? qu'il existe dans la nature une loi, une force, un instinct dont on ne connaît ni la cause, ni même le nom, un je ne sais quoi d'incompréhensible qui pousse les uns vers les autres, et avec une concordance vraiment prodigieuse, les divers éléments que la vie fait agir; qui, juste au jour nécessaire, détermine les migrations des oiseaux, envoie l'Abeille et le Colibri vers la fleur dont ils doivent emporter le pollen, et fait, ici, se relever les étamines trop basses, tandis que, là-bas, le pistil trop élevé s'incline. Eh bien, c'est cette puissance énigmatique qui, pour notre Vallisnérie, intervient à cette heure et produit des merveilles.

Dans la spathe des fleurs submergées un court pédoncule se brise, la spathe elle-même se déchire, les fleurs prisonnières s'échappent. Frémissantes, elles montent, jaillissent de la surface des eaux comme une poignée de perles blanches, nagent au soleil autour des fleurs pistillées, les enveloppent de leurs flottantes légions, les couvrent de la poussière de leurs étamines, puis, cette œuvre accomplie, s'abandonnent aux courants invisibles, disparaissent et s'en vont mourir au loin dans quelque anse isolée, tandis que les spirales élasti-

ques, contractées et raccourcies, ramènent sous les
eaux profondes les fleurs pistillées, dont les graines
n'ont désormais plus qu'à mûrir.

Adorable et mélancolique histoire! Ces fleurs submergées qui rompent leur chaîne, s'échappent de leur
prison, vivent et brillent quelques heures à peine,
puis s'en vont, pauvres éphémères, plonger au néant,
s'ensevelir dans l'oubli... Quelle triste image et quel
symbole!

Laissons-les dans leur froide tombe. Allons au désert, sous les torrides latitudes de l'Afrique centrale.
Dans cette plaine qui miroite au soleil, voyez-vous
là, sur le sable ardent, cette large et noire plaque fen-
dillée, rugueuse et semblable à une vieille table, étendue à plat sur le sol, c'est

## LA WELWITSCHIA [1]

N'y touchez pas, vous la casseriez peut-être, et vous
me priveriez du plaisir de vous présenter, dans son
intégralité, cet original, qui serait, à coup sûr, le roi
des originaux, s'il avait une physionomie quelconque;
mais en vérité, je vous le confesse, il en a le moins
possible. Que voulez-vous dire d'une vieille chose calcinée, noirâtre et tellement raccornie qu'elle n'a plus
aucune espèce de forme appréciable?

[1] Découverte, il y a quelques années, par le botaniste autrichien Wel-
witsch. — Quand on découvre une créature de cette espèce, c'est bien le
moins, n'est-ce pas? qu'on lui donne son nom, fût-il plus autrichien encore.

— Mais que font donc là ces rouleaux de cuir qu'on a cloués à la vieille table?

— Ah! c'est vrai, j'oubliais; ces lanières enroulées sur elles-mêmes, ce sont les feuilles. Il n'y en a jamais que deux. Ce sont d'abord des lames larges d'un mètre, longues de deux, et à peu près étalées sur le sol; mais elles vieillissent vite dans cette température de four, c'est alors qu'elles se fendent et se replient sur elles-mêmes.

— Comment des feuilles? Cet objet impossible serait donc... une plante?

— Une plante, vous l'avez dit, et la preuve c'est qu'elle porte des fleurs.

— Elle fleurit?

— Parfaitement. A la base de chaque lanière, de chaque feuille, veux-je dire, s'élèvent des hampes florales qui se succèdent, se juxtaposent, forment des bourrelets latéraux, et de plus en plus élargissent l'étrange surface noirâtre.

Récapitulons. Cette plaque horizontale, c'est la tige; ces vieilles lanières de cuir desséché, ce sont les feuilles; ces bourrelets latéraux, ce sont les cicatrices des hampes florales; ces débris épars sur le sol enfin, ce sont les fleurs; car tout cela végète, pousse, bourgeonne, fleurit, car tout cela est une plante, je vous en donne ma parole d'honneur!

Rentrons dans le règne végétal, car, malgré mes affirmations solennelles, j'avoue que la Welwitschia semble nous en avoir singulièrement éloignés.

Nous y voilà de nouveau. J'aperçois devant nous toute une collection de plantes, et de plantes bien réelles cette fois-ci. Ce sont nos autres originaux qui réclament

leur tour, c'est-à-dire quelques lignes d'histoire ou un
mot de mention.

Voici donc la grande Aristoloche de l'Amérique septentrionale, dont les belles fleurs vertes et roses figurent une énorme pipe; l'Anguine, dont les fruits tordus

Anguine.

et tachetés ressemblent à de longs Serpents verts; la
gracieuse Calcéolaire, dont les corolles représentent de
petites pantoufles de toutes couleurs; l'*Ouviranda
fenestralis* de Madagascar, à feuilles percées à jour « en
fenêtres », ainsi que l'indique son nom, et enfin pres-

que toute la bizarre famille des Aroïdées, qui appartient aux formes les plus riches du tapis végétal.

Les Aroïdées ressemblent parfois aux Orchidées, alors que, parasites, elles s'accrochent aux arbres et les couvrent d'un véritable manteau. Le *Philodendron perforatum*, analogue à l'Ouviranda, se distingue par ses énormes feuilles reluisantes, coriaces et singulièrement perforées, comme son nom l'indique.

Dragonnet à longs poils.

D'autres Aroïdées croissent sur le sol. C'est l'Arum taché de nos bosquets et de nos ruisseaux; le Dragonnet velu, qui, par ses exhalaisons cadavéreuses, attire les Mouches dans le cornet de ses feuilles, et les y retient par ses poils plantés à rebours; la Calla des marais, la Calla d'Éthiopie, les grandes Colocasias de l'Inde, et les gigantesques Caladium, dont les feuilles, diversement colorées et hautes de quatre à cinq mètres, forment, dans le Venezuela, de véritables forêts foliacées où se cachent les bêtes féroces.

Ce n'est pas seulement par leur port et leur existence parasite que se distinguent les végétaux de cette famille, c'est aussi et surtout par la remarquable structure de leurs fleurs, où l'on voit généralement, d'une

Caladium.

feuille ou spathe artistement roulée en cornet, sortir une petite massue appelée spadice, qui, dans certaines espèces, développe pendant la floraison une chaleur relativement considérable.

Couleurs et formes y sont d'une admirable élégance, témoin cette charmante Calla d'Éthiopie, dont le spadice d'un jaune d'or émerge d'une spathe aux courbes les plus gracieuses et d'une blancheur aussi éclatante que celle du plus beau Lis.

Les **Caladium**, qui appartiennent à cette famille des

10*

Aroïdées, nous amènent sans transition aux derniers originaux de notre série. Nous voulons parler de tous ces curieux végétaux à feuillage coloré dont on a récemment décrit, dessiné et peint la collection nombreuse et splendide [1].

Ce sont, nous citons les plus éclatants, des Dragonniers à feuilles écarlates, des Begonias de toutes nuances, des Marantas veloutés, des Orchidées couvertes d'or, des Euphorbiacées éblouissantes, et enfin des Fougères de lignes et de couleurs véritablement idéales.

[1] Rothschild, éditeur.

# LES IMPROVISATEURS

---

Les végétaux n'obéissent pas, comme l'ont cru et comme le croient encore certains physiologistes, à une loi fatale de développement. Il est facile de remarquer chez eux de curieuses modifications d'allures, de moyens employés, et comme une sorte de faculté d'improvisation qu'ils adaptent aux circonstances imprévues. Qu'une plante éprouve, par exemple, le besoin de trouver un appui immédiat pour résister à une attaque ou reprendre une position perdue, et elle trouvera tel moyen, simple souvent, mais parfois remarquablement ingénieux, pour se garantir, se défendre ou reprendre son équilibre. Écoutez, pour vous en convaincre, les petites histoires suivantes dont nous avons déjà dit quelques mots ailleurs.

## BELLE CONDUITE D'UN HARICOT

Les tiges des végétaux offrent des variétés innombrables. Il n'est guère de bizarre fantaisie qu'elles ne réalisent en fait de formes ou d'allures. C'est surtout parmi les tiges grimpantes ou sarmenteuses que se rencontrent les individualités les plus gracieuses et les plus originales. Les unes ressemblent à des rubans ondulés, les autres se tordent en larges spirales, ou pendent en élégants festons ; d'autres enfin, appelées volubiles, s'enroulent autour de tout appui, mais d'une façon spéciale et pas du tout au hasard, je vous prie bien de le croire.

Ces tiges ont, en effet, la propriété singulière de toujours se diriger dans le même sens, quels que soient les obstacles qu'on puisse leur opposer. Le Haricot et le Liseron, par exemple, montent de gauche à droite, étant donné que la convexité de la tige soit tournée vers l'observateur, tandis que le Houblon et le Chèvrefeuille montent de droite à gauche, dans les mêmes conditions de situations respectives.

Notre Haricot, donc, poussait sur une fenêtre. Il était robuste, vivace, et s'élançait, plein de résolution, à l'escalade d'une longue baguette plantée perpendiculairement auprès de lui. Naturellement, c'est de gauche à droite qu'il effectuait son ascension. Il paraissait si sûr de son fait, si insouciant de l'avenir, si convaincu qu'aucun obstacle ne saurait entraver son essor, qu'une idée malicieuse me vint... Je déroulai délicatement les quatre ou cinq anneaux supérieurs de sa tige, et les enroulai en sens inverse.

Le pauvre Haricot me laissa faire, ne pouvant opposer à mes violences qu'une protestation muette, puis demeura jusqu'au lendemain immobile et comme plongé dans la stupeur. Je me le figurai du moins. Erreur ! Il se recueillait et prenait son parti. Ne pouvant défaire la vilaine besogne que j'avais faite, il laissa ses quatre anneaux supérieurs ainsi que je les avais retournés,

mais ce fut tout; il s'arrêta là brusquement, puis cris-
pant une feuille autour de la baguette, il s'en fit un
point d'appui, et, se tordant sur lui-même,... reprit
sa marche normale, avec le juste orgueil d'un Haricot
qui a résisté à la tyrannie et accompli son devoir sans
transaction ni sans faiblesse.

Eh bien! ce beau trait me fit réfléchir, et m'aurait
laissé quelques remords vis-à-vis du pauvre Haricot
violenté, s'il ne m'avait fourni l'occasion d'y rattacher
des idées d'énergie et de légitime obstination. Cette
Légumineuse a raison, me dis-je; quand on suit une
voie avec la conviction que celle-là est la bonne, pourquoi céder à des influences qui, sans raisons sérieuses,
cherchent à vous en détourner? Je ne pus donc qu'ap-
plaudir à la conduite de mon Haricot intègre, en admi-
rant surtout cette feuille crispée pour les besoins de la
situation, ce fait d'improvisation incontestable, par
lequel il s'était mis en mesure de reprendre sa direction
normale, au moyen d'un point d'appui de son invention.

Passons maintenant à la seconde histoire, et racontons
ce que firent un jour

## LES ORMES DE M. DUHAMEL

Les Ormes, vous les connaissez, sinon ceux-là précisément, du moins leurs congénères, et quant à
M. Duhamel, c'était un botaniste célèbre qui vivait en
1750.

Cette double présentation faite, je poursuis. M. Duhamel, donc, avait un champ bordé d'Ormes vigoureux,

dont les racines voraces dévastaient littéralement une bonne moitié de ce champ qu'ils étaient censés garantir. On ne s'étonnera pas de cette assertion, si l'on se rappelle avec quelle gloutonnerie mangent les racines [1]. Elles ne mangent pas; mais elles sucent, elles pompent l'eau et les sucs nutritifs de la terre avec une telle puissance, que les plantes qui croissent dans le voisinage de certains arbres, — et les Ormes sont de ce nombre, — languissent, se fanent, et quelquefois même finissent par mourir à peu près de faim.

On a longtemps cru que les racines n'absorbaient que par les spongioles qui garnissent l'extrémité de leurs fibrilles, mais c'est une erreur. Des expériences ont démontré que c'est par tous ses pores que la racine suce et mange, et que, semblable à un long serpent dont tout le corps ne serait, pour ainsi dire, qu'un tube d'aspiration, elle multiplie ses facultés dévorantes en raison de la quantité de nourriture qu'elle s'assimile. Rien, à coup sûr, dans le règne animal ne saurait, même approximativement, donner une idée d'une aussi effroyable capacité d'absorption.

Eh bien! voilà ce que faisaient nos Ormes, ou plutôt ceux de M. Duhamel. Ils desséchaient le champ, affamaient les plantes qu'on y semait, et luttaient entre eux, renchérissant les uns sur les autres dans leurs audacieuses déprédations.

Que faire pour en finir avec ces dangereux envahisseurs? Tout considéré, une chose bien simple : il ne s'agissait que de creuser une tranchée le long de la rangée des Ormes, et de couper impitoyablement toute

---

[1] Voir *la Plante,* page 50.

racine qui s'avancerait dans le fossé. C'est précisément
ce que fit M. Duhamel. Notre botaniste était désormais
bien tranquille. Il replanta son champ et nargua ses
Ormes voraces, bien et dûment réduits à l'impuissance
par son ingénieuse tranchée.

Les Ormes de M. Duhamel.

Sécurité trompeuse ! Les racines repoussèrent affa-
mées, hardies, invaincues. Les voilà reparties en conquête. Qui les arrêtera dans leur course ?...

— La tranchée, se disait M. Duhamel.

Naïf et innocent botaniste ! il ne connaissait pas les
Ormes, celui-là. Ceux-ci, en effet, vont tranquillement
jusqu'à la tranchée ; là, ne pouvant franchir l'espace,
ils s'arrêtent, puis, sans hésitation, descendent perpendiculairement, enfoncent leurs racines jusqu'au-
dessous du lit du fossé, le dépassent, remontent de
l'autre côté et de nouveau s'étalent dans le champ

défendu, qu'ils recommencent à dévaster avec un silencieux acharnement.

Je ne sais ce que dit notre botaniste, encore moins ce qu'il inventa pour obtenir sa revanche; je me demande même si, découragé par l'obstination de ces invincibles pillards, il ne leur abandonna pas le champ contesté... Quoi qu'il en soit, avouez une chose, c'est qu'ils avaient bien de l'esprit, les Ormes de M. Duhamel.

Il n'en avait certes pas moins

## LE CHÊNE DE VILLE-D'AVRAY

Ce Chêne, semé par un coup de vent sur une anfractuosité de rocher, avait grandi là entre ciel et terre. Pendant quelque temps, les débris de toute nature dont il était entouré avaient suffi à ses modestes besoins. Rabougri, noué, tordu, il avait sobrement vécu, le pauvre hère; mais toute subsistance était désormais épuisée, et notre misérable petit avorton se mourait lentement de faim.

Faim horrible, pleine de tentations et de convoitises, car non loin de là, à ses pieds, tout au bas de la roche perpendiculaire, s'étendait un terrain fertile, profond, noirâtre et appétissant s'il en fut pour un pauvre arbre qui se tordait sur une pierre.

C'est ici qu'il faudrait un sens inconnu pour comprendre ce qui se passa dans notre Chêne, quels vagues désirs se formèrent en lui, quelles attractions mystérieuses s'établirent entre le sol nourrissant et l'affamé qui se mourait. Qui jamais le saura deviner et nous dire les sensations confuses, les protestations désespérées, mais éternellement muettes, d'une vie élémentaire qui s'éteint?

Quoi qu'il en soit, une vertu émana du pauvre Chêne, qui ne voulant pas mourir, qui ne pouvant pas attirer à

Le Chêne de Ville-d'Avray.

lui la terre, marcha vers elle, lui l'impuissant, lui l'esclave, pour jamais enchaîné à ses pierres stériles. Le tronc, il est vrai, demeura immobile, mais une racine fut improvisée et envoyée aux provisions. Elle poussa, s'allongea à la lumière et au grand air, elle qui n'aime pas le grand air et qui fuit toujours la lumière;

elle descendit, le long du rocher, vers la terre qu'elle
atteignit, où elle s'enfonça... Le Chêne était sauvé
désormais. Il le sentit tellement qu'il déménagea, c'est-
à-dire qu'il se déplaça, abandonnant le rocher désormais inutile, et choisissant, pour en faire le prolongement de sa propre tige, cette racine audacieuse qui, à
travers l'espace, avait su pressentir et atteindre la terre
de résurrection.

Ce phénomène, assez étrange pour le Chêne, dont
l'humeur est sérieuse, le tempérament froid, et qui ne
songe guère à s'affranchir des lois générales de la végétation, est dès longtemps passé dans les habitudes de
certains végétaux indépendants qui, sous les plus futiles
prétextes parfois, se fabriquent des racines adventives.
Qu'une Vanille, par exemple, l'une de ces gracieuses
Orchidées dont il a été question plus haut, ait le moins
du monde à se plaindre du terrain où plongent ses
racines proprement dites, et vite la voilà qui émet tout
le long de ses rameaux grimpants de longs filaments
aériens qui se balancent dans l'atmosphère et y puisent un supplément de nourriture. Toute racine adven-
tive ne demeure pas nécessairement aérienne. Elle
plonge souvent jusqu'au sol et s'y enfonce comme
celles du célèbre Figuier des pagodes, qui donne à certains paysages de l'Inde une si étrange physionomie.
C'est par centaines, c'est par milliers que celui-ci multiplie ces curieux appendices. D'abord flottants, ils
descendent bientôt jusqu'à terre, s'y enfoncent, grossissent alors avec rapidité, deviennent de puissants
supports, je dirais presque de nouveaux troncs; si bien
que, de proche en proche, c'est-à-dire de colonne en
colonne, l'arbre étend ses énormes branches horizon-

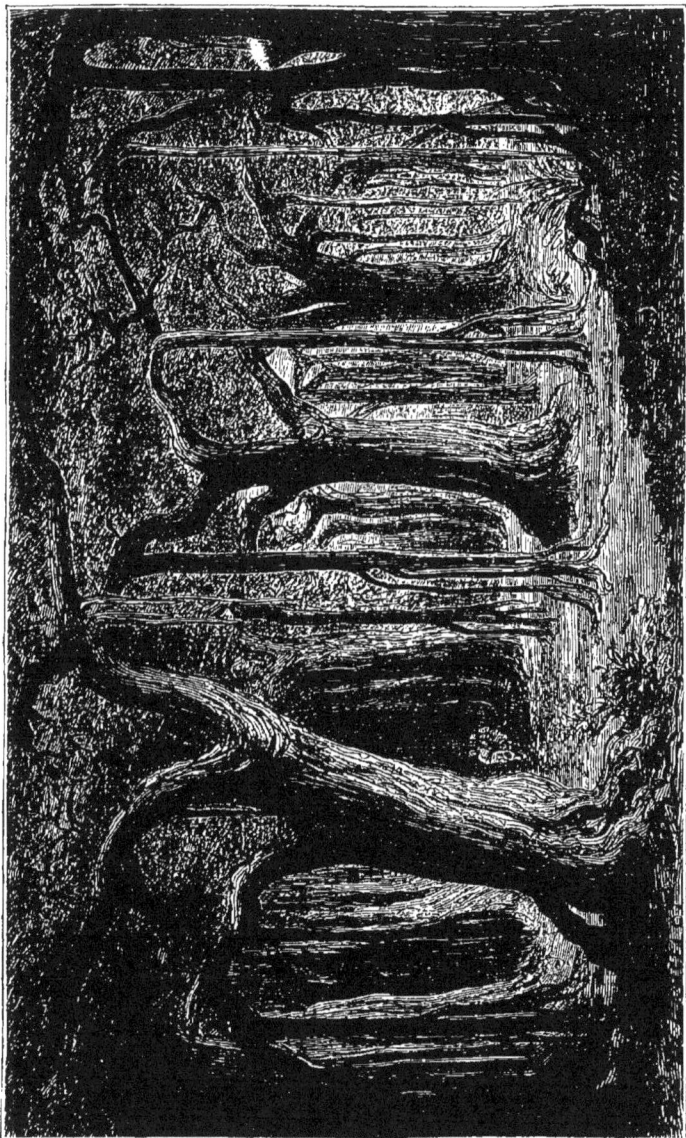

Figuiers des pagodes.

tales, couvre de vastes espaces, et arrive parfois à former à lui seul tout un fragment de forêt véritable.

Terminons ce chapitre des Improvisateurs par un dernier récit que nous intitulerons :

## L'HISTOIRE DRAMATIQUE D'UNE POMME DE TERRE

Tous les végétaux recherchent le soleil, la lumière; et les effets en quelque sorte *attractifs* de celle-ci sont vraiment chose extraordinaire. C'est elle qui donne à presque toutes les plantes leur station droite et leur force ascensionnelle. C'est elle qui du matin au soir les attire, les fait se tourner vers elle, leur fait dresser tiges, rameaux, feuilles et fleurs, comme autant de mains tendues ou de regards perpétuellement inassouvis.

Aussi, voyez l'aspect languissant et les teintes maladives de la plante qui a poussé loin de la lumière. Voyez les arbres d'une forêt épaisse ou d'un taillis serré. Tous s'élancent, s'allongent, *s'étirent,* c'est le mot, chacun d'eux cherchant à dépasser ses voisins pour avoir sa part, et plus que sa part si c'est possible, de grand air et de soleil.

On a souvent essayé de faire enfreindre par des végétaux de toutes sortes cette loi d'ascension irrésistible; tout a été inutile. Des plantes semées dans des caisses renversées, sur des corps sphériques, des roues tournantes, mille engins divers, enfin, spécialement fabriqués pour les dérouter et leur faire perdre la tête, se sont relevées autant de fois qu'il l'a fallu, se sont allongées autant qu'elles l'ont pu, avant de mourir à la peine, pour remonter toujours, sans lassitude, sans rassasiement, vers cette lumière féconde, source de toute beauté, foyer de toute vie!

Tout cela nous amène à notre Pomme de terre.

Elle était grosse, mamelonnée, lisse et colorée de ces belles teintes unies, qui, chez une Pomme de terre de bonne origine, sont le témoignage d'une parfaite santé. Un cri de joie l'avait accueillie, alors que, soulevée par le soc de la charrue, elle avait comme jailli, toute jaune, d'une énorme motte de terre noirâtre. Saine et de belle espérance, elle avait été mise de côté « pour semence » comme on dit à la campagne; mais, hélas! les plus superbes Pommes de terre, pas plus que les humains misérables ne peuvent choisir leur destinée! Par suite de quel enchaînement de circonstances passa-t-elle de la terre dans le tablier d'une fillette, du tablier dans un tombereau, du tombereau dans un panier, du panier dans une hotte, puis de la hotte enfin dans une cave, où elle passa l'hiver en compagnie de beaucoup de ses pareilles, voilà qui serait beaucoup trop long à raconter, et qui, d'ailleurs, se devine de reste. Bref, quand revint le printemps, elle demeura enfouie sous quelques poignées de sable, d'où nul ne songea à la sortir. Ses compagnes furent enlevées, la cave fut fermée, et notre pauvre Solanée recluse demeura tristement ensevelie dans une ombre humide, où se noyaient eux-mêmes quelques pâles rayons lumineux qui s'y glissaient pendant les chaudes heures de la journée.

Malheureuse prisonnière! Peut-on bien se faire une idée de ce qu'éprouve, dans une cave ténébreuse, une Pomme de terre affamée de soleil? Sensations obscures!

Comment donc se formule la souffrance dans les organismes inférieurs, et où s'arrête, ou plutôt jusqu'où
s'avance la douleur confuse, que dis-je?... le malaise
vague, que sais-je encore?... Comment décrire l'indescriptible et rendre l'indéfinissable?

Notre Pomme de terre languissait donc dans l'ombre;
mais la vie ne perd
jamais ses droits.
En dépit de tout
obstacle, la prison-
nière se mit à pous-
ser avec courage et
même avec une
telle énergie, qu'au
bout de quelques
jours une tige assez
longue rampait sur
le sable à ses côtés.
Toutefois cette tige
était blanche; la
lumière lui avait
manqué, et elle res-
semblait à ces chlo-
rotiques dont le
sang appauvri man-
que de globules colorants.

Évasion d'une Pomme de terre.

N'importe, elle croissait; mais que faire, et où aller
quand rien n'attire, quand les jours ressemblent aux
nuits, et que l'on s'épuise vainement à chercher dans
l'ombre éternelle quelques-uns de ces beaux rayons
dont le soleil est si prodigue en pleine campagne?...
Mais non, ce n'est point une erreur, en voilà un de ces

rayons qui brillent là-haut, et pénètre par une lucarne. Eh bien! cette lueur, il faut la saisir au passage; cette lucarne, il faut l'atteindre!.... Comment faire cependant? Le mur est haut, la pierre est glissante, visqueuse même : où s'accrocher? Comment grandir assez, surtout?

L'héroïsme ne connaît pas d'obstacles, et puis que ne ferait-on pas pour revoir la lumière et reconquérir sa liberté? Il y a du reste, là, dans le coin une vieille planche, plus haut un grand clou rouillé, plus haut encore une pierre fait saillie. Allons, à l'escalade ! Et voilà notre brave Solanée qui grimpe à la planche, s'accroche au clou, s'appuie à la pierre, et enfin, gloire et triomphe! atteint la lucarne où elle s'engage résolùment. Quelques semaines avaient suffi à cette expédition prodigieuse; aussi quelle joie maintenant de s'étaler et de verdir en plein soleil!

Hélas! tout ce bonheur si péniblement acquis, si justement apprécié, fut de bien courte durée! Un jardinier brutal passa par là, s'étonna de voir une Pomme de terre sortir d'un mur, s'approcha, et, ne pouvant comprendre,... arracha violemment la tête!...

Le reste de la tige, inerte, mutilé pour jamais, retomba dans les ténèbres profondes. Elle en mourut la pauvre plante. — Grandir, travailler, s'élever d'obstacle en obstacle, atteindre à peine au but, et puis mourir... N'est-ce point là le symbole, hélas! d'innombrables destinées humaines?

# CONTRASTE

---

Ce fut en 1828 que d'Orbigny la découvrit, dans la république de Bolivia.

— Qui donc?

— Elle, la merveille des régions tropicales,

## LA VICTORIA REGIA

D'autres l'ont rencontrée depuis; écoutons leurs récits :

« Ce fut, dit sir Robert Schomburg, le 1ᵉʳ janvier 1837, tandis que nous luttions contre les difficultés que nous opposait la nature sous différentes formes, pour arrêter notre navigation sur le Berbère, que nous atteignîmes un endroit où la rivière forme un tranquille et large bassin. Un objet placé à l'extrémité méridionale de cette espèce de lac attira mon attention. J'animai nos rameurs par l'espoir d'une récompense ; nous fûmes bientôt près de l'objet qui excitait ma curiosité, et je pus contempler une véritable merveille. J'étais botaniste, toutes mes infortunes furent bien vite oubliées. Il y avait là des feuilles gigantesques, étalées,

11

flottantes, de cinq à six pieds de diamètre, à larges
bords, d'un vert brillant en dessus, et d'un cramoisi vif
en dessous ; puis, en rapport avec ce merveilleux feuillage, je vis de luxuriantes fleurs, formées chacune de
nombreux pétales passant, par des teintes alternatives,
du blanc pur au rose et au rouge. L'onde tranquille
était couverte de ces fleurs, et tout en allant de l'une à
l'autre, je trouvais toujours de nouvelles merveilles à
admirer.

« Les pétales sont au nombre de cent environ. Cette
belle fleur, au moment où elle s'ouvre, est blanche avec
du rouge au centre ; cette dernière teinte gagne avec
l'âge, et par suite toute la fleur devient rose. Comme
pour ajouter au charme de cette noble fleur, elle répand
un doux parfum. En remontant la rivière, nous ren-
contrâmes souvent cette plante, et plus nous avancions,
plus les individus en devenaient gigantesques. Un insecte avait choisi pour demeure cet élégant berceau ;
c'était une espèce de Trichius qui, au nombre de vingt
à trente dans chaque fleur, se laissaient doucement balancer par l'impulsion des moindres rides de la rivière. »

« La description de cette magnifique plante explique
les transports d'admiration qu'ont éprouvés les naturalistes en la voyant pour la première fois. Le célèbre
Haenke voyageait en pirogue sur le rio Mamoré, un
des principaux affluents de l'Amazone, lorsqu'il découvrit, dans un marais du rivage, la gigantesque Nym-
phéacée. A cette vue, le botaniste se précipita à genoux
et exprima son enthousiasme religieux et scientifique
dans une sorte de *Te Deum* improvisé, c'est-à-dire par
des exclamations passionnées et des élans d'admiration
vers le Créateur. »

« En 1845, M. Bridges, suivant à cheval les rives
boisées du Yacouma, arriva devant un lac enclavé dans
la forêt, et y trouva une colonie de Victorias. Emporté
par son admiration, il allait se jeter à la nage pour en
cueillir quelques fleurs, lorsque les Indiens qui l'accom-
pagnaient l'avertirent que ces eaux abondaient en Alligators. Ce renseignement le rendit prudent, sans dimi-
nuer son ardeur; il courut à la ville de Santa-Anna,
dont le corrégidor lui donna des bœufs pour traîner un
canot de la rivière jusqu'au lac. Les feuilles étaient si
énormes, qu'il ne put en placer que deux dans l'embarcation et qu'il dut faire plusieurs voyages pour compléter sa récolte. M. Bridges arriva bientôt en Angleterre, avec des graines qu'il avait semées dans de
l'argile humide. Ces graines, placées dans un Aquarium, s'y développèrent avec une telle rapidité que,
deux mois après, il fallut agrandir le bassin du double,
pour donner de l'espace aux feuilles, dont les limbes
étaient si solides qu'ils soutenaient sur l'eau le poids
d'un enfant. »

Quels que soient les résultats obtenus par cette culture artificielle, on comprend que ce n'est pas dans une
serre, pour aussi belle qu'elle puisse être, qu'il faut
admirer ces merveilleuses Nymphéacées. C'est dans le
cadre spécial où elles sont nées, c'est-à-dire sur l'un de
ces grands lacs ou de ces beaux fleuves d'Amérique,
bordés par un amphithéâtre de forêts primitives, qu'il
faut étudier ces harmonies de la nature que tous les
artifices de l'homme ne sauraient imiter.

Vous faites-vous une idée de ce paysage grandiose?
C'est le soir; les dernières flammes d'un soleil tropical
embrasent le ciel de lueurs empourprées ; les panaches

des grands Palmiers frissonnent aux faibles brises qui,
venant de la mer, se sont rafraîchies sur les montagnes ;
les oiseaux des forêts, les grands échassiers des basses
terres s'attroupent le long des rivages, et sur les eaux
attiédies que rendent éclatantes les reflets du ciel in-
cendié s'étalent comme endormies les vastes feuilles de
notre Victoria.

Ces feuilles, qui atteignent jusqu'à six mètres de
circonférence environ, planes mais relevées sur les
bords, sont d'un vert foncé en dessus, d'un rouge
cramoisi en dessous ; solides, fermes, elles flottent
comme de véritables batelets circulaires, où des oiseaux
de toutes sortes marchent à grands pas, volent et sau-
tillent, tandis que d'innombrables Alligators, nageant
entre deux eaux, impriment à la vivante embarcation
de flasques et longs balancements.

Est-ce tout ? non certes ; et les fleurs, dont nous ne
parlions pas ! Et cependant, quelles fleurs merveilleuses !
Blanches tout alentour, tandis que le centre est d'un
cramoisi vif d'où s'étagent et rayonnent toutes les
nuances décroissantes, elles dressent leur gigantesque
disque d'un mètre de circonférence à quelque distance
de la surface des eaux. C'est le soir qu'elles s'épanouissent. Du blanc pur des fleurs nouvellement écloses,
jusqu'au rouge foncé de celles qui, à demi fanées, s'in-
clinent mélancoliquement, se déroulent, en gamme
chromatique, toutes les teintes intermédiaires. Puis les
parfums viennent compléter la fête ; de chaque corolle
s'élève un doux arome qui flotte à la surface du lac,
comme un invisible nuage, où viennent bourdonner,
ivres de lumière et de senteurs, des essaims de Mouche-
rons et de grandes Tipules dansantes.

Victoria regia.

— Mais ce contraste annoncé par le titre de ce chapitre, où donc est-il?

— Le voici; le second élément qui le constitue, c'est

## LA RAFFLESIA

Nous sommes à Java [1]. Non loin de cette sinistre *Vallée empoisonnée*, sorte d'ossuaire où des émanations d'acide carbonique amoncellent les cadavres, — celui du Tigre à côté de ceux du Coléoptère et du Papillon, — s'étendent de sombres fourrés, d'impénétrables forêts vierges. Tâchons toutefois de nous y tracer un sentier. Évitons ces Palmiers hérissés d'aiguillons, ces Roseaux aux feuilles tranchantes, ces grandes Orties dont la piqûre empoisonne, ces redoutables Fourmis noires dont la morsure brûle, ces nuages d'insectes enfin qui aveuglent et dévorent; tournons ces massifs de Bambous dont l'écorce siliceuse résiste aux plus formidables coups de hache; baissons - nous pour ne pas toucher l'écorce suintante et vénéneuse de l'Upas des Malais, franchissons enfin tous les obstacles, pénétrons dans ce fourré sombre comme un repaire..... Voyez-vous là, dans l'ombre, sur une couche de terre noire, cette forme étrange, cette créature équivoque, cette corolle couleur de chair, cette fleur, — est-ce bien une fleur? — qui, énorme, épaisse et large de plus d'un mètre, étale devant vous ses pétales charnus et nauséabonds? Oui, nauséabonds. Approchez et flairez : cette odeur est celle d'une matière en putréfaction, cette

---

[1] Voyez dans *la Montagne* de Michelet l'admirable chapitre intitulé Java.

horrible fleur sent le cadavre; et les Mouches, amou-
reuses de ces repoussantes émanations, accourent en
foule, et bourdonnent comme autour d'une bête morte!

On ne sait comment classer cette suspecte créature.
Elle ne possède ni tige, ni rameau, ni feuille; toute la
plante se résume dans une sorte d'inflorescence pro-
blématique, qui parfois atteint des proportions véritablement monstrueuses. La première qu'enregistra la

Rafflesia.

science et que découvrit, en 1818, le docteur Arnold,
à Sumatra, avait une circonférence de trois mètres et
pesait quinze livres !

On ne sait donc à quelle famille la rattacher. Les uns
en font un Champignon, dont elle a la chair molle et
fongueuse; d'autres en font une Cytinée; d'autres enfin
ont cru devoir créer pour elle une famille spéciale, celle
des Rafflésiacées. Une seule chose est certaine, c'est

qu'elle appartient à la vilaine corporation des parasites, c'est-à-dire qu'elle ne se développe que sur les racines d'un Ciste, dont elle boit la sève et qu'elle suce comme un vampire.

Le contraste est-il assez complet, et cette Rafflésia sinistre ne semble-t-elle pas être la parodie de notre admirable Victoria? D'un côté, lumière et parfum; de l'autre, obscurité malsaine et odeur cadavéreuse. Ici la gloire des belles eaux, là-bas la honte des lieux humides: telle est à coup sûr une des plus remarquables antithèses que nous offre la riche flore tropicale.

# LES RUSTRES

---

Oui, rustres, ces Ronces qui vous accrochent habits
et cheveux, ces Ajoncs qui vous dardent leurs aiguillons
dans les jambes, ces Chardons enfin qui, hauts, insolents
et fiers, vous barrent le passage et vous forcent à re-
brousser chemin. Et le Houx, le prenez-vous pour un
philanthrope, malgré l'éclat et la beauté de son feuillage ? Non, ce sont des végétaux sauvages et inhospita-
liers, tous ces êtres qui éloignent et ont l'air de se
défendre, les uns par leurs épines, les autres par leur
odeur nauséabonde, d'autres encore par leur aspect
repoussant. Ces plantes sont fort nombreuses, et nous
n'essaierons même pas d'en dresser le catalogue. Sans
donc anticiper à propos des Cactus et des Orties, dont il
sera question tout à l'heure, sans nous perdre dans la
description de toutes sortes d'individus désagréables,
nous nous bornerons à certains types connus de tous
et dont tout le monde a eu certainement à se plaindre.

Toutefois, avant de commencer, permettez-moi quelques réflexions philosophiques. Avez-vous parfois songé à toute la singularité de ce que l'on appelle un type?
Je m'explique plus clairement. Les végétaux forment
un peuple en tout semblable aux races du règne su-

périeur, une agglomération d'individus de toutes sortes,
qui, sous un aspect à peu près uniforme, cachent des
tendances spéciales, des facultés propres, bref, une individualité tranchée, c'est-à-dire une manière d'être
qui diffère de celle de tous ses semblables. Eh bien,
n'est-il pas extraordinaire de voir deux plantes pous-
sant à côté l'une de l'autre, pompant les sucs de la
même terre, respirant le même air, bien plus, formées
de cellules pareilles, de tissus analogues, remplies d'une
même séve enfin, et cependant distinctes, différentes et
parfois entièrement opposées l'une à l'autre? Voici deux
graines exactement semblables de couleur et de grosseur, nous allons les semer dans des conditions iden-
tiques de sol et de température : or l'une sera douce,
moelleuse, bienfaisante et parfumée ; tandis que l'autre
sera rugueuse, sauvage, vénéneuse et nauséabonde.
C'est chose banale et commune, sans doute, que de voir
une créature quelconque garder et transmettre les propriétés de sa race; mais n'est-il pas merveilleux, cependant, de voir tout un héritage de parfums, de saveurs,
de propriétés, d'énergies et d'habitudes, contenu et
transmis de siècle en siècle, dans une simple graine
qui, en définitive, est composée des mêmes éléments
chimiques que telle autre dont le produit est essentiellement différent?

Ces réflexions, que nous ne faisons qu'effleurer en
passant, ne nous éloignent pas de nos rustres; elles
nous y ramènent au contraire. Voyez quels contrastes
dans la même famille, celle des Rosacées, par exemple.
A côté du Rosier charmant, de la modeste Potentille et
du Fraisier parfumé se place :

## LA RONCE

La Ronce sauvage, indomptable, qui ne recule devant aucune escalade, n'hésite devant aucune profanation. Un botaniste raconte avec quelle stupéfaction il vit, un jour, une de ces Rosacées audacieuses accrochée à l'un des murs du palais de Versailles. Elle était entrée par une fenêtre ouverte, peut-être par un carreau de vitre brisé, et s'étalait avec cette impudence qui n'appartient qu'à elle sur les banquettes de velours et les mosaïques de marbre, le long des vieilles glaces de Venise.

Et bien, toutes les Ronces sont capables de traits semblables.

Qui ne les a vues dans le libre et entier développement de leur impertinence? qui n'a rencontré, embusqué au coin d'un bois, ou à l'extrémité de quelque haie, un de ces pieds de Ronce formidables, où l'association devient complicité, en ce sens que d'innombrables et interminables tiges semblent s'être réunies pour former une véritable ligue du *mal public*? Il y a positivement parmi elles émulation et renchérissement; c'est à qui étendra plus loin ses aiguillons aigus et recourbés, à qui embarrassera le plus le sentier, à qui sera le plus désagréable au promeneur, en lui accrochant son chapeau, son habit ou son pantalon; et si c'est une dame qui passe, quelle joie de lui arracher son voile ou de lui déchirer sa robe! Ajoutez que la vitalité opiniâtre de ces malfaiteurs est vraiment extraordinaire. Vous coupez d'un coup de canne l'extrémité d'une de ces tiges

qui vous nargue et vous offense; repassez huit jours
après, vous trouverez une tige nouvelle issue d'un
bourgeon de réserve, heureux quand, semblable à
l'hydre mythologique, elle ne remplace pas la pousse
décapitée par deux ou trois rameaux de rechange.

Ronce.

Toutefois ne soyons point injustes, la Ronce a quelquefois du bon. Ses tiges à aiguillons servent à faire
d'utiles barrages, des haies impénétrables, et ces
mêmes tiges sont loin de manquer de grâce et d'é-
légance. Il est des cas où elles décorent magnifique-

ment les ruines qu'elles enguirlandent. Voulez-vous que je vous enseigne un excellent moyen d'utiliser la Ronce, en l'empêchant de nuire? Semez à son pied, quand la nature du terrain le permet, quelques graines de Liseron, l'une des plantes les plus gracieuses qui existent, vous aurez alors un charmant spectacle. La plante volubile envahira de ses spires innombrables les tiges malfaisantes. Celles-ci, enlacées, vaincues, ploieront sous le gracieux fardeau; l'affreux buisson deviendra un superbe massif de verdure, et quand viendra la floraison, quand des centaines de clochettes blanches, bleues et roses s'épanouiront au soleil levant comme un large et éclatant sourire, ce sera, je vous assure, un fort plaisant spectacle que celui de votre Ronce sournoise et revêche qui vainement essaiera de froncer le sourcil sous son manteau de fleurs.

Laissons ce type, peu intéressant à coup sûr, malgré les baies douceâtres, si chères aux écoliers de village, et parlons d'un autre rustre qui vraiment n'a rien, ou presque rien, pour faire compensation à son rude aspect et à ses grossières allures; tout le monde le connaît c'est


## LE CHARDON


Le Chardon, tout aussi désagréable que la Ronce, a cela de particulier qu'il ne s'isole pas comme elle, et ne limite pas son domaine à quelques haies écartées. Le Chardon n'est pas une plante, c'est une légion; c'est une armée dangereuse et dévastatrice. Mais à tout à l'heure l'histoire de ses méfaits, un mot d'abord sur son

physique. Maigre ou plantureux, rasant la terre ou dépassant la taille de l'homme, le Chardon est toujours la
même plante inabordable, arrogante et vaniteuse. Avec
quelle opulence certains d'entre eux, — car il en est
vraiment qui ne manquent pas de majesté, — avec

Chardon.

quelle opulence impertinente ils étalent leurs larges
feuilles hérissées, tandis que d'autres, presque entièrement desséchés, se ratatinent dans leur malice, puis
déchiquetés, étiques, deviennent tout aiguillons, tout
haine, piquant devant, derrière, à côté, au-dessus, de
véritables enragés enfin, qu'il faut couper quand ils
sont verts, et brûler quand ils sont secs.

Encore s'ils ne faisaient que piquer, on pourrait s'en garer à l'occasion ; mais c'est par des méfaits devenus historiques que les Chardons se sont rendus célèbres. Partout où la main de l'homme ne leur oppose pas une barrière infranchissable, ils se répandent avec une profusion et une rapidité inquiétantes. Les rives du Jourdain, de vastes régions de l'Asie Mineure, la Grèce et certaines parties de la Turquie, que néglige la culture des indigènes, sont devenues d'arides solitudes où le Chardon s'étale et multiplie avec une impudence inconcevable. Et que sont encore ces envahissements, comparés aux épouvantables déserts que les Chardons ont faits en Amérique ? Ils se sont emparés de centaines de lieues carrées qu'ils couvrent de fourrés impénétrables ; tout recule devant ces redoutables légions, armées en guerre, que hantent seules, dit-on, quelques bandes de brigands qui s'y creusent des labyrinthes ; l'incendie tout au plus peut avoir raison des uns et des autres.

Les Chardons forment donc une association funeste et dangereuse. S'il est des plantes sociales qui procurent abri et nourriture à des familles de végétaux plus petits, il en est d'autres, égoïstes et malveillantes, qui excluent de leur sein toute autre créature. Leur intolérance est telle qu'elles étouffent toutes celles que le hasard amène sous leur ombre mortelle ; et d'autre part, leur puissance de reproduction, assurée par de merveilleux moyens, dépasse toute idée et lasse les destructeurs les plus obstinés. Vous les connaissez ces moyens qu'emploie l'ingénieuse nature. Les graines du Chardon, soutenues par de petits parachutes, sont réunies en boules soyeuses et légères qui, poussées par

le moindre souffle, s'en vont par-dessus monts et
vallées, franchissant les frontières, et s'envolant parfois
d'un continent à l'autre.

Quand on a vu ces graines s'envoler ainsi par tourbillons immenses qu'emportent les vents d'automne,
on se rend compte des envahissements de ces dangereux éclaireurs; on comprend que la culture seule, et
une culture infatigable, puisse parvenir à les extirper
ou à les empêcher de naître.

## L'AJONC

L'Ajonc, — autre rustre que rendent non moins
redoutable ses terribles aiguillons, — est bien connu
des flâneurs, des rêveurs et autres amateurs des belles
solitudes de nos campagnes montueuses. L'Ajonc, fils
des terres stériles, comme la Bruyère, affectionne les
flancs de ces coteaux doucement ondulés qui mamelonnent la plus grande partie de nos régions tempérées.
Qui ne connaît ces vallons charmants et ces croupes arrondies des collines, où de jolis petits sentiers tortueux
tracés dans la Bruyère se bordent dans certaines régions
de nos Ajoncs rébarbatifs? Malheur aux jambes errantes
qui viennent s'égarer sur ces terres inhospitalières! De
tous côtés l'aiguillon foisonne, et il faut que la rêverie
du flâneur soit bien profonde pour qu'il ne soit pas
ramené bien vite du pays des douces chimères sur le
terrain de la brutale réalité.

Eh bien! n'importe, l'Ajonc, tout rude qu'il est,
n'est certainement pas dépourvu de tendances artistiques. Il aime passionnément à fleurir; dès la fin de

février il bourgeonne, et, jusqu'au mois d'octobre, on dirait qu'il cherche à ensevelir ses rameaux épineux sous les longues grappes d'or de ses fleurs papiliona- cées. Ces fleurs sont charmantes; c'est l'honnête type de la grande et utile famille des Légumineuses; l'Ajonc est donc, botaniquement parlant, le frère du Genêt éclatant, de l'élégant Cytise, de la respectable corpo- ration des Trèfles et de l'importante dynastie des Fèves, des Pois et des Haricots. On ne saurait, on le voit, être mieux posé que l'Ajonc, et se rattacher à une parenté plus estimable. Il n'en est pas plus fier pour cela. Il n'a ni l'impertinence du Chardon, ni la tyrannique arro- gance de la Ronce. Il est de commerce difficile, c'est vrai, mais du moins s'isole-t-il dans les lieux les plus solitaires, et si vous allez vous y piquer les jambes, c'est, avouez-le, parce que vous l'aurez bien voulu. Passons à un dernier type,

## LE HOUX

Celui-là nous embarrasse quelque peu, nous le con- fessons franchement. Le Houx, — c'est, à coup sûr, la faute de notre perspicacité, — ne nous paraît pas porter avec lui une signification bien précise. Est-ce une plante utile? Non. Une plante très-élégante? Non plus, mal- gré son beau feuillage, car d'autre part ses branches sont généralement mal attachées. Serait-ce donc un vrai rustre? Nous n'osons l'affirmer, car le Houx a pro- bablement des amis que nous ne voudrions ni contrister, ni mettre en colère.

Qu'est-ce donc que le Houx? Je ne sais trop, en vérité.

Toute réflexion faite, c'est un sournois. Tout est recourbé en lui, contourné, recroquevillé. Nulle franchise : ni branches ouvertes, ni feuilles étalées. Ces
feuilles, tout au contraire, sont déjetées et terminées
à chacune de leurs dentelures par une pointe acérée.
Ses fruits sont d'un beau rouge ; mais ils semblent vou-

Houx.

loir se cacher à la base de chaque feuille, et s'abritent
évidemment derrière l'inabordable rempart des aiguilles
dont la piqûre est redoutée.

Le bois de Houx est dur, compacte, d'un blanc mat,
et fort recherché pour les travaux d'ébénisterie. Un
produit bizarre, et dont la nature répond à la caractéristique du végétal, c'est la glu que fournit l'écorce.
Tout le monde connaît cette matière tenace, glutineuse

et perfide dont les chasseurs se servent pour *engluer* les plumes des petits oiseaux, c'est-à-dire paralyser leurs ailes.

Nous ne pouvons, ce semble, terminer ce chapitre sans faire quelques réflexions sur ces aiguillons et ces épines qui nous ont fait juger si sévèrement les plantes qui en sont munies. Distinguons d'abord les uns des autres. Les aiguillons, organes superficiels, ne sont qu'un appendice de l'écorce, tandis que les épines sont formées par le prolongement du tissu ligneux du végétal. Même diversité quant à leur origine. Les aiguillons, s'il faut en croire les physiologistes, ne sont que de simples poils agglomérés et durcis, tandis que les épines ne sont le plus souvent que des organes avortés, déformés et devenus spinescents. Ce sont tantôt des feuilles, tantôt des rameaux, tantôt de simples tigelles qui, par suite de l'appauvrissement du végétal, se durcissent et deviennent épines.

Il ne faut donc pas s'étonner si l'on voit, sous l'influence de la culture, ces épines reprendre graduellement leur forme primitive. Nourrissez avec soin une plante épineuse, telle que l'Aubépine, et vous la verrez dépouiller cet aspect hérissé dont elle s'était en quelque sorte armée contre l'indifférence et l'abandon.

Ne vous attendrissez pas trop vite toutefois; il ne s'agit ici ni des Ronces ni des Chardons; ceux-là n'ont pas d'épines perfectibles, mais bien d'incorrigibles aiguillons qui, malgré tout, envers et contre tous, ont piqué, piquent et piqueront. Des rustres, en un mot: ne vous l'ai-je pas dit en commençant?

# LES MONSTRES

Le règne végétal renferme tous les contrastes. A côté des formes les plus délicates et des physionomies les plus fines, aux confins de ce monde enchanté, où couleurs et parfums se complètent réciproquement, s'harmonisent et parfois luttent d'énergie ou de suavité, s'ouvre un royaume sinistre, tout plein de figures extravagantes, dont le profil grimaçant fait rêver de monstres métamorphosés en plantes par quelque magicien irrité. Bien loin de nous donc fleurettes et mignardises. Disons adieu à la Pâquerette sémillante comme à la rêveuse Véronique, et entrons résolûment au désert.

Voici les terres brûlées du Mexique et leur flore sauvage. Tout est désastre dans ces régions ardentes, où les ruines d'une nature calcinée par les rayons d'un soleil de flamme entourent les ruines d'une civilisation éteinte. Au sein de cette température torride, au milieu de ces tourbillons de poussière chauffée à blanc, qu'enlève le moindre souffle, et sous le miroitement de ces réverbérations terribles qui aveuglent le voyageur, une seule famille végétale pouvait vivre, c'était celle des Cactées, appelées vulgairement *plantes grasses*, à cause des sucs qui gonflent leurs tissus spongieux.

Les Cactées, en effet, se rient du soleil et de ses ardeurs, du siroco et de ses haleines mortelles; aussi forment-elles dans le règne végétal un groupe complétement distinct qui s'éloigne de la loi commune de végétation.

Il faut aux plantes ordinaires de la chaleur, mais surtout de l'humidité. Une lumière chaude tamisée par des brumes, voilà le milieu par excellence. C'est dans une atmosphère semblable qu'autrefois, aux âges lointains de l'époque houillère, croissaient avec une énergie dont la végétation actuelle ne saurait nous donner aucune idée, ces Sigillaires, ces Stigmariées, ces Araucariées, ces Calamites et ces Fougères dont on retrouve aujourd'hui les débris dans les houilles qu'exploite l'industrie.

Rien de semblable n'a lieu dans le mode de végétation propre aux Cactées. Ces plantes étranges croissent dans les sables arides et les fentes de rochers entièrement dépourvues d'humus, où pendant les trois quarts de l'année un soleil tropical darde ses rayons; ce qui ne les empêche pas de toujours regorger de sucs si abondants, qu'elles servent de réservoir aux voyageurs et à certaines bêtes sauvages du désert. Pendant la saison sèche, quand la vie s'éteint dans les pampas calcinées, quand les Alligators et les Boas s'enfoncent dans la vase profonde des marécages, pour s'y endormir d'un sommeil léthargique et y attendre les pluies, l'Ane sauvage mourrait de soif sans les Cactées providentielles; de son dur sabot, il brise les fortes épines du Mélocacte, et suce alors, sans danger, ses grosses tiges, d'où s'écoule un liquide rafraîchissant.

Ce n'est pas seulement pour les voyageurs et pour

les bêtes du désert, croyez-le bien, que les Cactées font provision d'une eau si abondante, c'est aussi et surtout pour elles-mêmes. Le Cactus représente le Chameau dans le règne végétal; aussi n'est-ce pas seulement d'air, comme l'ont cru beaucoup de botanistes, qu'il se nourrit dans son atmosphère embrasée, c'est du contenu de ses propres tissus qu'il s'abreuve. Il était donc, pour lui, d'une importance capitale que ces précieux liquides ne pussent s'évaporer, c'est à cela que la nature a pourvu. Point de feuilles chez les Cactées, pas même de rameaux secondaires, puisque les feuilles et les rameaux sont chez les autres végétaux des organes d'évaporation. Recouvertes d'une peau coriace à peu près imperméable, composées de cellules presque cartilagineuses, elles opposent une infranchissable barrière aux rayons absorbants du soleil. Ainsi constituées, l'on comprend qu'elles conservent, malgré la chaleur, tous les sucs dont regorgent leurs cellules; mais ce que l'on comprend bien moins, c'est qu'elles puissent pomper, pour élaborer ces sucs, assez de particules aqueuses dans l'atmosphère ambiante.

C'est un bizarre et austère paysage que celui que forment ces plantes formidables, hautes de dix à quinze mètres, souvent davantage, roides, poudreuses, parfois recouvertes de longs crins grisâtres, et surplombant de leurs colonnes ravins, plaines et rochers. Du reste, toute forme leur est bonne. Les unes, à longues tiges bombées, étalent dans les airs d'innombrables rameaux courts et aplatis; d'autres, fort longues se tordent comme des serpents; d'autres encore, agglomérées le long des sentiers en formes étranges et de couleur fauve ou livide, ressemblent à des bêtes accroupies, qui, de loin, font que le voyageur s'arrête incertain et parfois effrayé. Il en est encore, — puis-je tout dire puisqu'on en connaît aujourd'hui plus de six cents espèces? — qui, nues et dressées, s'élèvent comme un mât de navire, puis à une hauteur de dix à quinze mètres, se ramifient et étendent dans l'espace d'énormes bras coudés, comme les branches d'un candélabre.

Presque toutes, qu'elles soient lisses ou relevées de côtes saillantes, sont hérissées d'aiguillons redoutables. Ces aiguillons, qui dans les Cactus remplacent les feuilles, sont nombreux et de diverses sortes. Les uns, minces, fragiles, se cachent dans des touffes de poils ou de petits coussinets de soyeux duvet. Ils n'en sont que plus dangereux. Au moindre contact ils se brisent dans la peau et y occasionnent d'insupportables démangeaisons, parfois même des inflammations qui ne manquent pas de gravité. Les autres ne se déguisent pas, ce ne sont plus des aiguillons, ce sont des épines dures, fortes, longues et aiguës comme des poignards; elles font de terribles blessures, et l'on a vu mourir des Buffles dont la poitrine avait été perforée par ces formidables engins de défense.

Ces engins sont utilisés par l'homme. On forme avec le Cactus Tuna, qui en est particulièrement muni, des haies, on pourrait dire de véritables murailles, où s'arrêtent les boulets de canon, et dont les surfaces hérissées repoussent toute tentative. Ce fut cette espèce qu'on employa pour établir une ligne de démarcation formée de trois rangées parallèles de Cactus, lors du partage de l'île Saint-Christophe entre les Anglais et les Français.

Ces haies se forment parfois naturellement. On trouve dans certaines régions de l'Amérique méridionale des agglomérations de Cactus, sorte de congrès végétaux, où croissent, tout près les uns des autres, des Opuntias entrelacés, des groupes d'Echinocactus ventrus, qui s'arrondissent comme des tonneaux, des Echinocereus aux masses mamelonnées, des Mamillariées verru-

Cierges géants (Cactées).

queuses, puis enfin quelques Cierges géants qui dominent le tout de leurs colonnes monumentales.

Celui-là est manifestement le roi des Cactus. Plus haut que les plus grands Chênes, sinistre dans sa nudité, et généralement solitaire, il produit un effet des plus saisissants, alors qu'on le voit, de loin, surmontant quelques cimes où plongent ses racines puissantes et sobres, auxquelles nulle terre n'est néces-

saire pour subsister. Comment ces colonnes gigantesques résistent-elles aux vents, aux tempêtes? C'est
vraiment chose incompréhensible. Elles leur résistent
cependant, et non pas seulement pendant leur vie,
mais encore après leur mort. Quand les tiges de ces
grands Cactus ont perdu tous leurs sucs, leur tissu
forme un réseau de mailles en losanges qui, vides et
roides, conservent entièrement l'aspect de la plante
vivante. Elles demeurent donc debout pendant des
années, semblables à des squelettes de géants inconnus,
ou plutôt comparables à d'énormes tuyaux d'orgue qui
mugissent d'une manière étrange, alors que les rafales
sifflent au travers de leurs fibres desséchées.

Comme c'est bien là la fille du désert, cette plante à
l'aspect sauvage, et dont les couleurs livides se cachent
tantôt sous une sorte de fauve crinière, tantôt sous des
rangées parallèles d'aiguillons! Nul animal n'en approche; les oiseaux eux-mêmes s'enfuient épouvantés;
le voyageur parfois fait un pas en arrière, lorsque sous
ses pieds se tordent, avec des ondulations suspectes,
quelques tiges serpentines; et le naturaliste lui-même,
familiarisé pourtant avec toutes les formes, n'a pu
trouver d'autre appellation que celle de *monstrueuse*,
pour qualifier certaines espèces plus particulièrement
difformes.

N'importe, ces plantes monstrueuses sont les filles
du soleil; on le voit à leurs fleurs si richement colorées.
Quand revient l'époque de la floraison, alors que toute
vie organique semble avoir disparu de la surface du
désert, voici les Mamillariées, et les Peireskia, et les
hauts Cierges qui, tout à coup, émus et comme fré-
missants sous les rayons torrides, émettent de grands

bourgeons. Ceux-ci, avec une rapidité merveilleuse,
s'allongent, se colorent, puis vers le milieu de la
nuit s'entr'ouvrent.... A l'aube, le désert est double-
ment illuminé, c'est sa fête qui commence; des roses
de pourpre, des étoiles d'or et d'argent, des bande-
roles écarlates, des langues de feu, de toutes parts
éclatent et flamboient le long de ces tiges éternellement
grises qui, la veille encore, semblaient privées de toute
vie. Toutes les énergies de la plante, si longtemps contenues et comme emprisonnées sous l'écorce épaisse,
font explosion à la fois. Ce ne sont pas seulement de
merveilleuses couleurs qui éclairent le désert, ce sont
encore de suaves parfums qui flottent à sa surface et
volent, invisibles, des cimes sourcilleuses aux ravins
desséchés.

Presque toutes les Cactées ont des fruits comestibles
qui comptent parmi les meilleurs que produisent les
zones intertropicales. On donne, par analogie, le nom
de Figuiers des Indes aux grands Opuntias du Mexique,
et les petites baies roses des Mamillariées contiennent
un jus doux et acidulé, qui rappelle avec avantage les
fruits de nos Groseilliers indigènes.

Il n'est guère de familles végétales qui possèdent, à
la surface de nos continents, un territoire aussi cir-
conscrit que celui des Cactées. Toutes, sans exception,
croissent dans l'Amérique équatoriale, à part quelques
espèces qui, dans l'ancien monde, se sont à peu près
naturalisées avec une extrême rapidité. Les Cactées sont
moins restreintes dans leur champ de développement
vertical, si l'on peut ainsi parler. On les trouve depuis
le littoral et les basses plaines jusqu'aux crêtes les plus
élevées des Andes, jusqu'aux plateaux du Pérou méri-

dional, à cinq mille mètres de hauteur, c'est-à-dire
tout près de la limite extrême de la végétation.

Il est facile, d'après les détails qui précèdent, de se
faire une idée générale du type végétal représenté par
les Cactées sinistres, sauvages, aimant la solitude, et
particulièrement la solitude désolée du désert. Ces
plantes sont l'image de la concentration la plus complète, et d'autant plus remarquable qu'elle se dément
tout à coup d'une façon éclatante à l'époque de la floraison. Lentement, atome par atome, elles ont accumulé
dans leurs fermes tissus des sucs, des essences et des
particules colorées. Ce n'est pas tout de conquérir, il
faut encore conserver. Or conserver des liquides dans
une atmosphère embrasée, c'est lutter, c'est se défendre, c'est repousser de toute façon, et au moyen de
toutes les facultés négatives d'une écorce impénétrable,
les ardeurs du soleil et les rayonnements d'une lumière
mille fois répercutée par les surfaces miroitantes des
sables et des rochers. Et voilà que toutes ces énergies
comprimées se détendent à la fois. Le contraste alors est
saisissant : autant cette plante étrange était hier maussade, contractée et de terne apparence, autant elle
rayonne aujourd'hui, autant elle se dépense et éclate
en couleurs, en parfums. La peau grise, avec ses poils
fauves et ses épines grossières, se dérobe sous des panaches, sous des couronnes, sous un manteau resplen-
dissant, et cela tout à coup, sans transition, du soir
au matin, comme un rêve de lumière et de beauté,
oui un rêve, car toute cette gloire est éphémère. Le
jour qui l'a vue naître la voit aussi pâlir et s'effacer.

N'importe, que cet épanouissement nous réconcilie
avec l'austère fille du désert. Pardonnons-lui ses ru-

desses et ses dehors disgracieux. Outre qu'elle est une
des manifestations nécessaires de cette diversité qui
constitue la richesse de la nature, outre qu'elle est encore l'expression d'une individualité dont la formule
dépasse parfois en majesté sauvage, et toujours en énergie, la plupart des formes végétales, elle cache sous
son écorce rugueuse le trésor par excellence au désert, c'est-à-dire de l'eau, une eau abondante, relativement fraîche et d'un excellent goût acidulé. Par un
miracle de chimie organique, elle conserve ce liquide
au milieu d'une température torride, et l'on comprend
bien que le pauvre voyageur mourant de soif qui
peut appliquer à cette source inattendue ses lèvres
tuméfiées, parfois sanglantes, oublie et ses formes
repoussantes, et les épines qu'il lui a fallu briser par
un dernier effort, pour ne plus voir dans cette plante
bénie qu'une sorte de providence, à laquelle il doit
son espérance qui renaît, et son courage qui se ra-
nime.

Les Cactées ne sont pas les seuls monstres du règne
végétal. Ce groupe bizarre possède des représentants
dans quelques Euphorbiacées des déserts, des steppes
et des montagnes rocheuses. Les voyageurs parlent des
sensations étranges que procure, à Java, l'aspect des
bocages d'Euphorbiacées cactéiformes. On ne saurait,
assurent-ils, se figurer rien de plus fantasque, rien de
plus désolant que de semblables paysages. L'ensemble
de toutes ces grosses tiges éternellement nues et auxquelles on ne peut ajouter des feuilles en imagination, comme on le fait pendant l'hiver dans une forêt
momentanément dépouillée, laisse dans l'âme une
impression dont il est difficile de se rendre compte.

On sent bien que c'est la vie, mais une vie dont
on ne comprend ni le caractère, ni les manifestations.
C'est une lettre morte que ces créatures qui ne ressemblent ni à des plantes ni à des animaux ; et autant
l'esprit jouit des sensations nettes que lui procure la
vue d'un beau Chêne ou d'un Platane majestueux, autant il éprouve de malaise devant des formes qui, de
toutes façons, diffèrent de l'idée qu'on se fait de la vie
végétale et des organismes qu'elle anime.

Il y a plus encore que des Cactées et que des Euphorbes, il y a des Rotangs d'une longueur démesurée
qui, dans les forêts javanaises, rampent et s'entortillent
avec des ondulations de reptiles. Il est des plantes dont
les feuilles sont tachetées comme des Salamandres,
d'autres qui ont, celle-ci le cou d'une Vipère, celle-là
la tête d'un Crocodile ou d'un Dragon. Toutes les formes
légendaires des faunes éteintes semblent s'être immo-
bilisées dans la sphère inférieure de la vie végétative,
et l'on retrouve avec étonnement je ne sais quelles tentatives de parodie grotesque dans l'une des branches
de ce règne, dont les beautés nobles et l'évolution si
placide d'ailleurs font comprendre que la nature ne
recule devant aucun écart dès qu'il s'agit de maintenir complets les cadres de sa collection infinie.

# LES EMPOISONNEUSES

Vous connaissez sans aucun doute *les Fleurs animées*
de Grandville. Parmi tous ces types si bien compris et
pour la plupart si bien rendus, vous souvenez-vous de
la Ciguë, cette femme si pâle, si pâle, cette sinistre ma-
gicienne qui, entourée de cornues et de fioles, essaie
sur de malheureuses victimes l'effet plus ou moins fou-
droyant de ses poisons? Eh bien, voilà quel devrait être
le frontispice de ce chapitre, s'il nous était possible d'appeler au secours de nos descriptions la saisissante éloquence des physionomies et des couleurs.

Ce sont en effet des empoisonneuses que nous allons
étudier, et si l'on pouvait, par une sorte de photogra-
phie morale, rendre sensibles les divers types de ces
plantes redoutables, quelle série nous fourniraient les
Renonculacées équivoques, les Solanées livides, les
Euphorbiacées plus dangereuses encore, avec le Mancenillier légendaire, les terribles Apocynées, puis enfin
les Strychnos, auxquels l'on doit, — c'est tout dire, —
le célèbre Curare et le non moins célèbre Upas tieuté de
Java.

Les Renonculacées, les plus communes de la série,
sont généralement moins redoutables. Les plus inno-

centes d'entre elles remplissent nos prairies. Elles sont
la livrée du printemps, livrée d'or, d'argent ou d'azur,
et répondent aux noms les plus gracieux. C'est l'élégante Ficaire dont les pétales d'un jaune éclatant re-
luisent entre les feuilles mortes, alors que les premiers
rayons de mars ou d'avril glissent entre les arbres en-

Renoncule Bouton-d'or.

core dépouillés de verdure; c'est la charmante Anémone des bois, avec ses trois feuilles qui bas, bien
bas sur sa tige, s'arrondissent en collerette frangée;
c'est le genre entier des Renoncules appelées vulgairement Boutons-d'or; c'est l'Ancolie violette, la Dauphi-
nelle bleue, la gracieuse Clématite argentée...; mais
c'est aussi l'Hellébore suspect et l'Aconit Napel violacé,
livide et justement redouté.

Les Renonculacées sont toutes plus ou moins imprégnées d'un suc âcre, caustique et vénéneux qui se dissipe en partie par la dessiccation, mais qui dans les plantes vertes peut causer les plus graves accidents.

Les RENONCULES, — dont le nom est tiré du mot latin *Rana,* Grenouille, par allusion aux terrains marécageux qu'affectionne cette plante, — sont répandues dans presque toutes les contrées du globe. Leurs feuilles vertes sont généralement vénéneuses et vésicantes, c'est-à-dire qu'elles produisent, par leur application sur la peau, des ulcérations et des ampoules plus au moins considérables. Il en est une qu'on appelle *scélérate* à cause de l'âcreté particulière de ses sucs. Par la seule mastication, ses feuilles produisent des enflures douloureuses aux lèvres et dans la bouche.

Le botaniste Kempf éprouva des douleurs violentes et convulsives pour avoir avalé une seule de ces fleurs, et des physiologistes ont quelquefois tué des animaux en appliquant sur leurs plaies des extraits de Renoncule scélérate.

La CLÉMATITE, si élégante avec ses longues tiges grimpantes et ses fleurs blanches qui, par l'allongement de leurs styles, se transforment en panaches soyeux, a reçu du vulgaire la dénomination peu respectueuse d'*Herbe aux gueux,* parce qu'elle sert aux mendiants, assure-t-on, pour la production de plaies artificielles, au moyen desquelles ils cherchent à exploiter la pitié des passants.

L'HELLÉBORE FÉTIDE, du moins, ne peut être accusé de perfidie. C'est une plante d'aspect sinistre, aux feuilles crochues comme les serres d'un oiseau de proie, aux pétales d'un vert livide, et qui, outre le nom d'Hellébore, qui signifie en grec *aliment qui tue*, s'appelle encore Rose de Serpent. Avant toute autre fleur, presque en plein hiver, il fleurit dans la solitude, aux environs des ruines ou près des roches éboulées. On le trouve surtout en Auvergne et dans les gorges les plus sauvages des Pyrénées. L'Hellébore oriental croît sur les rivages de la mer Noire, ainsi que sur l'Athos et le mont Olympe, et particulièrement dans l'île d'Anticyre où il abondait dans l'antiquité, au point de faire de cette île le rendez-vous de tous les malades que cette plante était censée guérir. Ces malades étaient divers, car l'Hellébore était un peu considéré comme le remède à tous les maux ; néanmoins c'était aux affections mentales qu'il était spécialement consacré ; aussi la petite île d'Anticyre était-elle une sorte de Charenton, où tous les extravagants du monde grec venaient essayer de retrouver leur raison égarée. De là le proverbe antique : « voguer vers Anticyre » ironiquement appliqué à tous ceux qui paraissaient n'être plus en parfaite possession de leurs facultés.

L'Aconit, bien que terminé par de longues grappes bleues, ne paraît guère moins suspect que sa cousine aux fleurs verdâtres. Ces grappes bleues sont plutôt d'un violacé sombre, et le pétale supérieur, recourbé en casque, donne à la fleur je ne sais quelle physionomie sournoise qui, entre autres associations d'idées et de rapprochements fantasques, rappelle ces chevaliers félons du moyen âge, à l'œil sombre et au casque baissé, venant, par quelque coup de Jarnac, blesser à mort leurs ennemis confiants ou désarmés.

On dirait que l'Aconit a, dans le choix de ses principales stations préférées, comme un vague sentiment des convenances artistiques. Il paraît affectionner les terrains les plus nus, les lieux les plus tristes et les plus solitaires, pour les faire servir de cadre à sa physionomie spéciale. Sur les pentes stériles des Pyrénées, sur ces vastes surfaces grises où les schistes rougeâtres se mêlent aux granits concassés, on voit çà et là de sombres touffes couper les grandes lignes et se profiler sur l'horizon ; ce sont des Aconits. L'une de ces stations les plus remarquables est, à coup sûr, la large et célèbre vallée qui conduit au cirque de Gavarnie. Cette vallée, — qui n'est probablement que le fond d'un lac desséché, et à l'extrémité de laquelle s'arrondit l'amphithéâtre grandiose, — forme un des sites pyrénéens les plus saisissants. Sur un terrain vaguement mouvementé s'étendent d'immenses tapis d'une herbe courte et serrée, où luisent des lamelles de micaschiste, où s'entr'ouvrent des Colchiques roses et où s'épanouissent des Carlines épineuses. Cette haute plaine entourée de montagnes neigeuses est nue, austère, mélancolique ; c'est là que croissent les Aconits. Par touffes nombreuses, ils se groupent sur les tertres ondulés, autour des roches éparses, qu'ils encadrent d'une ligne sombre, et le long des sentiers poudreux dont ils indiquent au loin dans la plaine les décroissantes sinuosités.

Voici les Solanées, entre toutes, livides, suspectes, empoisonneuses. C'est le Datura, c'est la Belladone, c'est la Jusquiame, c'est la Mandragore... Pas d'énumération, racontons leurs méfaits.

## LE DATURA

Le Datura Stramonium, appelé encore Pomme épineuse ou Herbe aux sorciers, infeste quelques campagnes de la France. Il exhale une odeur fétide et renferme du venin dans toutes ses parties ; mais un suc délétère se trouve particulièremeut concentré dans ses racines et dans ses fruits. Les écrits des physiologistes attestent les fréquents empoisonnements causés par cette plante. La décoction de trois capsules de la Pomme épineuse, dans du lait, détermine une folie furieuse suivie d'une paralysie générale, et l'on a vu à Aix deux malheureux qui, plongés dans le délire par un breuvage de Datura, passèrent une nuit entière dans les extravagances les plus inconvenantes.

La Pomme épineuse doit être rangée parmi les agents les plus excitants de l'encéphale, et se distingue par les tristes désordres qu'elle laisse dans l'organisme, tels que la perte de la mémoire, et dans certains cas l'aliénation mentale. Un botaniste raconte qu'autrefois une bande de voleurs se servaient d'une décoction de Datura pour enivrer les voyageurs, qu'ils dévalisaient ensuite pendant leur léthargie. Ces malheureux ne se réveillaient de ce terrible sommeil que pour devenir la proie d'un délire pendant lequel ils erraient plusieurs jours à travers champs, sans pouvoir proférer une seule parole.

Comme tous les poisons, le Datura a été employé en médecine, et dans certaines contrées de l'Orient on a été plus loin encore, puisque ce végétal dangereux a été associé aux plaisirs de l'homme ; on en fait une liqueur enivrante qui plonge ceux qui en boivent dans des rêves délicieux, plus ou moins analogues à ceux que procure le haschisch.


## LA BELLADONE


La Belladone, — malgré son nom, qui, en italien, signifie *Belle-Dame*, — n'est pas moins redoutable que le Datura Stramonium ; on la considère même comme une des Solanées les plus vénéneuses. Lors donc que vous rencontrez dans les terrains vagues, ou au milieu des décombres, ses hautes tiges herbacées, auxquelles pendent, solitaires, des fleurs d'un brun rougeâtre et comme ferrugineuses, n'y touchez pas ! Ne touchez pas surtout à ses fruits perfides, qui, pareils de forme et de couleur aux cerises, ont un goût douceâtre et le jus vermeil.

Parodier la bonne, la charmante cerise quand on est fille de la Belladone, quel crime et quelle diabolique astuce ! Des bergers, des bûcherons, pressés par la soif, ont voulu se désaltérer en suçant de ces cerises maudites, et voilà que bûcherons et bergers, pris de convulsions terribles, sont morts au bout de quelques jours.

De pauvres enfants s'y sont souvent trompés. En 1793, de petits orphelins qu'on élevait à l'hospice de la Pitié, et que l'administration du Jardin des Plantes employait à sarcler les mauvaises herbes, remarquèrent, dans le carré des plantes médicinales, les fruits de la Belladone,

en trouvèrent le goût sucré et en mangèrent : quatorze
de ces petits malheureux moururent quelques heures
après au milieu d'affreuses convulsions.

Mais l'histoire la plus tragique est celle d'un détache-
ment français campé en Allemagne. Les soldats, trompés par l'aspect séduisant des fruits de notre Solanée,
en mangèrent imprudemment. Quelques-uns, comme
foudroyés, tombèrent morts au pied de la plante elle-
même; certains autres expirèrent à quelques pas; d'autres enfin, troublés par le délire, s'enfuirent au hasard
dans les bois, courant follement et se précipitant parfois dans les flammes, lorsqu'ils rencontraient les feux
des avant-postes. Chez tous les survivants, la vision
demeura longtemps confuse ou presque entièrement
éteinte; les pupilles étaient dilatées, immobiles, et tout
souvenir de cet état terrible s'évanouit à jamais dans la
mémoire de ces soldats, même après leur entier réta-
blissement.

Mues par une politique absolument injustifiable et
contre laquelle toutes les férocités de la guerre elle-
même devraient protester avec énergie, des nations se
sont quelquefois servies de cette plante pour empoisonner les boissons de leurs ennemis. L'historien Bucha-
nan raconte que les Écossais, par ce moyen perfide,
remportèrent une victoire honteuse, et taillèrent en
pièces une armée danoise qu'ils avaient traîtreusement
plongée dans la léthargie.

Délire, vertiges et léthargie, tels sont encore les
effets produits sur l'organisme par une autre Solanée
redoutable,

## LA JUSQUIAME

Le caractère particulier de l'action de cette plante consiste dans une ivresse furieuse, à laquelle succède une muette atonie, occasionnée par la paralysie à peu près complète des cordes vocales. Les ouvrages des physiologistes abondent en exemples d'empoisonnements oocasionnés par la Jusquiame, que la funeste ressemblance avec la Chicorée, et celle de ses racines avec le Panais ont souvent fait confondre avec ces deux plantes potagères. Tout un couvent de bénédictins fut un jour empoisonné par une salade de Chicorée mêlée de quelques racines de Jusquiame noire. Les symptômes morbides ne tardèrent pas à se manifester par un malaise général, des vertiges et une sensation d'ardeur brûlante dans le gosier. A minuit, heure des matines, un moine était complétement fou ; on crut qu'il allait mourir, et on lui administra le viatique. Parmi ceux qui étaient allés au chœur, les uns ne pouvaient ni lire, ni même ouvrir les yeux ; les autres mêlaient à leurs prières des paroles incohérentes et peu conformes, pour la plupart, aux manifestations d'une âme recueillie ; d'autres, enfin, s'efforçaient inutilement de chasser les fourmis qu'ils se figuraient voir courir sur leurs livres. Le matin encore quelques symptômes persistaient, et le frère tailleur s'épuisait en vaines tentatives pour enfiler son fil dans les *trois* aiguilles qui miroitaient devant ses yeux hagards. Les exhalaisons mêmes qui s'élèvent de cette Solanée ne sont pas bravées impunément ; des tremblements, des vertiges, une ivresse plus ou moins

profonde en deviennent les effets presque immédiats,
et l'on cite l'histoire de tel expérimentateur qui, ayant
ayant bravé l'Aconit et la Belladone, tomba dans le
délire pour avoir essayé de braver aussi le poison de la
Jusquiame.

La Jusquiame blanche, tout aussi dangereuse que la
Jusquiame noire, remplit les livres spéciaux de la série
de ses méfaits de toutes sortes. On y trouve, entre autres
histoires lamentables, celle de l'empoisonnement de
tout l'équipage d'un navire français qui, à la fin du
xviii⁰ siècle, s'était arrêté dans les parages de la Morée ;
et puis encore le récit des souffrances d'une femme qui
avait avalé un bouillon préparé avec cette terrible Solanée. La malheureuse fut saisie de vertiges, et comme
affectée par des visions extraordinaires. Elle raconta
plus tard qu'il lui semblait, — dans les spasmes de sensations inouïes, inexprimables, — que sa tête se détachait
de ses épaules et errait dans l'espace, tandis que d'autre
part son corps s'en allait flottant à l'aventure. Ce n'est
pas tout encore, car les effets morbides paraissent se
diversifier suivant l'organisme, ou peut-être les disposition des sujets mis en cause. Il en est, par exemple,
devant les yeux desquels se font d'étincelantes appari-
tions. Des phénomènes lumineux, vagues d'abord et
comme épars dans l'effarement d'une vision surexcitée,
se formulent et se précisent. L'éblouissement se fait
rayons, la flamme se subdivise en lignes de feu, et des
myriades de points resplendissants, tombant comme
une sorte de pluie d'or — *Berlue Danaé*, ainsi que
l'appellent les physiologistes — émerveillent l'œil atone
ou hagard des malheureux intoxiqués.

## LA MANDRAGORE

Voici la Mandragore! Que de choses contient ce mot! que d'évocations accompagnent ce nom bizarre, cher aux sorciers, devins, astrologues, psylles, nécromans et charlatans de tous siècles et de tous pays! La Mandragore officinale, vulgairement nommée Mandragore mâle, est celle-là même qu'ont rendue à jamais célèbre les erreurs fabuleuses dont l'entoura l'antiquité. Le nom d'Anthropomorphe que lui donna Pythagore, et qui signifie « ayant la forme de l'homme », contribua largement pour sa part à faire croire aux magiques vertus que lui attribuaient les peuples crédules. On crut, en effet, pendant longtemps, que les racines de la Mandragore affectaient de prendre des formes humaines, et les charlatans, exploitant ce préjugé, ne manquaient pas, dans leurs conjurations, de se servir de racines qu'ils taillaient préablement, et transformaient en grossières figures. Ils prétendaient les trouver, sous cette forme, au pied des gibets, où elles étaient censées renaître des débris des suppliciés. Et là ne venait pas les chercher qui voulait, je vous prie de le croire; on ne pouvait les cueillir, s'imaginait toujours le vulgaire superstitieux, sans s'exposer aux accidents les plus terribles. Il y avait même danger de mort, et les anciens prescrivaient, pour cette « cueillette » fantastique, les pratiques les plus extravagantes. Les uns se bouchaient les oreilles, en arrachant la Mandragore, pour ne pas entendre les gémissements

qu'elle poussait, disaient-ils, pendant cette opération;
d'autres jetaient de grands cris ou proféraient d'ob-
scènes objurgations; enfin — en finit-on jamais avec
les absurdités humaines? — d'autres se faisaient accom-
pagner d'un chien, qu'ils attachaient à la Mandragore,
afin que la malheureuse bête assumât sur elle tous les
maléfices de la redoutable Solanée furieuse d'être arra-
chée du lieu de sa naissance.

Laissons ces folies. La puissance délétère de la Mandragore est aussi énergique que celle de la Belladone.
Défaillances, vertiges et délire, tels sont toujours les
effets produits sur l'organisme par les Solanées de
toutes sortes. Annibal, envoyé par les Carthaginois
contre des Africains révoltés, et aussi peu scrupuleux
que les Écossais cités précédemment, feignit de se
retirer après un combat, et abandonna sur le champ de
bataille quelques vases remplis de vin dans lequel
avaient longtemps macéré des racines de Mandragore.
Ce piége grossier réussit à merveille; les barbares
burent sans défiance de la liqueur empoisonnée, tombèrent tous dans une léthargique stupeur, et le fourbe
capitaine, revenant alors sur ses pas, remporta une
très-facile victoire sur ses ennemis déjà terrassés par
l'ivresse.

Nous pensons en avoir dit assez pour édifier suffisamment le lecteur sur la famille scélérate des Solanées.
Toutefois un scrupule nous arrête, nous ne pouvons
honnêtement quitter cette famille sans une tentative
de réhabilitation, c'est-à-dire sans dire quelques mots
de trois ou quatre types, équivoques encore, mais du
moins utilisés par l'homme d'une façon plus ou moins
intelligente. Oui, plus ou moins intelligente : n'est-il

pas nécessaire de garder cette forme dubitative lorsqu'il s'agit, par exemple, d'une plante comme

## LE TABAC

Le Tabac, autrement dit Nicotiane, empoisonne ou
abêtit l'humanité depuis environ trois cents ans. Don-

Nicotiane Tabac.

nons le signalement de cette plante extraordinaire,
qui, sans qu'on puisse bien expliquer les causes d'une
semblable bizarrerie, est devenue l'objet d'une des
passions les plus générales et les plus contagieuses

dont soit affligée l'espèce humaine. La Nicotiane est une grande herbe glutineuse, qu'un duvet court et rude recouvre entièrement. Les fleurs, réunies en une grappe élégante, sont formées par un tube verdâtre que terminent cinq pétales d'un rose tendre. Le Tabac, ainsi appelé en souvenir du nom de *Tabaco*, donné par les habitants de l'île de Cuba aux cigares grossiers qu'ils confectionnaient, nous a été apporté d'Amérique, où pour la première fois est née l'idée saugrenue d'aspirer par la bouche et par le nez la fumée ou la poussière de cette plante puante et vénéneuse au premier chef. Ceux qui, avec Christophe Colomb, abordèrent les parages du nouveau monde, en 1492, furent tout surpris d'y trouver cette coutume bizarre généralement adoptée. Le Tabac, vanté par les Américains, fut d'abord employé par les Portugais, puis par les Anglais, et se répandit rapidement sur la surface du monde entier, où il est rangé maintenant parmi les délices de la civilisation. Bien plus, il en est une des premières nécessités !

Cette plante, déjà propagée en Portugal, nous fut apportée, en 1560, par Jean Nicot, ambassadeur de France à Lisbonne. Ce fut ce dernier qui offrit la première *prise* de sa poudre à Catherine de Médicis, qui daigna s'en déclarer satisfaite, et eut le mauvais goût de patronner cette malencontreuse importation. Ce haut patronage, naturellement, porta ses fruits. Le Tabac, d'abord appelé Nicotiane à cause de Jean Nicot, fut nommé *Herbe à la Reine,* par suite de l'engouement de Catherine, et proclamé désormais comme panacée universelle.

L'usage, toutefois, devint bientôt abus, et si bien que les rois s'en alarmèrent. Jacques Ier, roi d'Angle-

terre, publia un pamphlet contre la plante américaine ;
le pape Urbain VIII proclama une bulle spéciale, et fit
confisquer dans les églises toutes les tabatières qui s'y
aventuraient. Le sultan Amurat IV, le schah de Perse
et le grand-duc de Moscovie, plus radicaux et usant des
immunités charmantes dont jouissent les royautés des-
potiques, trouvèrent infiniment plus simple de faire
couper le nez aux priseurs, afin de leur ôter tout prétexte en même temps que toute tentation. Toute autre
coutume moins injustifiable eût à coup sûr cédé
devant de semblables persécutions ; mais l'absurde engouement du tabac persista. Aujourd'hui c'est par centaine de millions qu'il compte ses fanatiques, on pourrait presque dire ses victimes ; et ce qu'il y a de plus
déplorable, dit avec raison M. le Maout, c'est que c'est
à la vanité du collégien ou de l'écolier qui court les
rues que se rattache cette funeste passion. L'enfant fume
pour se persuader à lui-même qu'il est déjà un homme.
Au prix des plus douloureuses expériences — qui ne
s'en souvient ? — il se donne des habitudes, se crée lentement des besoins factices et tout d'abord peu impérieux, mais qui peu à peu le deviennent au point qu'on
a vu des fumeurs tomber réellement malades pour avoir
essayé de s'affranchir de la tyrannie de la pipe ou du
cigare.

Et encore si c'était tout ! Mais les moralistes vont
beaucoup plus loin dans leur réquisitoire. « Jacques Ier,
ajoute notre historien faisant allusion aux pamphlets
de ce roi contre le Tabac, avait raison de maudire les
femmes qui, elles aussi, s'adonnaient à l'usage de cette
plante ; mais ce n'est pas seulement en corrompant la
douceur de leur haleine que le Tabac nuit aux femmes,

c'est en leur suscitant une concurrence désastreuse qui a porté un coup mortel à la galanterie européenne. Nous pourrions affirmer que si le Tabac avait été connu au moyen âge, la chevalerie, née sous l'influence de la femme, n'aurait jamais existé. Les salons français ont perdu tout leur charme depuis que la tabagie et l'estaminet sont venus s'installer dans leur voisinage : nicotine gazeuse et alcool liquide, voilà les plus terribles rivaux du sexe féminin ! Si ce malheureux sexe comprenait la toute-puissance de l'association et osait former contre les fumeurs une coalition, une véritable sainte-alliance, ce serait un sûr moyen d'extirper de nos mœurs cette volupté abrutissante. »

Le Tabac est quelquefois employé comme plante médicinale dont les propriétés sont analogues à celles de la Belladone et des autres Solanées vireuses. Ces propriétés dépendent d'une substance alcaline nommée nicotine, poison d'une extrême violence et combinée dans le Tabac avec un acide particulier. Mais assez sur notre Nicotiane, et continuons notre réhabilitation des Solanées, auxquelles appartient encore

## LE PIMENT

Aimez-vous le Piment, vulgairement appelé du joli nom de Corail des jardins? Véritable corail, en effet, lorsque ses baies mûres et luisantes tranchent sur la belle teinte verte de ses feuilles lancéolées. Ne vous y fiez pas toutefois. Sans être précisément dangereux, ces jolis fruits et toutes les parties du végétal sont parfois

d'une âcreté brûlante, capable d'irriter au moindre
contact les lèvres, la langue et jusqu'aux yeux des imprudents qui y touchent, et il est une espèce originaire
de Cayenne qu'on n'a su qualifier mieux qu'en l'appe-
lant *Piment enragé.*

Est-ce à dire qu'il faille ranger le Piment, ou plutôt
les Piments, car il y en a de toutes sortes, dans la catégorie des Solanées plus haut énoncées? Non, soyons indulgents. Ne disons donc pas qu'un homme de bonne
volonté pourrait encore s'intoxiquer gentiment le tube
intestinal au moyen de tel Piment suffisamment corro-
sif; disons plutôt que c'est à ses propriétés énergiques
que cette Solanée doit d'être recherchée comme condiment, dans toutes les contrées du globe. C'est donc en
définitive une plante comestible; renvoyons-la justifiée, et passons à une autre Solanée également comestible et décidément utile,

## LA TOMATE

Cette plante, qu'on a rendue potagère, est originaire
des Antilles, et produit un fruit d'un rouge vif, à lobes
arrondis, remplis d'une pulpe orangée, aigrelette et
d'une odeur caractéristique. Ce fruit, appelé vulgairement *Pomme d'amour*, est hautement apprécié et fréquemment employé dans l'art culinaire, parfois comme
élément de nutrition, mais particulièrement comme
condiment de premier ordre.

Parlerons-nous encore de la MORELLE DOUCE-AMÈRE,
dont les fleurs d'un violet un peu livide et les grappes

pendantes de baies rouges remplissent nos haies de
leurs guirlandes désordonnées. Non, cette Morelle, malgré toutes les vertus que lui a prêtées l'ancienne médecine, n'est qu'un narcotique léger, qu'un dépuratif sans
grande énergie; passons encore la MORELLE MÉLONGÈNE
ou AUBERGINE COMESTIBLE, et arrivons à une autre plante
du même genre, la MORELLE TUBÉREUSE, si connue dans
le monde entier sous un autre nom..... Vous l'avez
dit, c'est

## LA POMME DE TERRE

Celle-là est, à coup sûr, bien faite pour rehausser dans
l'estime publique la famille entière des Solanées. Ce tubercule si riche en fécule nourrissante, et qui, pour le
dire en passant, n'appartient pas à la racine, ainsi qu'on
le croit généralement, mais bien à la tige souterraine,
sur laquelle il forme comme une sorte de loupe, est
aujourd'hui connu dans le monde entier; il donne
sans beaucoup de frais un aliment agréable et sain, et
remplacerait le pain lui-même, si, outre le sucre et
l'alcool que les chimistes tirent de sa fécule, il renfer-
mait également du gluten.

Cette plante, originaire des Cordillères du Pérou et
du Chili, nous fut apportée, au XVIᵉ siècle, par les
Espagnols. Ce fut avec une profonde méfiance qu'on
accueillit cette Solanée. On craignait qu'elle ne recélât
quelque principe dangereux, comme plusieurs de ses
congénères, et il ne fallut rien moins, pour en étendre
la culture et en vulgariser l'emploi, que les savants
travaux et le zèle infatigable d'un chimiste univer-

sellement connu. Parmentier et la Pomme de terre
ou Parmentière — nom qu'on aurait dû laisser à cette
plante — sont désormais inséparables dans l'histoire
bien connue de notre Morelle.

Répétons-la toutefois cette histoire, on ne saurait
trop graver dans toutes les mémoires le souvenir des
humbles et patients bienfaiteurs de l'humanité. Notre
philanthrope, donc, sut le premier pressentir et mesu-
rer toute l'importance des services que la Solanée américaine pouvait rendre à l'humanité. Il fit part de ses
idées à Louis XVI, qui les partagea et qui, pour les faire
accepter par la mode, — cette souveraine despotique
dont l'autorité domine toutes les puissances de la terre,
— se montra dans une fête publique tenant à la main
un bouquet composé des fleurs de la Morelle tubéreuse.
Ce bouquet original excita la curiosité. On chercha à
l'imiter au moyen de fleurs artificielles, qui firent bientôt place à des fleurs véritables, car chacun en voulut
avoir dans son jardin comme plante d'agrément, et les
seigneurs de la cour, pour plaire au roi, envoyèrent des
Pommes de terre à leurs fermiers, avec ordre de les
cultiver.

Cette première tentative, cependant, échoua contre la
répugnance générale. Les paysans refusaient de toucher
à ces gros tubercules équivoques, qui leur paraissaient
tout au plus bons pour leurs animaux de basse-cour.
Il fallut que Parmentier intervînt de nouveau. Comprenant que si la Pomme de terre pouvait suppléer le Froment, la famine était du coup supprimée en Europe, cet
homme généreux consacra sa fortune, son talent, sa vie
entière à cette œuvre immense. Il acheta des terres et y
planta sa chère Solanée. La première année, il en vendit

13

à bas prix ; bien peu en achetèrent. La seconde année, il en fit des distributions gratuites, personne n'en voulut. Le pauvre philanthrope, désespéré, ne savait plus que faire, lorsqu'il lui vint une idée lumineuse. Il fit appel aux mauvaises passions humaines, et trouva ce qu'il cherchait dans cette mine inépuisable. Il fit donc publier, à son de trompe, la défense expresse de toucher à ses champs de Pommes de terre, et les entoura pendant tout le jour de vigilants gardes-champêtres.

On devine le résultat. Manger des Pommes de terre données, fi ! quelle idée saugrenue ! Mais des Pommes de terre volées, quelle aubaine et quel fruit excellent ! On dévasta donc, pendant la nuit, les champs qui n'étaient gardés que pendant le jour, et notre excellent Parmentier reçut avec des larmes de joie les rapports qu'on vint lui faire de tous côtés sur le pillage scandaleux de ses champs de Pommes de terre. A dater de cette époque, la propagation fut assurée ; une maraude nocturne s'organisa régulièrement, et les Parmentières surveillées acquirent aussitôt cet attrait irrésistible qu'auront éternellement, pour tous les enfants d'Ève, les délices du fruit défendu.

Quelques détails physiologiques en terminant. La Morelle tubéreuse est une bonne grosse plante, un peu rude et maussade d'aspect, mais foncièrement respectable et d'une utilité de premier ordre. Il faut bien avouer qu'on lui retrouve, en y regardant de près, un fâcheux petit air de famille. La teinte de sa verdure est terne, presque lugubre ; ses feuilles sont narcotiques ainsi que ses fruits ; les bourgeons des tubercules, franchement vénéneux grâce à la solanine qu'ils contiennent ; et les petites fleurs sournoises dont les grappes

terminent les tiges, offrent un mélange de jaune et de
violet; dont l'ensemble présente ce caractère livide qui
paraît être le cachet de la sombre famille des Solanées.

N'importe, celle-là est honnête ; elle a surtout l'in-
tention manifeste de se rendre bienfaisante. On dirait
que, comprenant l'inutilité complète de son fruit, —

Voleurs de Parmentières.

d'insignifiantes petites boules verdâtres, — elle s'in-
génie à trouver le moyen de fournir, elle aussi, quelque produit alimentaire à l'humanité. Et il faut avouer
qu'elle a, dans cette tentative, merveilleusement réussi.
Toutefois elle travaille avec mystère et discrétion. Le
long de sa tige, sous la terre, dans l'ombre et le silence,
elle fabrique des tubercules, de véritables petits maga-
sins de provisions qui grossissent et se gonflent de
fécule. Cette fécule, admirable substance nutritive,

s'extrait sous forme de poudre impalpable, d'une blancheur éclatante et d'apparence cristalline, qui, vue au
microscope, ressemble à l'agglomération d'innombrables petites coquilles de nacre à reflets changeants et
moirés.

Depuis plusieurs années, ce précieux végétal est
sujet à une maladie non contagieuse mais épidémique,
qui a dévasté les grandes cultures et jeté l'effroi parmi
les populations. On avait d'abord pensé que le mal était
produit par un Champignon microscopique, lequel,
pénétrant par les pores de la feuille, allait le long des
tissus jusqu'aux tubercules, qu'il désorganisait. Cette
hypothèse a été abandonnée, et l'on pense, aujour-
d'hui, que la maladie est le résultat d'une lésion de
fonctions dans les parties aériennes de la plante; ce qui
vient à l'appui de cette opinion, c'est qu'on a réussi à
prévenir le fléau en supprimant la tige et les feuilles,
ce qui permet au tubercule de végéter dans le sol sans
communication directe avec l'atmosphère.

Les Euphorbiacées, plus riches et plus répandues
que les Solanées, renferment, plus peut-être qu'aucune
autre famille, des types accentués.

Presque toutes contiennent un suc laiteux, âcre et
parfois d'une causticité dangereuse; c'est à ce suc, que
nous retrouverons dans beaucoup d'autres végétaux, et
qui semble n'être qu'une gomme ou qu'une sorte de
résine, qu'elles doivent leurs propriétés médicales ou
vénéneuses. Une des individualités les plus remarquables dans cette classe de végétaux est à coup sûr

## LE BUIS

Le Buis, dont le bois d'une belle couleur jaune pâle,
le grain serré, le poli admirable, la puissance de cohé-
sion et l'incorruptibilité presque absolue nous offrent
un ensemble de qualités à peu près incomparables.

Le Buis ordinaire, qui est l'espèce la plus commune,
est un arbrisseau de cinq à six mètres, qui croît spontanément dans les forêts du Midi de l'Europe. Il en est
toutefois qui arrivent à des dimensions considérables,
témoin celui des environs de Genève, cité par Haller,
et dont le tronc avait deux mètres de circonférence.

Le Buis est un arbre de triste aspect et de mesquine
physionomie. Il semble vouloir justifier le proverbe qui
affirme qu'il ne faut pas juger les gens sur l'apparence.
Nul éclat, nulle prestance, et surtout nulle grâce. Son
feuillage maigre, collé le long de branches longues et
jaunâtres, ses fleurs insignifiantes, son port dénué de
toute originalité et ses gauches allures semblent témoi-
gner, au premier abord, d'une individualité incom-
plète. Et cependant, quelle injustice si on le jugeait
ainsi! Sous cette écorce rugueuse et de couleur fade,
s'accumulent, atome par atome, les éléments de cet
admirable tissu ligneux, si lourd qu'il coule au fond
de l'eau, et d'une pâte si fine qu'on le sculpte comme
la corne ou l'ivoire. On sait quel usage on en fait pour
les ouvrages de tour et de tabletterie; mais ce qu'on
sait moins généralement peut-être, c'est qu'il est un
des plus précieux matériaux qu'utilise la gravure sur

bois. Le Buis, tout à la fois dur et malléable, se prête admirablement à toutes les fantaisies de l'artiste, comme à toutes les finesses de son burin.

Quant à ce qui concerne le chapitre de ses vertus, ce n'est pas pour rien que cette plante est une Euphorbiacée. La feuille est décidément vénéneuse, surtout en Orient, et les falsifications que se permettent certains brasseurs en mêlant des feuilles de Buis aux ingrédients de leur bière, produisent quelquefois les plus regrettables résultats.


## L'EUPHORBE


Voici l'Euphorbe, le type de la famille et un des végétaux les plus remarquables qui existent. Ses formes, très-diverses, sont toujours originales, depuis le petit Réveille-matin, qui étale ses pétales jaunâtres dans nos broussailles, jusqu'aux Euphorbes cactéiformes du Cap, qui cherchent à imiter l'énorme Cierge du Mexique.

Ce qui les distingue particulièrement, c'est la propriété commune à toutes de sécréter un suc lactescent, âcre, purgatif, parfois terriblement vénéneux, et de plus enfin phosphorescent dans certaines espèces équatoriales. Ce caractère avait tellement frappé les anciens botanistes, que les Euphorbes européennes furent longtemps appelées *Tithymales*, nom tiré du mot grec *titthos,* qui signifie mamelle.

Les Euphorbes forment un vaste genre composé de plusieurs centaines d'espèces disséminées sur tous les

points du globe. De toutes parts, elles offrent aux naturalistes des excentricités de formes de feuillage ou de
floraison. Sur les revers de l'Atlas et au cap de Bonne-
Espérance, s'élève comme une colonne de dix ou douze
mètres de hauteur, l'Euphorbe officinale, énorme, charnue et remplie d'un suc qui, lorsque la plante a vieilli

surtout, acquiert une telle
causticité, qu'il excorie
les doigts des ouvriers
qui le recueillent. S'il se
bornait encore à leur écor-
cher les doigts ; mais en
se séchant, il se pulvé-
rise, et cette poussière
subtile et irritante cause
une telle inflammation
sur la paroi des fosses na-
sales, qu'il en résulte des
éternuments convulsifs,
pendant les accès des-
quels on peut fort bien
mourir, ainsi que faillit le
faire le botaniste Bruce,
pour avoir simplement

Euphorbe officinale.

secoué une tige d'Euphorbe desséchée.

L'Euphorbe est donc un poison redoutable. Prise
même à petite dose, elle produit des douleurs atroces,
des vomissements et des convulsions ; prise en plus
grande quantité, elle amène la mort au bout de quelques heures. Il est une espèce d'Euphorbe dans le lait
de laquelle il suffit de tremper des flèches, pour en
rendre la piqûre mortelle.

Une autre Euphorbiacée et un autre poison, c'est

## LE RICIN

Le Ricin, appelé encore Palma-Christi, ce qui signifie
« main du Christ » par allusion à la forme digitée de
ses grandes feuilles. Les formes élégantes de cette

Ricin (Palma-Christi).

plante, et sa couleur un peu étrange où se combinent,
dans des proportions variables, du violet avec le vert
glauque propre aux Euphorbiacées, ont frappé l'atten-

tion et attiré les regards dès la plus haute antiquité. Les sarcophages égyptiens, dans lesquels on a trouvé des graines de Ricin, ont prouvé que cette plante était connue il y a plus de quatre mille ans; connue et fort appréciée, sans doute, puisque les Égyptiens n'entouraient leurs momies que d'objets généralement précieux.

Dans nos régions tempérées et souvent si froides, le Ricin n'est qu'un végétal herbacé; mais dans les climats chauds, il forme un bel arbre dont le tronc ligneux atteint jusqu'à dix mètres de hauteur. Les graines du Ricin sont extrêmement irritantes, et leur énergie surpasse de beaucoup celle de l'huile qu'on en extrait. Ce n'est que vers la fin du xviii⁰ siècle que l'usage médical de cette huile, aujourd'hui si employée, s'est progressivement répandu en Europe.

Un caractère à peu près constant dans ces plantes perfides, c'est, on le voit, la réunion de vertus diverses avec de dangereuses propriétés. Être utile d'un côté, et empoisonner de l'autre, telles sont les habitudes des Euphorbiacées en général, et tout particulièrement celles du

## MANIOC

Cette plante est un sous-arbrisseau dont les énormes racines charnues et de couleurs variées au dehors sont au dedans blanches et lactescentes. Ce suc laiteux, qu'elle sécrète, est un des plus violents poisons végétaux. Il sert aux sauvages, comme tant d'autres, à em-

poisonner leurs armes ; mais c'est particulièrement pris
à l'intérieur qu'il produit des effets effroyables. Quelques gouttes, en cinq à six minutes, tuent l'homme
le plus robuste, et c'est un spectacle horrible de voir
au milieu de quelles convulsions meurent les malheureuses victimes livides et tuméfiées.

Eh bien ! qui s'en douterait ? ce Manioc lui-même est
un des végétaux que l'homme emploie le plus fréquemment pour sa nourriture. Les nègres, en particulier,
en font usage depuis des siècles, et maintenant on le
cultive dans de vastes territoires. C'est la racine que l'on
mange, mais seulement après l'avoir râpée et soumise
à une pression très énergique, afin d'en extraire tout
le suc vénéneux. Le résidu s'appelle cassave, dont on
fait des galettes, et d'où l'on retire de la farine, ou
bien encore une sorte de fécule blanche, douce et nourrissante, d'où s'extrait le tapioca, aujourd'hui généralement adopté sur les tables européennes.


## LE CROTON TIGLIUM


Le Croton Tiglium (encore une Euphorbiacée) est bien
connu de tous ceux qu'un gros rhume de poitrine a
tourmentés. Les graines de cette plante sont vénéneuses et fournissent, par expression, une huile fortement irritante, dont les âcres vapeurs enflamment
les yeux, et qui, à la dose de six à huit gouttes, peut
généralement déterminer la mort. Il n'est donc pas
étonnant que cette huile soit un des purgatifs les plus
énergiques que l'on connaisse.

Les Crotons sont fort nombreux. L'un d'eux fournit une écorce nommée cascarille, qui, lorsqu'on la brûle, exhale une délicieuse odeur balsamique. Un autre fournit une matière tinctoriale dont on se sert, dans le midi de la France, pour fabriquer une couleur bleue, connue dans le commerce sous le nom de tournesol en drapeaux. Un troisième Croton nourrit un insecte qui, en piquant la superficie de ses rameaux, y occasionne l'exsudation d'une matière résineuse dont la solidification est très-rapide, et que l'industrie utilise sous le nom de gomme laque. Cette substance, on le sait, forme la base de la cire d'Espagne, ainsi que celle de certains vernis, et entre dans la composition de certains médicaments. Un autre Croton, le Croton portesuif, communément appelé arbre à suif, est originaire de l'Inde et de la Chine; les graines de cette curieuse Euphorbiacée sont couvertes d'une substance graisseuse qui se solidifie, entoure les fruits de concrétions blanches, et donne au végétal qui le porte le plus étrange aspect après la chute des valves ou cosses qui enveloppent les graines jusqu'à complète maturité. Un dernier Croton, pour en finir, c'est le Croton panaché. Son magnifique feuillage, d'un beau vert, est rehaussé de taches jaunes qui éclatent comme des plaques d'or. Ce bel arbuste, qui dans l'Inde est un peu considéré comme une plante sacrée, est employé pour la décoration des salles de fêtes et des monuments élevés aux triomphateurs.

## LE MANCENILLIER

Nous arrivons enfin au célèbre Mancenillier, objet de
tant de légendes, de contes, de romances, et tout récem-
cemment remis à la mode par le livret d'un grand opéra.
Cette Euphorbiacée, fort redoutable en réalité, ne l'est

Le fruit du Mancenillier.

toutefois pas autant qu'il a plu aux poëtes de le chanter.
Ses sucs sont vénéneux et son fruit, — une charmante
petite baie ronde et rose comme une pomme d'Api, —
peut aisément causer la mort de l'imprudent qui s'est

laissé séduire par ses perfides apparences et son suave
parfum ; mais il est faux que son ombre soit mortelle
pour celui qui va s'y reposer ou y dormir. Des voyageurs, bravant la légende, ont prouvé par leurs expériences que l'on peut impunément s'arrêter sous cet
arbre, où, selon l'expression du poëte, « le plaisir habite avec la mort. » Il paraît même certain que l'eau
de pluie qui ruisselle de ses feuilles n'y contracte aucune propriété malfaisante ; mais en revanche malheur
à qui applique ces feuilles broyées sur une partie du
corps dont la peau est mince ou attaquée par quelque
lésion. Le plus simple contact produit une inflammation violente, et la gangrène souvent vient compléter
l'œuvre de désorganisation. Le suc laiteux du Mancenillier exhale une odeur d'absinthe ; ses vapeurs âcres
déterminent bien vite sur la peau du visage des ulcérations plus ou moins graves, et il suffit aux sauvages
de tremper dans ce suc la pointe de leurs flèches pour
que les blessures produites deviennent presque toujours mortelles. On voit que, malgré nos restrictions,
nous faisons encore au Mancenillier une part assez
et belle, qu'il occupe dans la série de nos Empoisonneuses une place fort distinguée.

Après les Euphorbiacées viennent les Apocynées, terrible agglomération des vertus les plus redoutables et
des noms les plus sinistres, bien que dans cette même
famille figurent la gentille Pervenche et le magnifique
Laurier-Rose. C'est en effet là que nous trouvons, entre
beaucoup d'autres moins célèbres sinon moins dangereux, le Strychnos tieuté, le Curare, le Vomiquier, la
Fève Saint-Ignace, le Tanghin... Assez de scélérats
comme cela ; disons deux mots de chacun d'eux.

## LE STRYCHNOS

Le terrible Strychnos, contraste étrange, est une Liane des plus gracieuses qui, dans les forêts vierges de Java, élève jusqu'aux plus hauts sommets des arbres ses guirlandes fleuries. Ignore-t-elle donc ce qu'elle distille, la malheureuse, pour se balancer à la brise avec un air de si parfaite innocence?

Les féroces pirates Malais ne l'ignorent pas pour leur part. De l'écorce de sa racine ils extraient un poison effroyable nommé *upas*, qui, absorbé par l'homme, c'est-à dire mêlé à son sang, porte immédiatement son action sur le système nerveux. Ce sont d'abord des vertiges qui assaillent la victime, puis de légères convulsions qui parcourent ses membres. Mais voici que l'hôte terrible manifeste sa présence par une violence inattendue. Un choc soudain, stupéfiant, frappe le réseau nerveux tout entier. D'affreuses secousses contractent les muscles, c'est le tétanos avec ses intermittences caractéristiques. Bientôt ces intermittences deviennent plus courtes. Les convulsions se succèdent, de seconde en seconde, de plus en plus violentes, douloureuses et prolongées; les mâchoires serrées, la face livide, la tête renversée sur la colonne vertébrale et les membres d'une rigidité cadavérique, témoignent de la violence de la crise que viennent bientôt terminer la stupeur et la mort.

## LE CURARE

L'empoisonnement par le *curare*, poison analogue que fournissent d'autres Strychnos, présente toutefois quelques différences. Ici, point de convulsions, point de secousses, mais une immobilisation générale, progressive, horrible. Ce ne sont plus les nerfs qui s'agitent ; c'est, au contraire, tout le système musculaire qu'une lente paralysie envahit et maîtrise dans son ensemble. Chaque membre s'affaisse à son tour ; la victime, vaincue en détail, finit par succomber comme prise d'un sommeil léthargique invincible ; mais, chose affreuse ! quelque temps encore l'œil demeure ouvert, il regarde, se tourne, seul mobile dans un corps immobile ; seul il témoigne d'une vie qui n'a plus d'organe à son service, et peut-être d'une souffrance d'autant plus atroce qu'elle n'a plus de manifestation possible, bien qu'elle garde jusqu'aux dernières minutes de l'agonie la double conscience de son impuissance et de son intensité.

## LE VOMIQUIER, LA FÈVE DE SAINT-IGNACE
## LE TANGHIN

Strychnine, brucine, tels sont les principes vénéneux qui abondent dans ces diverses Apocynées et particulièrement dans le Vomiquier et la Fève de Saint-Ignace. Disons toutefois, à leur décharge, que la médecine a trouvé le moyen d'utiliser ces terribles substances. Les mêmes toxiques qui, pris sans ménagement, amènent une mort plus ou moins rapide, se transforment, pris à doses minimes, en de merveilleux agents thérapeutiques dont l'effet est de stimuler simplement les organes que surexcitent jusqu'à la désorganisation les doses supérieures.

Tanghin.

Le Tanghin vénéneux produit une graine huileuse que les indigènes de Madagascar emploient pour la constatation de la culpabilité ou de l'innocence de certains accusés, pour lesquels on renouvelle les cruelles et stupides épreuves des anciens *jugements de Dieu*, ainsi qu'on les appelait au moyen âge. Cette graine de Tanghin, qui est fort vénéneuse, cela va sans dire, est administrée au patient devant de nombreux témoins, parmi lesquels figure l'accusateur. Tout se réduit dès lors à un fait purement physiologique. Suivant que le malheureux accusé est doué d'un estomac robuste ou d'une organisation débile, il rejette le Tanghin, ou bien tombe dans les angoisses d'un empoisonnement qui non-seulement lui fait rendre l'âme, mais encore le fait déclarer coupable à l'unanimité. Sa mémoire est dès lors flétrie, et ses biens partagés en trois lots, l'un pour le chef de la peuplade, le second pour ses officiers, et le troisième, le croirait-on?... pour l'accusateur! Ce mode de partage explique du reste la ténacité de cette coutume abominable.

## L'ORTIE

Il est encore deux autres plantes que l'on ne peut se dispenser de citer lorsqu'il s'agit de plantes vénéneuses : l'une est l'Ortie, appartenant à la famille des Urticées ; l'autre, la Ciguë, appartenant à la famille des Ombellifères. Les Orties, dont la piqûre rappelle exactement celle de la Vipère, se distinguent par un mode de structure dont on retrouve en effet l'application dans le règne supérieur.

Ce caractère commun réside dans l'organe à l'aide duquel les unes et les autres empoisonnent les blessures qu'elles font. Les Serpents ont devant, à la mâchoire supérieure, deux dents longues et minces, légèrement recourbées et percées dans toute leur longueur d'un canal d'un très-petit diamètre. Ces dents, véritables instruments diaboliques, ne sont pas, comme les autres, solidement enfermées dans leurs alvéoles; non, elles sont, comme les griffes des Chats, rétractiles, c'est-à-dire susceptibles de s'enfoncer un peu quand on pèse sur leur extrémité. Elles sont fortement fixées, mais fixées sur une base flasque qui cède et semble reculer innocemment, alors qu'en cédant de la sorte elle accomplit l'œuvre la plus perfide. A la base de chacune de ces dents, en effet, dans la cavité même de la mâchoire, se trouve logée une petite glande qui sécrète le venin et communique avec le canal de la dent. On comprend l'affreux mécanisme. Quand l'animal mord, la dent s'enfonce, comprime la glande et fait couler dans la plaie qu'elle vient de faire le liquide empoisonné que la pression fait jaillir.

Eh bien, il en est à peu près de même chez les Orties. Chacun des aiguillons microscopiques dont leurs feuilles sont hérissées est formé par une cellule allongée que termine une sorte de petit crochet ou de bouton qui n'est pas sans analogie avec la pointe d'un fleuret, tandis qu'à sa base se trouve une petite poche qui renferme du venin. Au moindre choc, le crochet se brise, et le petit aiguillon, dès lors démoucheté, pénètre dans la peau comme un dard, mais comme un dard creux, dans le canal duquel passe le venin du réservoir inférieur, qui, chassé par la pression, jaillit dans la blessure, où il occasionne de cuisantes douleurs.

Et encore qu'est-ce que le poison de nos Orties et de nos Serpents indigènes? C'est sous l'équateur que se distillent les venins les plus dangereux. A côté du

terrible Serpent à lunettes, pousse, dans les ardentes
plaines de l'Inde, cette Ortie redoutable entre toutes,
cette *Urtica urentissima*, « feuilles du diable, » comme
l'appellent les indigènes, dont la piqûre occasionne, il
paraît, des souffrances véritablement atroces. Pendant
des semaines entières, pendant une année quelquefois,
ces douleurs torturent les membres tuméfiés, et il est

Les Orties.

des cas où une amputation immédiate peut seule con-
jurer la mort. En songeant à la quantité si minime,
presque inappréciable, que la piqûre de l'Ortie verse
dans la plaie, on est amené à conclure que le venin de
cette plante est, à coup sûr, un des plus violents qui
existent. Toutefois il n'est pas le plus célèbre. Condam-
née à ne faire que d'obscures blessures, l'Ortie ne sor-
tira jamais de l'isolement où la laisse, dans les brous-

sailles, ou le long des murs, la haine dédaigneuse du passant. Il en est tout autrement d'une autre plante,

## LA CIGUË

La Ciguë est une illustre empoisonneuse, malgré ses apparences insignifiantes. Elle se cache perfidement entre le Cerfeuil aromatique et le Persil culinaire, et déshonore la famille des Ombellifères, généralement honnête, où l'on rencontre la Carotte nutritive à côté de l'Angélique des confiseurs et de la Coriandre parfumée. La Ciguë a la mine basse du malfaiteur ; des taches livides, véritables stigmates d'infamie, recouvrent ses tiges grêles, et l'odeur qu'elle exhale, — odeur suspecte au plus haut degré, puisqu'elle rappelle celle de l'urine de Chat,— complète la physionomie de cette repoussante individualité. Elle vit parfois dans le voisinage des habitations, tout près des enfants et des animaux de basse-cour, au milieu desquels elle semble méditer quelques mauvais coups ; d'autres fois elle s'isole et choisit les coins honteux, dans les jardins négligés ou dans les cimetières. Sa racine, quand elle est jeune, est pleine d'un suc laiteux, épais, visqueux, de saveur d'abord aromatique et un peu sucrée, mais qui bientôt devient âcre et fétide.

Le suc de la Ciguë, particulièrement vénéneux au printemps, liquéfie le sang, le congestionne vers les poumons et rompt l'équilibre des forces vitales, sans produire de lésions dans le tube intestinal. C'est donc sournoisement que la Ciguë assassine ses victimes ; elle les enivre d'abord, puis les désorganise, les dissout, pour ainsi dire, les paralyse et les laisse glacées. Son action, du reste, varie avec les climats; peu dangereuse sous les latitudes tempérées, elle acquiert toute son énergie en Espagne, en Italie et en Grèce.

Ciguë.

Dans l'antiquité, la Ciguë fut souvent employée pour mettre à mort les hommes condamnés à périr, ou dégoûtés de l'existence.

Valère Maxime raconte que l'on conservait publiquement à Marseille un breuvage fait avec de la Ciguë, et qu'on le donnait à ceux qui obtenaient du sénat la permission de se délivrer de la vie. Tournefort, de son côté, affirme que, dans l'île de Céos, une loi prescrivait de donner la Ciguë à tous ceux qui avaient passé la

soixantième année, l'île étant trop petite pour suffire à
leur nourriture. Mais c'est en Grèce, à Athènes, que
s'est accompli le drame douloureux qui pour jamais a
rendu célèbre et infâme le nom de la Ciguë. Tout le
monde connaît la mort de Socrate. La Ciguë, toutefois, n'entrait pas seule, paraît-il, dans la coupe empoisonnée qu'Athènes présentait à ses condamnés. Cette
Ombellifère étant un poison âcre et narcotique eût déterminé des douleurs et des délires dont l'histoire constate l'absence. Aussi pense-t-on que l'on mêlait à la
Ciguë du suc de Pavot, qui engourdissait les moribonds,
et leur épargnait les angoisses des empoisonnements
ordinaires.

Platon raconte, en effet, que la mort de Socrate fut
douce et tranquille. Un froid intense s'empara de lui;
la circulation de son sang s'arrêta par degrés; mais à
mesure que s'éteignait en lui la vie matérielle, la vie
morale resplendissait plus lumineuse, et c'est les regards fixés par delà la tombe, dont il essayait de révéler
les mystères à ses disciples, c'est en parlant de justice
et de vérités éternelles que mourut, dans la sérénité
de son âme, celui que les siècles appellent depuis le
« Juste d'Athènes ».

Sur ce haut fait de la Ciguë, arrêtons l'histoire de nos
empoisonneuses [1]. Solanées, Euphorbiacées, Apocynées,
Urticées, Ombellifères, successivement ont défilé devant nous et nous ont présenté leurs héroïnes, c'est-à-
dire les plus scélérates d'entre elles. Bien nombreuses
seraient leurs victimes, s'il était possible d'en dresser

---

[1] Voir sur ce sujet le livre intéressant de M. Arth. Mangin, *Les Poisons*.
Tours, 1868, Alfred Mame et Fils, éditeurs.

la liste funèbre. Nous n'entreprendrons pas cette tâche
impossible; et même, pour faire diversion aux récrimi-
nations amères dont nous les avons accablées, nous
allons essayer d'une tardive et vague réhabilitation.
Toute chose n'a-t-elle pas son revers ici-bas, et tout
poison son rôle utile? Il n'est guère de venin, pour aussi
effroyable qu'il soit, qui, pris à doses infinitésimales,
ne puisse se transformer en remède parfois merveilleux;
c'est entendu et nous n'y reviendrons point; mais du
milieu de ce groupe de plantes plus ou moins vénéneuses, ressort un caractère général qui constitue, pour
ainsi dire, une subdivision de végétaux spéciaux auxquels l'on pourrait donner le nom de

## VÉGÉTAUX A SUC LACTESCENT

Ces végétaux, le lecteur les connaît pour la plupart.
Nous avons parlé de ces trois familles : les Euphorbiacées, les Apocynées et les Urticées qui, plus que
tout autre, renferment des espèces dont le suc blanc,
laiteux et plus ou moins caustique, coule parfois avec
une abondance extrême. Ce suc est contenu dans
un ensemble de tubes ou canaux dont les réseaux
complexes, situés tantôt dans l'écorce, tantôt dans la
moelle des tiges, offrent avec les veines des animaux
une ressemblance telle que divers botanistes se sont
crus autorisés à assimiler au sang animal le liquide qui
circule dans ces plantes. Cette assimilation, toutefois,
ne paraît pas pouvoir être justifiée. Ce suc est moins un
sang qu'un lait végétal. Quoi qu'il en soit, il fournit à

l'industrie un produit qui, depuis quelques années, a
acquis une telle importance, qu'on peut sans hésiter
le placer au nombre des principaux et des plus utiles
éléments que les végétaux puissent fournir à l'homme :
nous voulons parler du caoutchouc.

Cette gomme, dont on n'introduisait en Angleterre
que 52,000 livres en 1820, s'élevait en 1833 au chiffre
d'entrée de 180,000 livres, et aujourd'hui a pris une
telle extension que, dans une seule fabrique de Green-
wich, 800 livres sont tous les jours soumises à la
distillation sèche, au moyen de laquelle on arrive
à la préparation de deux espèces de caoutchouc, l'un
presque liquide, servant à enduire des cordages et
des étoffes; l'autre solide, servant à mille usages que
multiplient de jour en jour les raffinements de la civilisation.

Les incomparables qualités du caoutchouc ont été
particulièrement mises en relief par l'invention précieuse appelée *vulcanisation* et qui consiste dans la
combinaison du soufre et du caoutchouc. De ce mélange
il sort dans certaines conditions une admirable matière,
dure et légère à la fois, ayant toutes les qualités du bois,
de l'écaille, de l'ivoire et de la baleine, de plus entièrement inoxydable, inattaquable au contact des acides,
incorruptible dans l'humidité, et capable de résister à
une chaleur considérable, aussi bien qu'aux froids les
plus intenses.

Le caoutchouc, qu'on extrait particulièrement de
certaines Euphorbiacées, semble être dans ces végétaux
le produit immédiat de la chaleur solaire, car les divers
pays qui comptent cette précieuse matière parmi leurs
productions sont situés sous la zone torride.

Humboldt, déjà, avait fait la remarque que les végétaux transplantés sous nos latitudes ne produisent plus qu'une substance analogue à de la glu, et que le nombre des plantes lactifères augmente à mesure qu'on se rapproche de l'équateur.

Aussi est-ce là que se distille et coule avec abondance le *lait végétal*, étrange expression qui se trouve pourtant d'une exactitude rigoureuse. Pourquoi donc ne

Arbre - vache.

parlerait-on pas de lait végétal, lorsqu'il existe un arbre catégoriquement désigné sous le nom d'Arbre-vache ?

Sur les flancs arides des rochers, en pleine Amérique tropicale, croît un arbre élevé, à feuilles coriaces ; ses grosses racines rampent sur la terre sans y pénétrer profondément. Il se passe de longs mois chaque année, sans qu'une seule goutte de pluie vienne rafraîchir ni

14

ses feuilles qui pendent desséchées, ni ses tiges qui semblent mortes; et cependant, lorsqu'on perce le tronc de ce morne végétal, il en jaillit, comme d'une source merveilleuse, un lait doux, frais et nourrissant. C'est particulièrement à l'aurore que l'Arbre-vache semble livrer le plus volontiers son étrange trésor. Aussi est-ce à ce moment que l'on voit de tous côtés arriver nègres et indigènes portant de grandes jattes qu'ils viennent remplir à l'arbre, et qu'ils emportent pleines d'un liquide qui jaunit et s'épaissit à sa surface, exactement comme s'il sortait de mamelles vivantes.

Et qu'on se garde de croire que cette ressemblance n'est qu'apparente. Abandonné à l'air libre, le lait végétal ne tarde pas à se couvrir d'une pellicule analogue à la crême, qui, mise à part, fermente et sert à confectionner d'excellents fromages. Placé sur le feu, il se comporte comme le lait animal. Il enfle, monte, déborde du vase, et finit, après une ébullition prolongée, par se concentrer en une sorte de crème épaisse et consistante, sur la surface de laquelle apparaissent ces gouttes jaunes et huileuses dont se couvre le lait naturel de bonne qualité.

L'Arbre-vache, que l'on a classé parmi les Figuiers, et qui, conséquemment, appartient à la famille des Urticées, a reçu divers noms dans les idiomes indigènes. Les Indiens de la Guyane l'appellent *Hya-hya;* ceux de la vallée de Caucagna, *Arbol de leche;* ailleurs c'est le *Palo de vaca.* Mais le nom importe peu; ce sont toujours, sinon les mêmes végétaux, du moins des arbres analogues, tous lactescents et dont les sucs coulent parfois avec une telle abondance, que l'un d'eux abattu près d'une petite rivière, raconte un voyageur, rendit toutes blanches ses eaux, sur une surface considérable. — Nous voilà bien loin de nos Empoisonneuses. Tant mieux, et restons-en là, pour n'avoir pas à recommencer nos malédictions.

# LES VAMPIRES

―――――

Vous connaissez les Vampires, n'est-ce pas? Ce sont de grandes Chauves-souris d'Amérique qui, pendant les chaudes nuits d'été, viennent se poser silencieusement sur les animaux et les hommes endormis. De leur langue cornée, dure et tranchante comme une lancette, elles font de fines incisions dans la peau, puis sucent le sang qui en jaillit, tandis que de leurs grandes ailes membraneuses elles agitent l'air, les perfides, afin de rafraîchir leurs victimes et de rendre leur sommeil plus profond.

Toutes restrictions faites, le règne végétal a aussi ses Vampires : ce sont les parasites.

Le parasitisme est une des monstruosités de la nature. Le végétal parasite n'est pas seulement un oisif, pas seulement un voleur, c'est un assassin. Non content de prendre les autres plantes pour appui de sa faiblesse, il vit de leur propre vie, pompant, suçant sans fatigue aucune leur séve, c'est-à-dire leur sang.

Ces végétaux, pour la plupart, n'ont ni force, ni grandeur, ni beauté. Leurs tissus, généralement mous, décolorés et nauséabonds, témoignent d'une vie anormale et malsaine.

Il y a diverses classes de parasites fort distinctes. Les unes, moins redoutables, ont leurs tiges munies de feuilles, au moyen desquelles elles puisent une partie de leur nourriture dans l'atmosphère, comme le Gui par exemple; d'autres, recouvertes de simples écailles et mortellement avides, prennent tout chez leurs vic-- times, buvant, jusqu'à la dernière goutte, les sucs déjà élaborés. D'autres enfin, appelées quelquefois fausses parasites, tels que le Houblon, la Vigne et le Chèvrefeuille, vivent de leurs propres racines et ne réclament qu'un simple support.

Parmi les fausses parasites, il en est de célèbres, sur l'histoire desquels, toutefois, nous ne reviendrons point ici. Au chapitre des Orchidées et des Lianes, nous avons cherché à décrire ces luttes séculaires dont les forêts tropicales offrent d'innombrables exemples. Nous avons fait ailleurs le portrait d'une vraie parasite celle-là, de cette énorme et livide Rafflésia qui suffirait à elle seule pour faire prendre en haine toute la famille des Champ- pignons, dont elle semble être la sinistre reine. Parlons maintenant de quelques autres plantes de cette nature qui, pour être moins célèbres ou plus petites, n'en sont pas moins dignes de figurer dans la catégorie des végétaux vampires. En voici une blanche et rose, faible, défaillante, pas beaucoup plus grosse qu'un fil; c'est

## LA CUSCUTE

« D'où sors-tu donc, pauvrette, et que demandes-tu?
— Rien qu'un appui, s'il vous plaît, pour soutenir

ma faible tige. Je suis la Cuscute naine, la jeune sœur
du Liseron. »

Petit Serpent, pâle Vampire ! Ecoutez son affreuse
histoire. La Cuscute germe honnêtement comme les
autres plantes, c'est-à-dire que sa graine tombe à terre
et que sa tigelle en sort dans les conditions habituelles.
Cette tige, d'abord perpendiculaire, s'affaisse bientôt et
rampe sur le sol, ne pouvant se soutenir ; qu'une plante
alors se présente, — Ortie, Houblon, Genêt, Trèfle ou
Bruyère, ses victimes favorites, — et la Cuscute s'enroule bien vite autour d'elle.

Jusque-là il n'y a pas de mal. On n'est pas absolument tenu, pour être honnête, d'avoir les reins inflexibles et de s'élancer vers le ciel, comme un Chêne
ou comme un Peuplier. La Cuscute s'enroule donc, mais
pas du tout à la manière du Liseron, son prétendu frère.
On voit sa petite tige blanche qui se presse contre la
plante choisie pour *appui,* qui s'y cramponne, qui s'y
colle d'une façon tout à fait équivoque. Vous voulez
voir alors par quels moyens elle se retient ainsi, vous
essayez de la détacher ; elle résiste, elle a sans doute
des crampons pareils à ceux du Lierre, et pour vous
en assurer vous l'arrachez de force ; que voyez-vous
alors ?... Ah ! l'horrible petite Sangsue ! Vous découvrez
avec stupéfaction que ses crampons sont des suçoirs,
et que chacun d'eux laisse sur l'écorce à laquelle elle
s'accrochait si solidement, une blessure, une plaie
béante, j'allais presque dire sanglante, par où s'échappe
la séve, et que la Cuscute suçait avec avidité.

Toutefois vous refusez d'en croire vos yeux ; vous
êtes bienveillant, et vous cherchez des circonstances
atténuantes. Cette Cuscute me paraît être un hôte in-

discret et désagréable, vous dites-vous, mais enfin qui
sait si elle emprunte autant que l'en accusent ses détrac-
teurs, et si la majeure partie des sucs dont elle se nourrit
ne lui vient pas de la terre où plongent ses racines?...
Ses racines!... Miséricorde! qu'avez-vous vu? Vous avez
vu que l'affreuse Vipère ne jouait avec sa prétendue

Cuscute.

racine qu'une abominable comédie; vous comprenez
qu'au bout de quelques semaines, cette racine se dessèche, se détruit, et que la Cuscute, jetant impudem-
ment le masque, invente un vampirisme spécial, le
vampirisme aérien. Elle s'allonge alors, multiplie ses
tiges, s'enroule, étrangle, épuise, assassine, puis toute

séve bue, la scélérate!.... elle fleurit et fructifie sur le cadavre de sa victime.

La Cuscute, il faut bien vite le proclamer à la gloire du règne végétal, est une des parasites les plus féroces et n'a pas beaucoup de pareilles. Il y en a, les Orobanches par exemple, les Monotropes et les Lathrées, qui, également dépourvues de feuillage et vivant de la séve des autres, se bornent à croître verticalement sur une racine, et parfois à une assez grande distance de la plante dont elles pompent les sucs. D'autres vivent sur l'écorce des arbres, d'autres encore sur leur feuillage ; les stations sont diverses, car diverses et nombreuses sont les plantes vampires. Cytinées, Balanophores, Monotropées, Rafflésiacées et Champignons, toutes, appartenant à la catégorie des parasites dépourvues de feuilles, élargissent à des degrés divers, mais toujours d'une façon redoutable, le cercle de leurs déprédations.

Les parasites de la seconde catégorie, nous l'avons dit, sont beaucoup moins dangereuses. Celles-là, du moins, sont munies de vraies feuilles, et peuvent puiser dans l'atmosphère une bonne partie des éléments de leur nutrition. Les Loranthées, les Célastrinées, les Hédéracées renferment les principales de ces parasites, parmi lesquelles nous en choisirons deux connues de tous, le Gui et le Lierre, dont l'histoire terminera ce chapitre.

## LE GUI

C'est, nous disent les étymologistes, à la vénération des Celtes pour cette curieuse parasite que le Gui doit

son nom, nom gaulois tiré, paraît-il, de la dénomination primitive *gwid*, qui signifie arbuste, c'est-à-dire
l'arbuste par excellence.

Le Gui blanc dont on voit si souvent les touffes vertes
s'arrondir sur les Poiriers, les Pommiers, les Peupliers,
l'Aubépine, etc., est la seule espèce qui représente en

Gui.

France la famille des Loranthées. Ce qu'il y a de remarquable, c'est que cette parasite, autrefois si commune sur le Chêne, où les druides, on le sait, venaient
la cueillir en grande cérémonie, se montre aujourd'hui
si rarement sur cet arbre, que l'on garde comme une
curiosité au Jardin des Plantes un fragment de Gui
adhérent à un rameau de Chêne.

Le Gui est non-seulement une parasite, qui, par cela

14·

même, diffère de la plupart des autres plantes, mais c'est encore une parasite étrange, dont le mode de végétation présente des particularités remarquables. Ainsi, ses racines, contrairement à la grande majorité des racines existantes, ne sont pas fatalement entraînées vers le centre de la terre, mais plutôt vers le centre du corps sur lequel elles sont implantées, et les tiges, — toujours contrairement à la loi générale, — se dirigent parfois vers la terre lorsqu'elles sont fixées à la partie inférieure d'une branche.

Comme physionomie, le Gui est certainement une des parasites les plus remarquables. Cette plante, toujours verte et bien nourrie, qui, en parfaite égoïste qu'elle est, se préoccupe fort peu de la situation de l'arbre qu'elle épuise, qu'elle tue souvent, et qui, pendant l'hiver, juchée sur ses hautes branches, a l'air de jeter des regards de dédain sur la fange où pataugent les êtres inférieurs, ne ressemble décidément à aucune autre, et justifie par son aspect singulier, sinon la vénération religieuse, du moins l'attention dont elle a été l'objet.

Mais une chose bien plus curieuse encore, c'est la manière dont elle se reproduit. Ne vous êtes-vous jamais demandé comment ses baies, baies rondes et luisantes, qui n'ont ni aigrette, ni couronne soyeuse pour voler dans les airs, vont se percher si haut et peuvent croître sur des branches à écorce lisse, où l'on ne comprend pas qu'elles puissent s'accrocher, ne fût-ce qu'un instant?

Ne cherchez pas à deviner, car vous n'y arriveriez jamais. Je vais donc vous le dire; mais comment? La chose est assez délicate, car ces graines choisissent vraiment un chemin... Bref, qu'il me suffise de vous dire que les Grives, que les Merles et beaucoup d'autres oiseaux aiment passionnément les baies blanches du Gui. Commencez-vous à comprendre? Ces baies sont avalées et conséquemment digérées, mais pas assez toutefois pour que les graines qu'elles renferment ne revoient la lumière, après un trajet étrange, obscur, et ne soient déposées et même collées sur les branches, assez longtemps pour y germer, par... avec... enfin, avec ce qu'y laissent tomber les oiseaux dans certains moments d'émotion. — Avouez que tout le monde n'aurait pas trouvé ce moyen-là.

Les historiens ne peuvent en aucune façon nous éclairer sur la cause du culte que les Gaulois avaient voué au Gui. Ils se bornent à nous raconter avec quelle pompe les prêtres venaient, au commencement de chaque année, cueillir le Gui de Chêne, qu'ils coupaient avec une serpe d'or, après quoi l'on distribuait au peuple, comme préservatif de tous les sortiléges, l'eau dans laquelle avaient été plongés ces rameaux merveilleux. Laissons le Gui, et passons à une autre parasite non moins intéressante,

## LE LIERRE

Le Lierre grimpant est un arbrisseau sarmenteux connu sur tous les points du globe. Arbrisseau, pas toujours, s'il faut en croire Richard, qui parle d'un Lierre des environs de Provence dont la tige avait un pied de diamètre! C'est au moyen de petites radicules extrêmement nombreuses et formant comme de larges pattes, que cette fausse parasite s'accroche aux arbres et aux murailles. Ces appendices curieux, qui, chose remarquable, ne viennent que lorsqu'ils sont utiles et toujours du côté de la tige qui se trouve en contact avec son soutien, ont été injustement accusés de pomper le suc des arbres sur lesquels ils s'implantent. Non, ce ne sont pas des *suçoirs,* mais de simples *crampons,* sur le rôle desquels les botanistes, longtemps indécis, ont fini par émettre une opinion qui les réhabilite à tout jamais.

Mais ce qui distingue le Lierre et constitue à nos yeux son caractère propre, c'est le rôle artistique qu'il joue dans le paysage. Il n'est pas de vieil arbre complet, pas de ruine vraiment belle, sans cet élégant manteau toujours pittoresque et éternellement vert, dont le Lierre sait revêtir et parer toutes les vieilles choses de la nature. Ses tiges, dont l'étreinte défie tout effort et va jusqu'à consolider les murs croulants, son feuillage ferme, luisant, aromatique, ses fleurs enfin qui, par une sorte d'affectation curieuse, survivent à l'année défaillante et s'épanouissent en octobre, quand la nature entière s'est endormie déjà du long sommeil d'hiver; tout, dans ce végétal bizarre, témoigne de sa forte vitalité, en même temps que de la faculté remarquable qu'il a de déguiser sous les apparences d'une immuable jeunesse la triste décrépitude de tout ce qui retourne au néant.

Oui, le Lierre, c'est le grand décorateur végétal. Presque aussi élégant que les Lianes tropicales, et plus robuste qu'elles, il a fait du monde entier sa patrie, résistant aux glaces de l'hiver comme aux ardeurs de l'été. Ne faut-il pas qu'en tous lieux il vienne lutter contre la mort et parer tout vieux débris de ses gracieuses guirlandes?

Pardonnons-lui donc, comme nous l'avons déjà fait
pour les Lianes, d'appartenir de près ou de loin à la
famille suspecte des parasites. De la montagne à la forêt
et de la forêt au pauvre village, dont il poétise les cabanes et déguise la misère, c'est toujours le grand et
sérieux artiste. Il n'y a pas jusqu'aux grands murs de
nos villes dont il n'essaie d'égayer un peu les vastes et
mornes surfaces, créant pour l'œil un spectacle agréable,
— et pour les Moineaux un refuge, une patrie, un
rendez-vous général où se tiennent leurs assemblées,
et où sont traitées les grandes affaires de la république,
en même temps que les petits commérages.

Que seraient, je vous le demande, les plus pittoresques rochers, les cavernes les plus sauvages et les
tourelles les plus romanesquement démantelées, sans
les décorations de notre innocente parasite? Une touffe
de Lierre et quelques Ronces, — on voit qu'en terminant nous nous attendrissons même pour nos Rustres,
— en voilà plus qu'il n'en faut pour rendre intéressant
le plus insignifiant tas de pierres : qu'est-ce donc,
quand aux arcades de quelque belle ruine gothique
pendent en festons le Lierre sombre et la Ronce fleurie?

Allez à Fontarabie, sur la frontière d'Espagne, ou
tout simplement à Saint-Émilion, dans le département
de la Gironde : c'est là, dans cette patrie du Lierre,
que vous comprendrez tout le parti qu'il peut tirer de
vieilles fortifications inutiles, et jusqu'à de simples
pans de murailles crevassés, déjetés, renversés, ou
croulants.

Girouettes criardes, toits effondrés, créneaux ou-

verts, mâchicoulis tombés, ponts tremblotants et po-
ternes humides, voilà le paysage, telle est la scène; les
acteurs sont la Mousse verte, le Violier jaune, la Jou-
barbe vivace, l'Iris violet et le Centranthe rose; puis
au milieu d'eux et plus haut qu'eux, le premier rôle,
le Lierre qui s'étale, couvre des murs entiers, s'élance
des fossés au faîte, passe au travers des croisées ou des
trous de boulets, remonte par-dessus les plus hautes
crêtes, s'arrondit en volutes, et puis déferle comme une
vague verte.

# LES PLANTES ALIMENTAIRES

Nous avons jusqu'ici étudié bien des types, et devant nos yeux ont défilé des individualités de toute nature et de toute valeur, depuis les travailleurs et les artistes, jusqu'aux oisifs, aux grotesques et aux êtres malfaisants ; mais il faut bien reconnaître que c'est particulièrement au côté esthétique de la nature que tous répondent plus ou moins, et que nous avons négligé une classe entière, celles des plantes qui nous font vivre, la corporation de ces bonnes nourricières qui, se pliant à la culture de l'homme, veulent bien tous les ans couvrir nos prairies, nos sillons, nos vignobles, et enrichir nos vergers de cette magnifique collection de fruits dont la simple nomenclature pourrait remplir un gros volume.

Ces bonnes et précieuses créatures se rattachent pour la plupart à six ou sept grandes familles [1], parmi les-

---

1 Les *Graminées* (Froment, Seigle, Orge, Avoine, Maïs, Riz et fourrages de toutes sortes) ; les *Papilionacées* ou *Légumineuses* (légumes farineux : Pois, Haricot, Fève, Lentille, etc.) ; les *Crucifères* (Chou, Radis, Navet, Cresson, etc.) ; les *Ombellifères* (Carotte, Panais, Persil, Cerfeuil, etc.) ; les *Composées* (Salsifis, Scorzonère, Artichaut, Laitue, Chicorée, etc.) ; les *Ampélidées*, comprenant la Vigne et enfin les *Rosacées*, comprenant la plupart des arbres fruitiers.

quelles nous devrons naturellement faire un choix afin d'éviter toute monotonie, car beaucoup d'histoires se ressembleraient. Nous parlerons donc des végétaux qui nous fournissent le pain, le vin, et, dans le verger, du plus célèbre des citoyens qui le peuplent, c'est-à-dire le Pommier. Mais, avant d'arriver au dessert, on a l'habitude de boire et surtout de manger; c'est donc tout naturellement par le pain que nous commencerons.

## LE FROMENT

« Monseigneur Froment, écrivait tout récemment George Sand dans une de ses dernières et meilleures pages [1], cet orgueilleux végétal qui tient tant de place et joue un si grand rôle sur la terre, ne peut plus nommer ses pères ni faire connaître sa patrie. »

Et ce n'est pas seulement le Froment qui a perdu son extrait de naissance, mais encore le Seigle, et l'Orge et l'Avoine et le Maïs. Décidément toutes ces céréales sont des personnes assez légères; on ne l'aurait jamais cru. Passe encore pour l'Avoine folle; mais le Maïs austère, le Seigle sévère et le Froment vertueux; perdre ainsi ses papiers! Fi, et que c'est donc vilain!

On a bien essayé de leur en fabriquer d'autres, mais rien d'authentique, rien de certain. Tout ce que qu'on peut dire, c'est que l'Avoine et l'Orge sont cultivés surtout dans le Nord; le Seigle et le Froment dans des climats tempérés; le Maïs en Amérique, et le Riz en

---

[1] *Revue des Deux Mondes*, livraison du 15 juillet 1868.

Asie. On pense toutefois que le Froment est originaire
de l'Asie, et M. Dureau de la Malle, précisant cette hypothèse, ne craint pas d'affirmer que les environs de
Jérusalem sont sa patrie, ou que du moins il y croît
à l'état spontané. D'autres botanistes sont moins affir-
matifs, et nomment, parmi les ancêtres du Froment,
tantôt l'Ægilops de la Sicile, tantôt l'Épeautre, ou la
Fétuque, ou telle autre Graminée voisine. C'est donc
dans la « nuit des temps », cette fameuse nuit qui nous
cache tant de mystères, et dont les historiens abusent
si souvent dans l'étude des origines incertaines, qu'il
faudrait aller chercher celle du Froment.

Nous n'en ferons rien, et pour cause. A défaut de cet
extrait de naissance qui décidément paraît introuvable,
nous nous contenterons, pour le Froment, des titres
nombreux qui témoignent, non-seulement de sa haute
antiquité, mais encore du rôle important qu'il a toujours joué dans l'histoire économique des peuples. On
trouve, en effet, des épis et des grains de blé conservés
dans les cercueils des momies égyptiennes; on en
rencontre parmi les débris des cités lacustres de l'ancienne Suisse; des médailles antiques nous ont conservé
l'image du Froment dont se nourrissaient les anciens;
et récemment enfin, les fouilles de Pompeï ont mis au
jour toute une fournée de petits pains primitivement
destinés, non pas à nos musées, mais au déjeuner des
pauvres Pompéiens si violemment rayés de la liste des
vivants par la terrible et brutale colère de leur voisin
le Vésuve.

Et, lors même que l'histoire nous ferait défaut,
n'avons-nous pas la mythologie et ses légendes, pour
consacrer, plus que ne sauraient le faire le marbre et

le bronze, l'immortelle gloire qu'a eue le Froment de
nourrir, dès les âges les plus reculés, le roi de la terre
et ses enfants? Toutefois, il ne nous importe guère de
savoir si c'est Osiris, Cérès ou Triptolème, ou les trois
à la fois, qui nous ont enseigné la culture de la précieuse céréale. Laissons donc les Athéniens et les Cré-
tois se disputer l'honneur d'avoir poussé la première
charrue ; laissons même les Chinois le faire remonter,
cet honneur, jusqu'à Ching-Nong, le second des neuf
empereurs de la Chine qui précédèrent l'établissement
des dynasties, et passons, sans plus tarder, à l'histoire
botanique de notre céréale.

Le Froment (du latin *Frumentum,* dont l'origine est
*fruor*, jouir) s'appelle vulgairement *Blé,* ancienne-
ment *Bled,* du Saxon *Blad* ou du Celte *Blawd.* Vous
dirai-je encore que le nom botanique latin est *Triticum*
qu'on fait dériver de *tritum*, qui signifie battu, écrasé,
dénomination qui rappelle l'usage que l'on a de battre
ces plantes pour en retirer la graine? Voilà bien des
étymologies, et vous vous demandez sans doute ce que
vous m'avez fait pour que je sévisse avec tant de rigueur. Vous ne m'avez rien fait, et j'ai fini.

J'ai fini, c'est-à-dire que je commence. Ai-je besoin
de vous décrire le Froment? J'aime à croire que non.
Qui ne sait que cette plante se compose d'une racine
fibreuse, qui se cramponne au sol comme une patte
crochue, et d'une tige mince, creuse, articulée, haute
de huit à douze décimètres, garnie de feuilles aiguës,
et terminée par un épi presque tétragone, tout le long
duquel sont groupées par rangées régulières de petites
fleurs à glumes sèches, que viennent bientôt rem-
placer ces fameux grains de blé qui, sous leur mince

pellicule jaunâtre, contiennent la famine ou l'abondance, la mort ou la vie des trois quarts des êtres de
la création.

Vous savez, en effet, que sous ces pellicules, qu'on
appelle *son* quand la meule du moulin a écrasé le grain,
se trouve un corps dur, féculent, qui, mis en poudre
également par la meule, produit cette admirable et
blanche *farine*, dont les usages sont connus de tous.
Interrogée par les chimistes, qui ont l'art de faire
s'expliquer catégoriquement les matières les moins
communicatives, elle a répondu sans détour qu'elle
contient de l'amidon, autrement dit de la fécule, du
gluten, un extrait sucré et un peu de résine. La fécule
y figure dans une proportion moyenne de soixante-dix
pour cent, le gluten dans celle de vingt-cinq environ;
quant au sucre et à la résine surtout, ce n'est vraiment
pas la peine d'en parler.

Vous dirai-je quelques mots de la fécule et du gluten?
Certes, je n'aurai garde d'y manquer, d'abord parce
qu'ils en valent bien la peine, et ensuite parce que l'occasion que j'ai de vous les dire ces mots ne se présen-
tera probablement plus jamais.

La fécule ou amidon est une substance pulvérulente,
blanche, brillante, formée de très petites granulations,
qui, examinées au microscope, je crois vous l'avoir dit
plus haut, ressemblent à de gentilles petites coquilles
de nacre de forme ovalaire, et percées d'un orifice
d'une extrême petitesse appelé *hile*. L'amidon se trouve
incorporé aux tissus d'une foule de végétaux ou parties
de végétaux. On le rencontre dans des racines, des
graines, des tubercules, des bulbes, des fruits, et,
bien que se composant des mêmes principes constitu-

tifs, il reçoit des noms différents suivant le végétal qui le produit. C'est ainsi qu'on l'appelle *amidon*, quand il provient des céréales ; *fécule*, quand on le tire de la Pomme de terre ; *arrow-root*, quand on l'extrait de certains Marantas ; *tapioca*, celui qu'on sort du Manioc ; *sagou*, celui que l'on prépare avec la moelle d'une espèce de Palmier ; *inuline*, le produit de l'Aunée, du Topinambour, du Dahlia ; *lichenine*, enfin, ce que l'on obtient par la manipulation de certains Lichens.

Les quantités d'amidon contenues dans les diverses substances végétales dites amylacées ou féculentes varient singulièrement avec les espèces ; et s'il peut vous être agréable de pouvoir ranger en série décroissante, c'est-à-dire de moins en moins riches en fécule, un certain nombre de plantes qui vous sont parfaitement connues, je vous dirai que la plus élevée dans l'échelle est le Riz, qui, sur cent parties, en renferme environ 88 amylacées ; puis viennent le Froment (70), le Maïs (68), l'Orge (66), le Seigle (65), l'Avoine (61), les Pois (58), les Lentilles (56), les Haricots (55), les Fèves (52), les Pommes de terre (20).

Mais nous l'avons dit, ce n'est pas seulement de l'amidon que renferme le Froment. Ce qui le caractérise surtout, lui et ses produits (farine, gruaux, pain, pâtes diverses), c'est le gluten, riche et nutritive substance qui ne se trouve en quantités notables ni dans les autres céréales, ni dans les différentes graines alimentaires. Le gluten, qui doit son nom à sa nature glutineuse, est une substance organique azotée, entre les mailles de laquelle sont contenues, dans le grain de blé, les particules amylacées. On l'obtient, après de nombreux lavages de la pâte de farine, sous la forme d'une masse grisâtre, molle, élastique et membraneuse. Cette substance est la partie essentiellement nutritive de la farine. Savez-vous pourquoi? Parce que, au nombre de ses éléments réparateurs et plastiques, elle renferme une proportion relativement considérable d'azote, c'est-à-dire le principe qui caractérise particulièrement les substances animales. Les matières les plus nutritives ne sont donc pas celles qui contiennent simplement le plus de fécule [1], mais bien celles qui à la plus grande somme possible d'amidon joignent le plus d'éléments azotés, telles que le Froment, les Lentilles, les Haricots, les Fèves, les Pois, etc.

Ne m'en veuillez pas, ami lecteur, si j'insiste plus que vous ne le voudriez peut-être sur ces détails éminemment pratiques et utilitaires. Le Froment n'est pas autre chose qu'un simple producteur. Dans sa botanique philosophique, Linné appelle les céréales les prolétaires du monde végétal, et il a complétement raison. Il nous serait donc assez difficile de nous étendre longuement sur le rôle artistique de ces honnêtes travailleurs; ils en seraient tout surpris eux-mêmes et seraient capables, tant leurs prétentions sont modestes, d'élever à ce sujet les plus loyales protestations. Un pied de Froment isolé n'a qu'une physionomie de signification fort restreinte, et tout en reconnaissant qu'un champ de Seigle, d'Orge ou de Blé, peut s'agiter et chatoyer sous la brise, au milieu des plus doux murmures, nous sommes contraints d'avouer que l'effet décoratif des

---

[1] Témoin le Riz, qui sur cent parties en renferme quatre-vingt-huit qui sont amylacées, mais en revanche n'en contient que huit qui soient azotées.

moissons vertes ou dorées n'a, dans le paysage, qu'une importance relative.

N'exigeons donc pas de notre plante nourricière ce qu'elle n'est en aucune façon chargée de nous fournir, et contentons-nous d'admirer avec quelle conscience elle s'acquitte des fonctions qu'elle a librement acceptées. La fécondité du Froment peut, en effet, s'élever à des proportions vraiment prodigieuses. Pline raconte qu'un receveur de l'empereur Auguste lui offrit un pied de Blé d'où sortaient quatre cents tiges, tandis qu'un autre offert à Néron, — que devaient à coup sûr toucher fort peu les merveilles de la botanique, — se composait d'une agglomération de trois cent soixante chaumes provenus d'une seule semence. Nous ne connaissons plus d'exemples d'une aussi miraculeuse fécondité; toutefois l'agronome Tessier rapporte qu'un grain de blé produisit quatre-vingt-douze épis renfermant treize mille huit cents grains! On raconte, d'autre part, qu'en 1827 une seule semence de Froment plantée dans un jardin, à Brest, donna naissance à cent cinquante-cinq épis. Mais ces exemples sont fort rares. Le Blé le mieux nourri ne produit en moyenne que soixante pour un, ce qui est encore fort joli.

On connaît plusieurs espèces, et surtout un très-grand nombre de variétés de Froment; mais on peut les ranger toutes dans trois classes, dites commerciales, que distinguent des qualités alimentaires et économiques d'un ordre spécial; ce sont :

Les *Blés durs*, les plus riches en gluten, qui ont crû en des climats chauds et dans les terres les mieux fournies en matières azotées. C'est avec la farine ou les gruaux provenant de ces Froments de qualités supérieures que sont fabriqués les meilleurs vermicelles, macaronis, lazagnes et autres produits généralement désignés sous le nom de pâtes d'Italie.

Les *Blés demi-durs*, dont la farine, un peu moins riche en gluten, mais d'une admirable blancheur, fournit les pains de fantaisie (pains de gruaux, pains viennois, etc.).

Les *Blés tendres* enfin ou *Blés blancs*, dont la farine, pauvre en gluten, mais abondante, fine et très-blanche, est particulièrement recherchée par les fabricants d'amidon.

De la farine au pain la transition est toute simple; si simple, que je vais la prendre pour prétexte et vous faire en quelques mots l'histoire de ce dernier.

Le pain ! savez-vous qu'on pourrait, sur ce mot tout court et le point d'exclamation qui l'accompagne, faire un paragraphe des mieux sentis? Que n'aurait-on pas à dire sur ce type de toutes les substances alimentaires, qui peut les suppléer toutes à la rigueur, et qui, pour tant de pauvres travailleurs aux champs ou dans la montagne, les résume presque entièrement, en effet, dans l'espèce de disette chronique qu'ils endurent tout le long de leur existence? Le pain a été si haut placé par la reconnaissance des peuples, qu'il est devenu, dans leur langage, l'expression symbolique de toute alimentation, fût-elle intellectuelle, et comme l'équivalent de la vie elle-même. De là ces ellipses hardies : le *pain de vie*, le *pain de l'âme*; et ces curieuses locutions proverbiales : *manger le pain d'un autre; manger son pain blanc le premier; avoir du pain sur la planche; faire passer le goût du pain; rendre amer le pain de l'hospitalité*, etc.

Un mot donc sur l'histoire de cette substance si précieuse. La perfection plus ou moins grande de l'art de la fabrication du pain pourrait être prise à certains égards comme la pierre de touche de la civilisation. Il ne faut donc pas s'étonner qu'il soit arrivé si lentement au degré vraiment éminent qu'il possède aujourd'hui. Ses débuts furent d'une simplicité misérable. Les procédés de mouture particulièrement étaient des plus imparfaits. Ils consistaient en deux pierres, dont l'une creuse, tournant sur l'autre, et pendant fort longtemps les Romains eux-mêmes, malgré leur titre de « maîtres du monde », — on pourrait plutôt dire à cause de ce titre, car, passant tout leur temps à guerroyer, ils n'avaient pas le loisir d'apprendre à faire le pain, — les Romains, dis-je, durent pendant plus de cinq cents ans n'employer qu'une sorte de bouillie ou que de grossières galettes faites sans levain. Quant aux soldats, ils n'avaient même pas cette bouillie ni ces galettes; chacun d'eux était obligé d'emporter sans cesse avec lui un petit sac contenant de la farine, et se bornait, lorsqu'il avait faim, à délayer dans un peu d'eau quelques poignées du contenu de son sac. Les Égyptiens, plus civilisés, savaient déjà faire du pain du temps de Moïse, — pain assez grossier, du reste, suivant le témoignage de M. Pouchet, qui raconte en avoir vu des débris dans les hypogées sépulcrales. — Quant aux Grecs, ils connurent également avant les Romains les procédés d'une panification rudimentaire. Les premières boulangeries publiques, établies à Rome vers l'an 580 (174 ans avant notre ère), furent dirigées plus tard par une corporation de boulangers qui transmirent leurs usages aux Gaulois et aux Francs.

Sous Philippe-Auguste, les boulangers se soumirent à la juridiction du grand panetier.

On conviendra, dit M. Payen, que de nombreuses additions avaient dû être faites aux statuts de l'antique profession, en voyant la liste des pains différents destinés aux classes distinctes de la société. En voici quelques-uns : pains *de pape, de cour, de chevalier, d'écuyer, de chanoine, de pair, de valet, triboulet, maillan, denain, salignon, matinaux, d'étrennes, de Noël, doubleau, pole, bourgeois, coquille, bis,* etc. Nous en passons une bonne moitié. En voyant sur la liste complète le pain des bourgeois n'occuper que la trentième place, on peut constater combien les choses ont changé depuis les XII${}^e$ et XIII${}^e$ siècles, quand on sait avec quelle répugnance les ouvriers des grandes villes et les pauvres eux-mêmes repoussent aujourd'hui le pain de deuxième qualité, dont la nuance diffère très-peu de celle du pain blanc de premier ordre. Cette remarquable tendance est, à coup sûr, un signe de civilisation plus avancée, en même temps qu'un témoignage de haute approbation donné au degré élevé de perfectionnement avec lequel la panification s'effectue de nos jours, et depuis très-longtemps dans le centre de notre Europe civilisée.

Ce n'est pas tout de savoir bien s'y prendre pour faire de bon pain, il faut encore avoir la farine ou le blé nécessaire à la fabrication. Ce serait une longue et douloureuse histoire que celle des années innombrables où le pain manqua au malheureux peuple de notre pays. L'histoire de l'alimentation de la France sous l'ancienne monarchie, dit M. Maxime du Camp dans un intéres-

15

sant travail [1], serait l'histoire d'une série de disettes,
touchant parfois à la famine, car on peut dire avec
certitude que notre pays a souffert de la faim jusqu'aux
premiers jours du XIXᵉ siècle. Depuis les plus sombres
périodes du moyen âge, du Xᵉ et du XIIᵉ siècle, jusqu'au
règne de Charles VI, sous lequel s'éleva du fond d'un
abîme de détresses la lugubre *Complainte des pauvres
laboureurs de France*, jusqu'au temps des Valois, où
les mères mangeaient leurs enfants, jusqu'au règne de
Louis XIV, parmi les « grandeurs » duquel on oublie
toujours de faire figurer celle de l'horrible misère du
peuple, et jusqu'à la Révolution française enfin, qui
ne put tout réorganiser à la fois, et qui, elle aussi,
commit des fautes, — tout le long de cette accumulation de siècles, retentit le cri sinistre « Du pain! »
dont le peuple poursuivait en tous lieux ses grands,
ses princes et ses rois.

L'inique répartition des impôts, et par-dessus tout
les mille et mille entraves d'une législation barbare,
insensée, ont tant de fois amené au dernier degré de
souffrance et d'étisie l'infortuné peuple de France, que
les historiens se demandent comment il se fait qu'il
ait pu chaque fois sortir de son agonie et recommencer
à vivre.

Mais ce n'est point ici qu'une semblable histoire peut
être faite, et si en passant nous en avons esquissé quelques linéaments obscurs, cela n'a été que pour faire
mieux comprendre et ressortir l'importance capitale,
absolue, de ce Froment, de ce petit grain de blé qui,
sous sa mince pellicule jaunâtre, nous le disions en

---

[1] *Revue des Deux Mondes*, livraison du 15 mai 1868.

commençant, contient la vie des peuples et tous les
développements de la civilisation.

## LA VIGNE

Après la plante qui nous donne le pain vient tout
naturellement celle qui nous donne le vin. Ce n'est pas
la première fois que nous la nommons ici, la Vigne;
nous l'avons déjà citée au chapitre des Lianes, parmi
les plantes grimpantes des plus belles de nos régions
tempérées. C'est une Liane, en effet, toujours gracieuse, souvent admirable, et dont la puissance de
végétation, surtout dans les contrées méridionales,
dépasse tout ce que nous pouvons imaginer, nous
autres habitants déshérités du Nord.

Quand je dis que la Vigne est toujours gracieuse,
vous comprenez fort bien, je suppose, qu'il ne s'agit
ici ni de ces treilles dont une tonnelle mathématique
réprime toutes les tentatives d'émancipation, ni de ces
malheureux ceps auxquels un échalas rigide ou un
clou austère enseigne la tenue et le respect des convenances. Non, soyez sûr que, soumises à ce régime, les
plus belles Lianes des tropiques feraient assez pauvre
figure. Je parle de ces Vignes superbes du Midi, de ces
grandes Vignes folles qui, autorisées ou non à le faire,
s'emparent d'un arbre, ou de deux, ou de quatre,
qu'elles enguirlandent, qu'elles étouffent bel et bien
parfois, suivant en cela les traditions connues de leurs
sœurs des forêts vierges, et dont les pampres énormes
escaladeraient le plus haut des Chênes, — si ce Chêne

oubliait assez sa dignité pour venir se commettre dans
un vignoble ou dans un verger.

Les dimensions presque illimitées de ces pampres
opulents ont été dès longtemps remarquées. Pline déjà
parle des Vignes « qui croissent sans fin », et l'histoire
nous a conservé le souvenir de certaines de ces plantes
qui avaient acquis des proportions véritablement extraordinaires. C'est ainsi que l'on cite l'escalier en spirale
qui montait aux combles du temple d'Éphèse, et qui,
paraît-il, était fait d'un seul cep de Vigne tiré de Chypre.
A Métapont, les colonnes du temple de Junon étaient
en bois de Vigne; certaines portes à Ravenne, dont
les planches avaient trois mètres de longueur sur quarante centimètres de largeur, étaient faites du même
bois; l'on cite plusieurs statues fort grandes, entre
autres celle de Diane à Éphèse et celle de Jupiter à Popu-
lonium, qui étaient taillées dans un seul bloc du bois
dont il s'agit; et ce fait paraît tout naturel, si l'on ajoute
foi au récit de Strabon, qui raconte que l'on voyait
dans la Margiane des Vignes d'une telle grosseur, que
deux hommes, les bras étendus, pouvaient à peine en
embrasser la tige.

Vous citerai-je enfin, pour en finir sur ce sujet, un
mot, — devrait-on répéter de vieux mots, alors que
nos contemporains, hélas! en font tant et de si mauvais? — un mot, dis-je, attribué par Pline à Cinéas, le
sage ministre du royal chevalier d'aventures, Pyrrhus?
Cinéas donc, étant en ambassade à Rome, y trouvait,
paraît-il, le vin fort mauvais; si bien qu'un jour, le
trouvant plus que jamais acide et détestable : « Par
Bacchus! s'écria-t-il avec la rude franchise qui carac-
térisait les héros de l'antiquité, c'est grande justice

d'avoir pendu la mère d'un tel vin à une croix si élevée.»
Le malin diplomate faisait allusion à ces Vignes si longues et si hautes qu'elles dominaient de leurs rameaux
les arbres les plus grands. L'allusion était absolument
fausse, par la raison que les Vignes ne sont nullement
crucifiées à ces arbres, et qu'elles y montent de plein
gré; n'importe, on applaudit. Avec cette coupable com-
plaisance qui, en tous lieux et en tous siècles, même en
pleine république, entoure d'une congratulation com-
plice les diseurs de bons mots, celui de Cinéas fut
trouvé excellent, et les esclaves reçurent l'ordre de
changer les amphores.

Les Ampélidées (famille à laquelle appartiennent
les Vignes) habitent les régions tropicales et celles
de l'Asie tout particulièrement. La véritable patrie
de ces végétaux précieux, dit M. le Maout, paraît
devoir être cherchée dans la Mingrélie et la Géorgie,
entre les montagnes du Caucase, de l'Ararat et du
Taurus; et si l'on rencontre la Vigne vinifère dans
quelques forêts basses de l'Europe méridionale, il faut
la considérer comme une plante échappée à la do-
mesticité. Les plus anciennes traditions des peuples
mentionnent la Vigne comme jouant un rôle déjà si
important dans les cérémonies des religions les plus
primitives, qu'il est permis d'en conclure que la culture de ce végétal a presque pour date l'apparition de
l'homme sur la terre.

La culture de la Vigne, au point de vue géographique, aurait pour limite boréale, en France, une ligne
qui, partant de l'embouchure de la Loire, remonterait
vers le nord, et irait aboutir vers le 51e degré de lati-
tude, c'est-à-dire au confluent du Rhin et de la Moselle.

De là cette ligne s'infléchit brusquement, remonte le Rhin, descend le Danube, puis tournant à l'est, traverse la Hongrie, la Crimée, et va se perdre vers les côtes septentrionales de la mer Caspienne. En poursuivant vers l'orient cette ligne frontière idéale, on la verrait longer le nord de la Perse, puis devenir incertaine sur le versant méridional de l'Himalaya, où les Vignes sont rares, puis disparaître entièrement dans les basses plaines de l'Inde.

Il y a des Vignes à l'Ile-de-Fer, on en plante dans les jardins sous les tropiques, mais les fruits s'y dessèchent avant leur maturité ; dans l'Amérique septentrionale la Vigne réussit peu ; quant à l'hémisphère austral, on a essayé avec quelque succès d'en planter en Australie, au Chili et au cap de Bonne-Espérance. On voit que la véritable patrie de la Vigne est l'Europe méridionale, et tout particulièrement la France, dont les produits vinicoles, sans nulle rivalité possible, se placent au premier rang.

Dans l'ancienne Palestine, les crus les plus estimés étaient ceux du Carmel, de l'Hermon, du Liban, des régions septentrionales de Jérusalem, de Sorek et d'Eschéol.

Les vins blancs de Sorek, dit M. Rambosson, sont toujours fort estimés, et les vignobles d'Eschéol donnent encore des fruits qui rappellent les merveilleux raisins de la Terre promise, dont le récit biblique, on le sait, relate les phénoménales dimensions. Un pied de Vigne de Syrie, cultivé dans les serres du château de Welbects, en Angleterre, a fourni une grappe pesant neuf kilogrammes et demi et mesurant trente-cinq centimètres de longueur sur un mètre et demi de circonférence. Le duc de Portland, ajoute notre historien, auquel nous laissons toute la responsabilité des chiffres qui précèdent, envoya ce phénomène végétal au marquis de Buckingham, premier ministre de Georges III.

Naturellement, à côté de l'histoire, et même bien au delà de ses premières données, remonte et s'enfonce la chaîne des traditions légendaires ou mythologiques, dont nous ne nous occuperons point ici. Je ne vous parlerai donc ni d'Osiris, qui le premier, disent les Égyptiens, leur enseigna à cultiver la Vigne, ni de Bacchus, dont les chansonniers ont si souvent abusé, ni d'Icare, auquel quelques auteurs attribuent la gloire d'avoir découvert le vin, ni de Cadmus, qui planta de Vignes la Béotie, ni d'Œnopion, fils de Bacchus; et nous nous contenterons de nommer les grands crûs de l'antiquité, tels que Sicyone, Leucade, Lesbos, Chio et la fameuse Chypre, dont les croisés rapportèrent des cépages en France et en Allemagne à leur retour d'Orient. Quant aux vins de Rome, ils n'acquirent de la réputation qu'assez tard, — vous vous rappelez le mot de Cinéas, — et ce n'est qu'après la conquête de la Grèce que l'Italie s'enrichit de plants célèbres, ceux de Chio et de Thasos entre autres, qui, bien vite acclimatés à leur nouvelle patrie, devinrent la souche des vignobles les plus vantés de l'Italie moderne.

Sur les très-nombreuses espèces de vins renommés que produisaient alors les régions méridionales, l'Italie, suivant Pline, en fournissait les deux tiers, c'est-à-dire environ cinquante. Quant aux vins d'Espagne, ils sont fort légèrement mentionnés par cet historien, qui,

d'autre part, paraît tenir en assez médiocre estime les
vignobles de la Gaule.

Ces vignobles, peu étendus d'abord, étaient toutefois
fort productifs, suivant le témoignage du géographe
Strabon. Ils provenaient, dit-on, de cépages dès longtemps importés par les Phocéens [1], et quand on se
reporte à ce fait bizarre et brutal que Domitien les fit
arracher, afin que les barbares ne fussent point attirés
dans le midi des Gaules par les séductions du vin qu'on
y récoltait, on est autorisé à se défier des appréciations dédaigneuses que Pline émettait au sujet des premiers vignobles de notre patrie.

Quoi qu'il en soit, cette culture, un instant arrêtée
par le procédé despotique de Domitien, fut reprise
quelques années après. Les Vignes, replantées par
Probus et Julien, se répandirent avec rapidité, si bien
qu'au IVe siècle, lorsque ce dernier vint fixer sa rési-
dence à Paris, dans ce vieux palais des Thermes, dont
les débris grandioses se sont conservés jusqu'à nos
jours, les vignobles des environs de Lutèce fournis-
saient déjà un vin quelque peu passable. Il est inutile
d'ajouter que cette culture délicate se développa en
raison directe des déboisements successifs de l'ancienne
Gaule, que recouvraient presque entièrement, on le
sait, d'épaisses et humides forêts.

Ce furent les personnages riches et haut placés qui
tout d'abord prirent la Vigne sous leur protection. Les
capitulaires de Charlemagne déjà parlent des vignobles
que les rois de France possédaient dans leurs domaines.

---

[1] Certains historiens affirment même que la culture de la Vigne précéda
de beaucoup l'arrivée des Phocéens, et qu'elle était fort bien connue des
Celtes, nos ancêtres primitifs.

Chaque palais royal avait ses Vignes et son pressoir, l'enclos du sombre Louvre lui-même en était tapissé, et tout le monde a entendu parler des magnifiques treilles, — d'où le nom de la rue Beautreillis, à Paris, — que renfermaient les fameux jardins de l'hôtel Saint-Paul bâti par Charles V [1].

La haute antiquité de la culture de la Vigne dans les Gaules n'en infirme en aucune façon l'importation primitive. Que cette importation ait eu les Phocéens pour auteurs, ou bien plutôt des navigateurs gaulois qui, à une époque entièrement inconnue, sont allés chercher jusqu'en Asie les premiers plants de l'arbuste précieux qui s'est si merveilleusement acclimaté dans notre France, toujours est-il que la Vigne n'est pas une plante indigène, et que c'est de l'Asie Mineure ou des régions sud-orientales de l'Europe qu'elle tire son origine.

« La France, ajoute l'historien précédemment cité, a glorieusement pris la première place parmi les pays vinicoles ; elle n'en cherche pas moins à s'approprier par de persévérants efforts les meilleures espèces étrangères. C'est ainsi que le raisin de Tokay vient d'être acclimaté avec succès près de Montpellier, et que des essais analogues se poursuivent depuis 1862, sur des ceps portugais aux environs de Reims. La Hongrie, qui pour l'abondance de sa récolte n'est inférieure qu'à la France et à l'Italie, doit aux Romains ses premiers vignobles. Les légions de Probus plantèrent sur les rives du Danube inférieur l'*Uva carthagena*, dont

[1] Voyez *Les Jardins* de M. Arthur Mangin, un des plus remarquables volumes illustrés qu'ait édités la maison A. Mame et Fils.

la langue hongroise aurait, dit-on, transformé le nom en *Kadurka*. Quant à la variété dïte *Furmint,* qui donne les vins blancs de Tokay, elle paraît avoir été transportée d'Italie par les soins de Louis d'Anjou au xiv⁰ siècle [1]. »

La plupart des Ampélidées renferment divers acides répandus dans toutes les parties de la plante, souvent unis à des principes colorants et astringents. Un sucre particulier, appelé *glucose,* se combine avec ces acides dans les fruits de certaines espèces, et produit alors par fermentation cette liqueur, si connue et si fort appréciée depuis Noé jusqu'à nos jours, qu'on appelle *vin,* et dont nous ne raconterons pas ici les modes de fabrication.

Quant au fruit délicieux de la Vigne, appelé *raisin,* tout le monde en connaît et apprécie les qualités. Il est nutritif, rafraîchissant, et est parfois employé sous le nom de *cure de raisins* dans le traitement de certaines maladies. Les raisins de Corinthe et de Malaga séchés au soleil ou au four font dans le monde entier l'objet d'un commerce considérable. Les baies de la Vigne non encore mûres fournissent sous le nom de *verjus* un condiment acide très-employé, surtout dans le midi de la France, ainsi qu'un médicament parfois appliqué au traitement de certaines inflammations de la bouche et de la gorge.

Il est sans aucun doute entièrement inutile de faire ici, même au point de vue botanique, la description de la plante célèbre et universellement connue dont s'occupe ce chapitre. Tout le monde sait que la Vigne

[1] J. Rambosson, *Histoire et Légendes des plantes,* etc.

est un arbrisseau à tige ligneuse, noueuse le plus souvent, bizarrement tordue, et dont les longs rameaux ou
*sarments* sont munis de vrilles en spirale. Malgré les
soins qu'exige sa culture, c'est une plante vivace, énergique, sobre, qui croît avec rapidité, et dont la longévité est parfois considérable, puisqu'elle peut vivre
plusieurs siècles. Il n'est pas rare de voir dans le midi
de la France, devant des fermes ou des maisons de
campagne, de vieilles treilles plantées par un ancêtre, accrochant à quelque antique muraille ses pampres noueux et noirs, que des générations entières
voient se couvrir tous les ans de belles grappes bleuâtres
ou dorées par le soleil et qu'on se lègue de père en fils
comme un héritage de famille. Les fleurs de la Vigne
sont petites, verdâtres et assez insignifiantes, bien
qu'elles exhalent une douce odeur; mais ses pampres,
nous l'avons dit plus haut, sont admirables de fougue,
de grâce, d'élégance, et ses feuilles découpées, qui se
colorent en octobre de ces riches tons jaunes, rouges
ou mordorés que vous savez, concourent avec les
teintes rouillées des forêts à la confection de ces grands
décors d'automne, qui feront à jamais le désespoir des
peintres et l'admiration des artistes.

Les espèces américaines de la Vigne vinifère, qui
croissent spontanément dans les forêts, se chargent de
baies acides, qu'on peut à la rigueur considérer comme
un fruit rafraîchissant. La *Vigne vierge*, qui se rattache au grand genre des Cissus, est une plante de l'Amérique septentrionale, qui s'est à peu près naturalisée
en Europe, et que l'on cultive dans les jardins où elle
forme des haies, des berceaux de verdure et de magnifiques décorations de murailles, avec ses longs pam-

pres et ses feuilles digitées qui se teignent à l'automne des plus belles nuances purpurines. Nous en avons dit quelques mots déjà au chapitre des Lianes, où nous l'avons classée parmi celles qui, sans être rigoureusement indigènes, peuvent cependant être considérées comme telles, par suite de leur naturalisation à peu près complète.

Après le Froment et la Vigne, quelques pages encore sur l'un des arbres fruitiers les plus beaux, les plus utiles, les plus célèbres, sur l'un des héros du verger... Vous l'avez nommé, c'est

## LE POMMIER

La pomme, un fruit maudit! Qui donc a dit cela? Bon nombre d'historiens, et à peu près tous ceux qui ont écrit sur la mythologie.

Horrible calomnie! Je ne sais en vérité ce qu'elle leur a fait à tous, cette innocente pomme, pour être ainsi traînée de fable en légende et de dogme en symbole. Voyez un peu. Pomme de discorde, pomme d'Iduna, pomme empoisonnée, dont tous les médecins du monde antique, Hippocrate et Galien, et les Arabes, et les auteurs de l'école de Salerne énumèrent avec une haineuse prolixité les vertus délétères. Depuis la pomme des légendes mythologiques jusqu'à ces autres pommes du domaine de l'histoire qu'abhorrhait Ladislas Jagellon, roi de Pologne, tout comme l'empereur Constantin, et qui incommodaient à tel point Haller, l'illustre physiologiste, qu'il les sentait jusque chez

ses voisins, — quelle série de malédictions et de ca-
lomnies contre ce fruit exquis et charmant, dont la
réhabilitation s'est fait attendre plus de soixante siècles !

N'en inférons rien de mal contre lui. C'est justement
parce que la pomme est admirable que l'imagination
des peuples en a été vivement impressionnée, et qu'on
en a fait, en même temps qu'un fruit de malheur, tantôt
ce don superbe dont la plus belle était seule digne,
tantôt cet objet de séduction aux charmes duquel la
rapide Atalante ne put résister, tantôt enfin ces fameuses pommes d'or qu'Hercule rapporta du jardin
des Hespérides... Sans compter qu'il y aurait une foule
de rectifications justificatives à faire, dans ce tissu de
fables plus ou moins mal intentionnées.

Et d'abord rien ne prouve qu'il faille rendre le
Pommier responsable de la grave accusation dogma-
tique que la tradition fait peser sur lui, attendu que
la pomme n'est désignée nulle part et que le mot *fruit*
n'est autre chose ici que la désignation concrète d'un
objet attractif quelconque. Ce qui le prouve jusqu'à
l'évidence, c'est que la légende de la chute par la
séduction se retrouve chez tous les peuples. Le *fruit
défendu* est de tradition universelle.

Chez les Persans, c'est à Meschia et à Meschiané, le
premier homme et la première femme, que le noir et
jaloux Ahriman, déguisé en couleuvre, vient offrir *des
fruits*, sans autre désignation. Les Chinois racontent
la même légende. Suivant le dogme des Thibétains,
l'objet de la tentation fut la dangereuse plante Schima,
« douce et blanche comme le sucre ». Chez les Scandi-
naves, enfin, pour ne pas les nommer tous, c'est la
déesse Iduna, qui était préposée à la garde de certaines

prétendues pommes, auxquelles il ne fallait pas toucher, parce qu'elles donnaient l'immortalité. Les dieux en mangeaient de temps à autre, afin de se maintenir en état convenable, lorsqu'un jour, jour de malheur, le méchant Loke, l'Abriman du Nord, enleva tout à la fois Iduna et le Pommier de jouvence, qu'il transporta dans une sombre et lointaine forêt. Dès lors dieux et déesses commencèrent à vieillir. Pour un dieu passe encore ; les cheveux blancs peuvent former une auréole qui ne messiérait même pas au front d'un immortel : mais pour une déesse! Une déesse qui grisonne! Ciel! plutôt mourir mille fois, si la mort était possible. Une coalition s'organisa donc bien vite; l'odieux Loke dut rendre gorge, et le Pommier divin, toujours gardé par Iduna, fut replanté dans le jardin du paradis.

On voit qu'ici la légende s'élève. Ce n'est plus d'un arbre portant des fruits qu'il s'agit, mais d'une sorte de talisman qui donne l'immortalité; c'est l'arbre du bien et du mal de la Genèse que nous retrouvons, l'arbre de la science, c'est-à-dire l'arbre de vie, poétique et profond symbole, qui laisse bien loin derrière lui la puérile et sensuelle tentation de manger un fruit plus ou moins doux et succulent.

Tout cela, vous le voyez, justifie singulièrement notre pauvre pomme incriminée. Est-il besoin d'ajouter qu'elle n'est pour rien non plus dans l'incident qui termina le dessert du grand dîner des noces de Thétis? La pomme choisie par la Discorde était d'or, s'il vous plaît. Toute autre pomme réelle, eût-elle été la plus admirable des Calvilles ou la plus irrésistible des Reinettes, n'eût certainement pas été digne d'être offerte à l'une des trois ambitieuses déesses, Junon, Minerve et

Vénus. Mon avis est donc que cette pauvre pomme, coupable aux yeux de la postérité d'avoir causé la guerre de Troie, n'était rien autre qu'une simple boule d'or, qui n'avait de la pomme tout au plus que la forme, et dont la matière particulièrement, en même temps que la devise qu'elle portait : *A la plus belle*, enflammèrent les désirs des cupides et jalouses déesses. Depuis le commencement du monde, le fauve éclat de l'or a pour l'œil féminin des lueurs irrésistibles, et la Discorde, qui était femme elle-même, le savait à merveille.

Encore des pommes d'or pour séduire Atalante. Soyez sûrs qu'elle eût poussé du pied, dans sa course rapide, la plus rose des Apis, la plus parfumée des Fenouillets : mais dame, des pommes d'or, on y regarde à deux fois, et ce fut une excellente idée qu'eut Hippomène de s'adresser à un bijoutier plutôt qu'à un horticulteur. Qu'y a-t-il encore? Les pommes des Hespérides. Eh bien ! celles-là aussi étaient en or; et puis, qui ne sait qu'il ne s'agit probablement point ici de pommes, mais bien de Brebis, — quelque chose comme des Mérinos, peut-être, — dont Atlas, roi de Mauritanie, fit présent à Hercule, et que c'est en jouant sur le mot *mêlon*, qui, en grec, signifie tout à la fois Brebis et pomme, que les poëtes ont inventé la légende du Jardin des Hespérides [1]?

Ne vous étonnez point de ce jeu de mots. Les anciens ne les haïssaient point, et tout porte à croire que les dieux eux mêmes les voyaient d'un œil indulgent :

[1] En supposant même qu'il s'agit de fruits, ce seraient non point des pommes qu'Hercule aurait rapportées, mais bien des oranges et des citrons.

témoin la singulière aventure qui valut à Hercule le nom de *Melius*. L'histoire est positivement drôle. Les Thébains, qui tenaient Hercule en grande estime, avaient l'habitude de lui offrir de temps à autre une Brebis en sacrifice. Un jour, cette Brebis manqua; on ne s'en était pas procuré en temps convenable, et la crue des eaux de l'Asopus rendait toute communication impossible. Comment faire cependant? On était fort perplexe; car on ne pouvait attendre décemment qu'il plût à l'Asopus de retirer ses eaux. C'est alors que l'un des grands prêtres, homme d'esprit et de ressource, — c'est depuis ce jour-là, sans doute, que les hommes savent si bien qu'il est avec le Ciel des accommodements, — imagina le plus ingénieux des subterfuges. Il prit une pomme, y planta dessous quatre allumettes, ce furent les jambes; dessus deux chevillettes, ce furent les cornes; et le tout, baptisé Brebis, fut offert au demi-dieu en sacrifice.

Le brave Hercule s'en fâcha-t-il? Point du tout; si bien qu'on l'appela dès ce jour, et non sans quelque ironie sans doute, *Melius*, c'est-à-dire le dieu aux pommes ou le dieu Pommier, et que sans plus chercher à feindre, la Brebis fut désormais remplacée, dans les sacrifices, par une pomme, — ce qui était infiniment plus économique. Qu'Homère vienne ensuite nous parler de l'irascible susceptibilité des dieux!

Vous le voyez, notre pomme sort blanche et pure de toute incrimination. Déclarons-la donc à tout jamais innocente, et malgré les légendes mythologiques, malgré les erreurs du langage médical, qui appelle « pomme d'Adam », cette grosseur que forme au cou de l'homme la paroi saillante de l'un des cartilages du larynx,

malgré les déclamations d'une science encore enfantine,
n'en déplaise à Hippocrate, déclarons que la pomme est
un des plus beaux, un des meilleurs fruits qui existent, si bien qu'elle est devenue comme l'image symbolique du prix que mérite ici-bas toute belle créature ou
toute belle chose. Relisez cette jolie strophe bien connue
des *Orientales* :

> Soit lointaine, soit voisine,
> Espagnole ou Sarrasine,
> Il n'est pas une cité
> Qui dispute sans folie
> A Grenade la jolie
> La *pomme de la beauté*.....

Ce qu'il y a de certain, c'est que la pomme, aux lignes
si pures et aux couleurs si charmantes, est devenue
comme une figure mystique de perfection, c'est-à-dire
la représentation de quelque chose de complet et de
parachevé. Outre une foule de fruits qu'on appelle de
ce nom [1], il est des plantes dont le mot pomme, changé
en qualificatif, exprime le parfait développement. Une
belle et ferme tête de Chou, une Laitue compacte et
dure sont dites *pommées;* une sottise même mérite
cette épithète, alors qu'elle est réussie au point de ne
plus rien laisser à désirer. Tout ornement qui termine
un meuble ou tel objet de luxe dont l'extrémité s'arrondit plus ou moins, s'appelle encore une pomme (pomme

---

[1] Pomme de terre, pomme de Chêne, pomme d'Églantier, pomme de
Pin, pomme de Mancenillier, pomme d'Adam ou pomme de Paradis
(banane), pomme d'Amour ou pomme du Pérou (tomate), pomme
d'Arménie (abricot), pomme d'or (orange), pomme épineuse (Datura),
pomme de Jéricho (Morelle), pomme de Chien (mandragore), etc.

de lit, de chenet, de canne, de mât de girouette, etc ).
Ce mot fait positivement image et résume en une forme
typique tout un ensemble d'idées. Remarquez, en
effet, qu'une pomme n'est pas une boule. Celle-ci n'est
qu'une froide figure mathématique, tandis que la
pomme, organique et modelée par la vie, présente tout
de suite à l'esprit l'image de l'une des plus belles formes
qui existent (celle du sphéroïde), renflée à l'équateur
et aplatie au pôle comme la terre, mais aplatie comme
l'est la pomme, c'est-à-dire ornée de cette double cavité
dite ombilicale, où s'enfoncent la queue et les vestiges
desséchés du calice, et dont les courbes sont d'une élégance exquise.

Qui dit pomme dit Pommier ou peu s'en faut, puisque de l'une à l'autre il n'y a, comme distance, que la
longueur d'une queue fort courte; arrivons donc à
celui ci, sans autre transition. Le Pommier, disons-le
tout de suite, n'est pas un arbre élégant. Certes, il est
admirable au printemps, alors que les « tièdes haleines » l'ont transformé en un énorme bouquet blanc
et rose; mais l'arbre a disparu sous le buisson fleuri,
et il faut attendre, pour le juger impartialement, qu'il
ait repris sa modeste livrée de travail. Le Pommier n'est
pas autre chose, en effet, qu'un travailleur, moins encore, qu'un esclave. Il a perdu au service de l'homme
sa physionomie spéciale et ses allures indépendantes.
Où est-il le Pommier sauvage, le Pommier libre? C'est
à peine s'il existe au fond des bois, à l'état de pauvre
arbuste rabougri, épineux et maussade qui, dans les
fourrés les plus épais, semble vouloir se soustraire aux
regards. Ce qu'il deviendrait là, entièrement livré à
lui-même, je l'ignore. Peut-être n'est-il pas dans la

nature de cet arbre d'acquérir de belles formes, même
en toute liberté.

Toujours est-il que le Pommier domestique, — sauf
exceptions, — n'a ni ces allures élégantes, ni ces lignes
hardies qui rendent remarquable le profil de tant d'autres végétaux. La silhouette du Pommier manque d'im-
prévu. Généralement incliné par les vents d'ouest, il
penche d'un côté d'une façon disgracieuse; ses branches
se coudent sans art, et sa ramure offre trop souvent le
spectacle d'une architecture circulaire, sorte de tête
de Champignon, devant laquelle se pâment d'aise bon
nombre d'horticulteurs. C'est un travailleur, nous
l'avons dit, et non point un artiste; il est ramassé,
trapu, fait le gros dos, comme les malheureux ouvriers
des champs, ses confrères, qu'un labeur excessif a
courbés avant l'âge. Ajoutons à cela que le pauvre
arbre a les défauts de ses qualités, qu'il est trop
souple, trop malléable, et qu'il a eu, dès l'origine,
le grand tort de se prêter sans protestation aux fantaisies les plus grotesques. Qui n'a vu de ces misérables
Pommiers nains étalés en espaliers, crucifiés contre
un mur ou ficelés à des échalas qui ridiculement le
transforment en quenouille, en verre à boire, en queue
de paon ou en n'importe quelle autre figure de fantaisie [1]? Quelle initiative, quelle physionomie voulez-
vous qu'ait un malheureux végétal abruti par une
éducation semblable?

Si le Pommier ne pose ni pour la grâce, comme le
Saule pleureur, ni pour la majesté comme l'Orme ou

---

[1] C'est du siècle maniéré de Louis XV que date cette mode outrageante
pour les produits de la libre nature.

le Chêne, il faut avouer qu'il sait faire en revanche
d'admirables corolles, — parfumées dans quelques espèces, d'une vague mais douce odeur, — et que ses
boutons de fleurs, gracieusement entourés de franges
vertes et teintés du carmin le plus vif, peuvent riva-
liser avec ce que les Rosiers les plus habiles savent
faire de mieux en ce genre.

Nous n'essaierons donc pas de décrire l'aspect d'un
Pommier tout en fleur. Ce n'est pas une plume, mais
un pinceau, qu'il faudrait, pour rendre ces blancheurs
virginales qu'éclairent et que réchauffent comme des
reflets d'aurore. La réalité disparaît sous la transfigu-
ration ; on ne voit plus ni tronc rugueux, ni branches
moussues, ni rameaux plus ou moins tordus. C'est un
énorme bouquet fantastique, comme on en voit dans
les songes, ou plutôt un de ces végétaux improbables
des apocalypses chinoises, qui profilent sur un fond de
laque l'éclatant feuillage de leurs rameaux de nacre
ou d'ivoire. Mais non, c'est mieux encore, parce qu'on
voit que la vie, et qu'une vie fragile anime cet ensemble de beautés diaphanes et de grâce qu'on sent
éphémère tant elle paraît idéale. On voudrait pouvoir
préserver de la pluie, du froid, du vent, du moindre
souffle, ces pauvres corolles qui frissonnent au grand
air, et l'on se rappelle avec mélancolie :

> Qu'il faut qu'Avril jaloux brûle de ses gelées
> Le beau Pommier trop fier de ses fleurs étoilées,
> Neige odorante du printemps.

C'est dans les campagnes de la verte Normandie qu'il
faut le voir à cette époque. Vergers, prairies, vallons
se mamelonnent de ses buissons fleuris, et lorsque du

sommet de quelque colline, — ou du haut de certaine
tourelle où je passai de si douces heures [1], — on peut
voir s'ouvrir devant soi plusieurs vallées successives
qu'encadrent les forêts sombres, et que terminent à
l'horizon des lignes bleuies par la distance, l'on demeure émerveillé devant ce doux paysage, où l'estompe
des brumes marie si bien, sous une sorte de glacis har-
monieux, tout le vert des prairies avec tout le blanc
des Pommiers.

Le Pommier, en latin *malus*, dont le radical est très-
probablement le mot grec *mêlon*, qui signifie pomme,
— et aussi Brebis, vous vous souvenez, n'est-ce pas,
d'Hercule Melius? — appartient à la sous-famille des
Pomacées, laquelle, à son tour, se rattache à la vaste
famille des Rosacées [2]. Les botanistes ont longtemps
confondu, et quelques-uns confondent même encore,
le Pommier avec le Poirier, le Sorbier et le Coignassier.
Pour les uns, il n'y a que deux genres (Pommier et
Coignassier ou Pommier et Poirier). Pour d'autres, il y
en a trois, quatre pour d'autres; car la question est fort
obscure : si bien que deux siècles de mémoires, de rapports, de notes et de contre-notes n'ont pu vider la
querelle.

Quoi qu'il en soit, les derniers paraissent avoir raison, et tout porte à croire que bien décidément le Pommier n'est pas un Poirier. Tout, en effet, les distingue.
Tout, non, mais bien des choses. Si les fleurs se res-

---

1 Vallon de Vascœuil, près Rouen, chez mon ami M. Alf. Dumesnil.

2 C'est à cette famille qu'appartiennent, entre autres figures de connais-
sance, le Poirier, le Coignassier, le Sorbier, le Néflier, l'Amandier, le
Prunier, le Cerisier, le Pêcher, puis des arbrisseaux (Rosier, Aubépine,
Ronce), puis des herbes (Aigremoine, Pimprenelle, Fraisier, etc.).

semblent au premier abord, vues de plus près, elles
diffèrent. Tandis que celles du Poirier sont d'une blancheur éclatante, celles du Pommier sont lavées d'une
douce teinte de carmin. Là-bas les styles sont libres,
ici ils se soudent à la base. La queue de la pomme s'enfonce et disparaît à demi dans une cavité dite ombilicale ; celle de la poire, haut perchée, en surmonte le
sommet aminci. Coupons en deux cette dernière, nouvelle différence. Le cœur est dur, granuleux, pierreux
ou peu s'en faut, tandis que la pulpe juteuse de la
pomme s'étend jusqu'à la membrane même qui enveloppe les graines. Et puis encore, ce sont les feuilles
qui diffèrent, et l'écorce, et la disposition des branches,
et ce je ne sais quoi enfin qui caractérise et constitue
les physionomies.

Le Pommier est donc bien Pommier d'un bout à
l'autre, par ses branches, par ses feuilles, par ses fleurs
et par ses fruits. Ses branches, nous les connaissons :
ce sont les branches d'un producteur, un peu tordues,
souvent coudées, plus souvent encore affaissées par la
formidable charge d'automne. Il en est qu'il faut en
septembre étayer de tous côtés, si l'on veut les pré-
munir contre un écrasement irrémédiable. Les feuilles
sont fort jolies. Simples, c'est-à-dire entières, délicatement dentelées, mollement cotonneuses en dessous,
elles sont de plus alternes, c'est-à dire qu'elles escala-
dent les rameaux, suivant les circonvallations d'une
spirale ascendante et gracieuse. Quant aux fleurs, elles
sont ravissantes, on le sait. Grandes, ouvertes, parfois
odorantes et agglomérées en corymbe, elles nous offrent,
au milieu d'un calice à cinq folioles, enveloppant cinq
pétales blancs ou rosés, une vingtaine d'étamines

groupées en aigrettes, et éparpillant tout autour des
cinq styles du pistil leurs gentilles petites têtes mutines,
ordinairement jaunes, mais quelquefois rouges et
comme transparentes.

Voici les fruits, et de combien de sortes! Les fleurs
se ressemblent toutes plus ou moins; mais dans les
pommes, quelle immense diversité! Blanches, vertes,
grises, fauves, jaunes, violettes, presque noires, rouges
surtout, rouges de tant de nuances, depuis le frais
carmin de la Pomme d'Api, jusqu'à la sombre pourpre
de certaines Calvilles, que de teintes et de nuances
piquées de points, rayées de lignes, tachetées, pana-
chées, le tout s'alliant à des formes aussi variées que
les couleurs : rondes, oblongues, déprimées, coniques,
cylindriques ou côtelées!

Les espèces de pommes sont nombreuses; mais les
variétés sont véritablement innombrables : on les compte
par centaines [1], et rien n'empêche les horticulteurs d'en
augmenter indéfiniment la série.

Ce qu'il y a de remarquable, et ce qui prouve la
prodigieuse docilité du Pommier, c'est que ces variétés
si nombreuses remontent en définitive à cinq ou six
types primitifs. Quand, parmi les espèces fruitières,
l'on a cité le *Pommier doux* et le *Pommier acerbe*,
puis parmi les espèces à fleurs, le *Pommier de Chine*,
le *Pommier odorant* et le *Pommier toujours vert*, on

---

1 Rien que dans la pomme à cidre, on compte quelque chose comme
cent quarante variétés, parmi les noms desquelles je me borne à citer les
suivants qui ne manquent pas d'originalité : *Pomme à coup venant*, *Aigre
bel-heur*, *Amer-doux-blanc*, *Belle-fille*, *Berdouillère*, *Doux-évêque*,
*Doux-agnel*, *Gros-binet*, *Fouc-sauvage*, *Grimpe-en-haut*, *Haute-
bonté*, *Tard-fleuri*, *Peau-de-vieille*, etc.

a tout dit ou peu s'en faut, et c'est la culture qui a fait le reste.

Voici la magnifique collection des *Apis* : *Api noir*, *Api blanc*, *Api étoilé*; puis les *Fenouillets* parfumés, les *Pigeonnets* coniques, les *Passe-pomme* à larges côtes; quelques types originaux, tels que la *Pomme de glace*, à chair translucide, le *Museau de lièvre*, la *Pomme figue*, la *Pomme concombre*, la *Pomme violette,* parfumée comme la fleur de ce nom; puis la noble corporation des *Calvilles blancs*, *rouges* et *tachetés*; au-dessus, enfin, les *Reinettes grises*, *rayées*, *dorées*, dominées par leur reine à toutes, le chef-d'œuvre du Pommier, la *Reinette d'Angleterre*, autrement dite *Reinette du Canada*, verte d'abord, puis jaune et piquetée de points bruns.

L'origine du Pommier, non moins obscure que celle de la Vigne, a été l'objet d'une foule de contestations, et c'est peut-être pour couper court aux hypothèses plus ou moins acceptables des historiens, que l'un des Normands les plus célèbres, Bernardin de Saint-Pierre, raconte la fable suivante : « La belle Thétis, jalouse de ce que, à ses propres noces, Vénus eût remporté la pomme de la beauté, sans qu'on l'eût admise à la concurrence, résolut de s'en venger. Un jour donc que Vénus, descendue sur la partie du rivage des Gaules qu'on appelle aujourd'hui Normandie, y cherchait des perles et des coquillages, un Triton lui déroba sa pomme qu'elle avait déposée sur un rocher et la porta à la déesse des mers. Aussitôt Thétis en sema les pepins dans les campagnes voisines pour y perpétuer le souvenir de sa vengeance. Voilà, disent les Gaulois celtiques, l'origine de tous les Pommiers qui croissent dans notre pays, en même temps que la cause de la beauté singulière de nos filles. »

Je n'oserais vous garantir la réalité absolue de ce récit; mais ce qu'il y a d'incontestable, c'est que le Pommier, fils de nos régions tempérées, — ils appartiennent tous à l'hémisphère boréal, et surtout à l'ancien continent, — est un de nos végétaux indigènes par excellence, qui, passant de nos bois dans nos jardins, s'est mis au service de l'homme, et depuis lors n'a pas cessé de nous prodiguer ses bienfaits. Bienfaits n'est point trop dire. Qui ne connaît toutes les qualités de ces fruits excellents que l'on mange crus, que l'on mange cuits, que l'on mange secs, dont on fait confitures, pâtes, gelées et sucreries de toutes sortes? La médecine elle-même, revenant à des sentiments meilleurs, en fait des tisanes, après en avoir fait des potions et des spécifiques [1], et le Pommier, pour terminer dignement une vie aussi utile, nous donne en mourant son bois, bois fin, serré, bien veiné dans les vieux arbres, et dont la teinte rougeâtre ressort admirablement dans les ouvrages de marqueterie.

Peut-on enfin parler du Pommier sans parler en même temps du cidre? Le mot *cidre*, autrefois *sidre*, en vieux espagnol *sizra* et en italien *sidro*, vient du latin *sicera*, lequel est tiré du grec *sikera*, dont l'origine est un mot hébreu signifiant toute boisson fermentée.

L'usage du cidre, s'il faut en croire certains historiens, aurait été importé par les Maures, d'Afrique en Espagne, où les Normands seraient allés chercher, au

---

1 On faisait autrefois d'épaisses marmelades de pommes auxquelles l'on incorporait diverses substances médicinales et que l'on appelait alors *pommades*.

xII<sup>e</sup> siècle, et le Pommier et la manière de s'en servir [1].
Cette opinion paraît difficilement acceptable. Le Pommier étant un arbre indigène qui croît spontanément
dans toutes les forêts de l'Europe centrale, on se demande pourquoi les Normands, méconnaissant les produits de leur sol, auraient eu recours aux Espagnols
pour une semblable importation. S'il faut même en
croire Diodore de Sicile, les Romains estimaient fort les
pommes qui provenaient des Gaules. Il paraît donc
beaucoup plus probable que ce sont les Romains qui,
sachant faire « une sorte de vin de pommes et de
poires », c'est Pline qui nous l'affirme, en enseignèrent
les procédés aux Gaulois. Ce qu'il y a de certain, c'est
que le cidre, et par conséquent la culture du Pommier,
remonte à une antiquité fort reculée. Tertullien parle
du cidre des Africains, et saint Jérôme atteste que ce
breuvage fut connu des Hébreux.

Le bon cidre se fait aujourd'hui au moyen du mélange intelligent de trois espèces de pommes *douces*,
*acides* et *amères*. Ce sont ces dernières qui doivent
l'emporter dans le mélange. Ces fruits, écrasés soit
par un pilon, soit par un cylindre de bois cannelé ou
par une grande roue pesante qui tourne verticalement
dans une auge, sont bientôt réduits en une pâte qu'on
place sous le pressoir par couches superposées et sépa-
rées par de la paille ou des toiles de crin. Des pressions
progressives sont opérées. Les premières, les plus fai-

---

1 De la France, les conquérants normands paraissent avoir porté le
Pommier en Angleterre, où ils l'auraient naturalisé avec leurs lois et leurs
coutumes; puis de l'Angleterre la culture de cet arbre se serait propagée
en Allemagne, en Russie et jusque dans le nouveau monde lui-même, où
on le retrouve dans l'Amérique du Nord et dans le Canada.

bles, donnent le cidre de première qualité, d'autant
meilleur qu'il est pur ou à peu près, — c'est le *gros
cidre,* — tandis que les autres pressions, opérées avec
addition d'eau, donnent un produit plus faible, — c'est
le *petit cidre.* Ces cidres, gros et petits, sont séparément
versés dans des tonneaux où ils fermentent tumultueuse-
ment, puis transvasés dans d'autres tonneaux plus
petits où la fermentation recommence, mais avec plus
de modération. Un dernier transvasement est généralement opéré, soit dans des fûts, soit dans des bouteilles
de grès résistantes et fortement bouchées. Le gros cidre
fournit, par la distillation, une eau-de-vie de qualité
médiocre.

« Le tidre, dit M. Eugène Noël, Normand et homme
d'esprit, est en médiocre réputation chez ceux qui l'ont
bu frelaté dans les villes; mais qu'ils aillent le boire
pur à la table des paysans normands, après quelques
jours de bouteille, et ils avoueront que, par son parfum, sa saveur onctueuse, il égale certaines espèces de
vin; qu'il les surpasse toutes par sa pétulance, son
joyeux déboucher et son effervescence gazeuse; qu'il
pousse aux pensées généreuses et vives. »

Un roi du pays des pommes, le roi d'Yvetot, disait au
roi de France : « Sire, je n'échangerais volontiers mes
pommes de Roquet et de Doux-aguel contre les Vignes
de Votre Majesté. »

Saint Leu disait à saint Gilles que le vin était meilleur
que le cidre; mais saint Gilles répondit à saint Leu qu'ils
étaient bons tous les deux.

Les Pommiers aiment les terres grasses et profondes,
et détestent en revanche les sols crayeux, argileux,
arides, où on les voit promptement dépérir, ou tout

au moins languir lentement et agoniser pendant de longues années, en proie à des ennemis innombrables : Mousses jaunes, brunes ou noires, Lichens gris, fauves ou blancs. Ces petites Cryptogames parasites sont bien plus redoutables qu'elles n'en ont l'air. Outre qu'elles boivent la séve des branches qu'elles recouvrent, elles en obstruent de plus tous les pores, empêchent la circulation de l'air, paralysent et désorganisent l'épiderme, bref et en deux mots, dessèchent et asphyxient.

Les Mousses, les Lichens ne sont pas les ennemis les plus redoutables du Pommier ; on peut même dire qu'ils ne sont rien à côté de l'épouvantable armée des insectes qui vivent à ses dépens, mangent ses feuilles, rongent ses boutons et détruisent ses fruits. C'est la Teigne padelle, dont la petite Chenille verte anéantit parfois, jusqu'à dix lieues à la ronde, la récolte de l'année en dévorant jusqu'à la dernière toutes les feuilles des Pommiers. Ce sont encore des Chenilles de Bombices, de Noctuelles et de Phalènes, puis de petits Charançons gris, qui, plus redoutables que toutes les Chenilles réunies, tarissent la vie à sa source, en rongeant les boutons, puis des Pucerons qui s'attaquent aux fruits, de concert avec des larves diverses de Mouches et de Tipules, hideux Vers blancs et mous, qui, sous le couteau à dessert, se tordent et tombent sur l'assiette.

Comment les nommer tous ? ils s'appellent *légions*. Logés sous les vieilles écorces, dans les feuilles, dans les fleurs, dans les fruits, dans le bois lui-même, ils sont tous là âpres à la curée, insatiables et si parfaitement invincibles que l'homme ne pourrait rien contre eux, s'il n'avait pour auxiliaire gracieux et tout-puissant aussi, — si du moins on avait l'intelligence de le laisser vivre, — l'épurateur aérien, l'échenilleur par excellence, qui seul peut lutter contre l'insecte, l'Oiseau.

# CONCLUSION

Notre œuvre est maintenant terminée. Dans cette revue des principaux types du règne végétal, avons-nous réussi à donner au lecteur une idée de la beauté du plus grand nombre, de l'utilité de presque tous et de l'originalité de quelques-uns d'entre eux? Nous l'ignorons, — c'était pourtant notre désir.

Puissions-nous avoir montré que sous cette physionomie des plantes, peut-être un peu vague pour les personnes qui n'ont pas fait de la nature une étude suivie, se cache une manière d'être spéciale, dont se dégage aux yeux de l'observateur une incontestable *personnalité végétale*.

Sans doute, il ne faut pas insister outre mesure. Il est des aperçus très-vrais, très-justes, qui, formulés avec une rigueur exagérée, perdent de leur justesse et de leur vérité. Les appréciations des choses flottantes, fugitives, doivent leur emprunter cette indécision de contours qui généralement en constitue le plus grand charme. Or, dans les phénomènes de la physiologie végétale, tout est vague, indéterminé. La faim, la soif, le sommeil, la sensibilité, la nutrition, la vie, la mort, tous ces mots, vrais au fond et traduisant des réalités

que la science constate, doivent toutefois n'exprimer
ici que des idées un peu atténuées, comme ces couleurs
qu'harmonise un glacis ou que fondent les demi-
teintes.

N'oublions pas que la plante joue ici-bas le rôle
d'intermédiaire entre le minéral et l'animal. Ne soyons
donc pas surpris si nous retrouvons en elle les hésita-
tions de la créature de transition qui rattache deux
mondes séparés. La pierre sommeille, a dit quelqu'un,
la plante rêve, et l'animal agit. Oui, elle rêve, la
plante, aussi est-ce dans la vague région des songes
qu'il faut aller étudier les phénomènes de sa vie.

Ce qu'il y a d'intéressant, c'est que cette charmante
rêveuse n'est pas moins d'une utilité si grande, que
sans elle tout serait morne et désert sur la surface du
monde inhabitable. La dissémination des créatures
animales concorde en tous points et d'une manière nécessaire avec celle des végétaux. L'animal ne vit que
par la plante, car c'est la plante seule qui colonise le
globe. On a vu telles races animales suivre le végétal
dont elles vivaient, sous des latitudes où elles ne se
fussent jamais aventurées sans ce puissant et invincible
attrait.

Nous pourrions citer des faits nombreux relatifs à
cette corrélation intime entre les deux règnes organiques. Le Bec-croisé, autrefois inconnu à l'Angleterre,
s'y est propagé depuis que les Pins y ont été importés.
La Perdrix, de son côté, s'est installée dans les hautes
plaines de l'Écosse depuis l'introduction des céréales.
Le Sphinx Atropos est devenu extrêmement commun
depuis l'extension qu'a prise la culture des Pommes de
terre. Le Machaon a suivi l'introduction du Fenouil, et

enfin notre Moineau franc s'est aventuré jusqu'en Sibérie dès le jour où il a pu constater que de vastes plaines, autrefois désertes, avaient été livrées à la culture.

Ce sont particulièrement les insectes qui sont les compagnons les plus constants de certaines espèces déterminées de végétaux. Il n'est guère de plante qui ne nourrisse son coléoptère propre, et le Chêne, qui fait largement les choses, ne nourrit pas moins de deux cents créatures vivantes, d'espèces et de genres différents.

On se souvient des myriades d'êtres qui toujours accompagnent les vastes bancs de Fucus accumulés dans les eaux tranquilles de certaines mers ; on sait, d'autre part, quelles peuplades animales remplissent les forêts de la terre; c'est donc à la surface du monde entier que s'exécute, à toute heure de nuit et de jour, le pacte de l'universelle fraternité. Il est bien vrai que ce pacte consiste en ce que l'un des associés mange perpétuellement l'autre; mais que voulez-vous, c'est ainsi que sont organisées les choses dans toute la nature, depuis la Baleine, qui engloutit des monceaux et des flots de matière animale, jusqu'à l'infusoire microscopique qui mange un infusoire plus petit que lui. Et qui sait si la plante n'éprouve pas pour ses hôtes une sorte de vague bienveillance, à la condition toutefois que ceux-ci n'abusent pas d'une façon trop scandaleuse de l'hospitalité qui leur est donnée?

On pourrait pousser ces observations un peu plus loin encore, en ce sens que ce n'est pas seulement l'animal proprement dit qui se trouve être, en tous lieux et de toute façon, le tributaire du végétal, mais que l'homme lui-même lui est entièrement soumis. On peut dire d'une manière générale : telle culture, tel peuple ; et d'une manière plus générale encore : tel paysage, tel caractère. C'est le désert qui fait l'Arabe indépendant et fantasque, comme c'est le Gange et ses plaines luxuriantes qui font l'Indou mystique et contemplatif, comme c'est enfin l'aspect varié et moins absorbant de la nature des zones tempérées qui fait l'homme actif des pays civilisés. Il est aisé de comprendre que l'humanité ne peut échapper aux influences constantes de l'horizon au milieu duquel s'écoule sa vie, et que la manière de concevoir les idées doit nécessairement être tout autre chez l'homme qui a grandi au milieu des mélancoliques sapinières de la Suède ou des mornes Bruyères de l'Écosse, et chez celui qui, dès l'enfance, a été entouré de Myrtes et de Lauriers-roses, sous le ciel bleu de la Grèce, en face de sa mer d'azur.

Est-il besoin d'insister sur la puissante influence qu'exercent sur nous les beautés, disons plutôt les harmonies de la nature ? Tout se tient et s'harmonise en effet dans le paysage. Du ciel, de la terre, des eaux, de la forêt et de la prairie comme du désert, s'élève une voix complexe, mais une, qui parle à l'homme et lui raconte l'éternel et émouvant poëme de la création. Et qu'on se garde de croire que ces voix soient simplement le produit de l'imagination ; elles sont sensibles, réelles : ici c'est le mugissement de la mer, là-bas le chuchotement de la vallée, plus loin la vague haleine du désert, ou bien encore le confus murmure de la forêt. Mais dans cette confusion quelle éloquence !

Avez-vous jamais remarqué que certains végétaux produisent, sous le vent, des bruits particuliers, et

qu'ils ont comme un langage spécial pour se plaindre
de la tempête? Les Sapins mugissent, le Tilleul et le
Chêne murmurent, le Bouleau frissonne, le Tremble,
au moindre souffle, fait entendre un clapotement mul-
tiple et doux, le Cyprès enfin claque ses rameaux les
uns contre les autres, et les grands Bambous siliceux,
froissés par l'ouragan, font entendre des cris, de véritables lamentations.

Tous ces bruits sont monotones et tristes. La musique
de la nature, on l'a dit, ne résonne que dans le mode
mineur, et son influence est telle sur les peuples encore
enfants, que tous leurs chants primitifs se modulent
dans cette tonalité.

La nature n'a pas seulement une voix, elle a des
formes, des couleurs, couleurs et formes qui lui sont
presque entièrement fournies par ces végétaux dont
nous esquissons l'histoire. Le vert, le rouge et le jaune,
les grandes couleurs du règne, emplissent nos regards
d'un éternel et merveilleux spectacle. Vous souvenez-
vous du tableau que font dans les campagnes les Colzas
jaunes, les Trèfles écarlates ou les prairies étoilées de
Pâquerettes et de Boutons d'or? Et dans un cercle plus
restreint, dites-moi, quelle note éclatante jette dans le
concert printanier tel de ces arbres à fleurs qui remplissent nos parcs et nos jardins! Alors que, sur les
blanches Aubépines et les tendres Lilas, tranchent les
Ormes de Judée, rehaussés par tout l'or des Cytises, et
que çà et là, sur un vieil arbre ou contre un vieux mur,
s'étalent, s'épanchent, en véritable cascade fleurie,
comme au Jardin des Plantes, les flots de quelque opu-
lente Glycine... pour le cœur quelle ivresse, et pour
l'œil quelle fête!

La Glycine du Jardin des Plantes.

Beauté, utilité, voilà donc les deux attributs de la plante. Dès l'origine, elle a purifié l'atmosphère et nous a préparé la place ; aujourd'hui encore elle travaille pour nous. Elle pare le monde, nous nourrit, nous réchauffe, nous guérit et crée autour de nous, sous mille formes, ces divers éléments de bien-être dont la civilisation est si ingénieuse à multiplier de jour en jour les innombrables applications.

FIN

# ERRATA

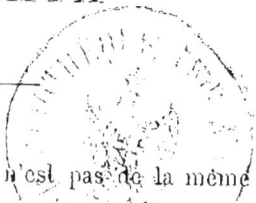

Page 115, ligne 14, *au lieu de* n'est pas de la même famille, *lisez* n'est pas de même physionomie.

Page 192, lignes 3 et 16, *au lieu de* Galantine, *lisez* Galanthine.

Page 200, ligne 19, *au lieu de* Dracona, *lisez* Dracæna.

# TABLE DES MATIÈRES

TOURS — IMPRIMERIE MAME

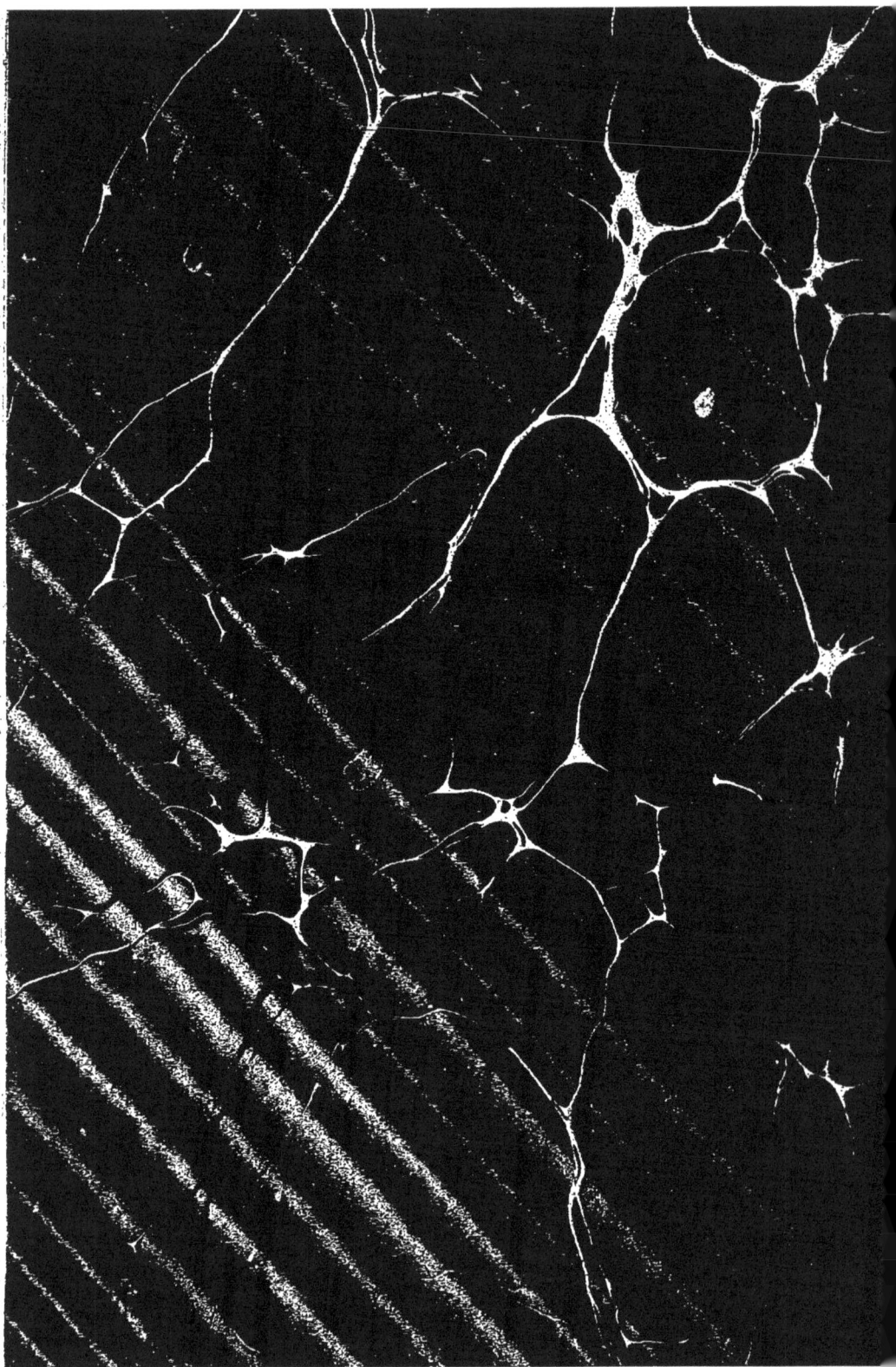

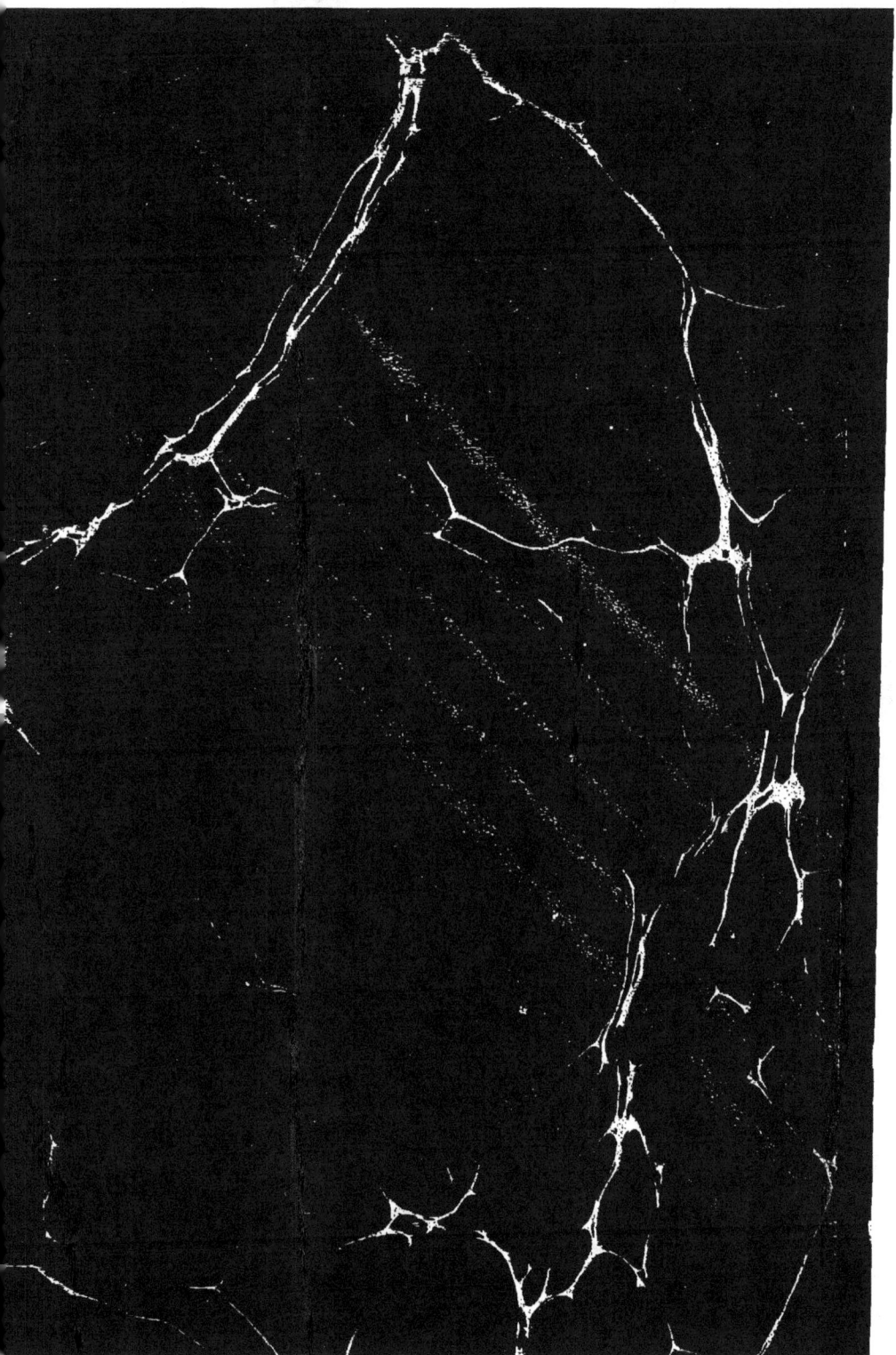

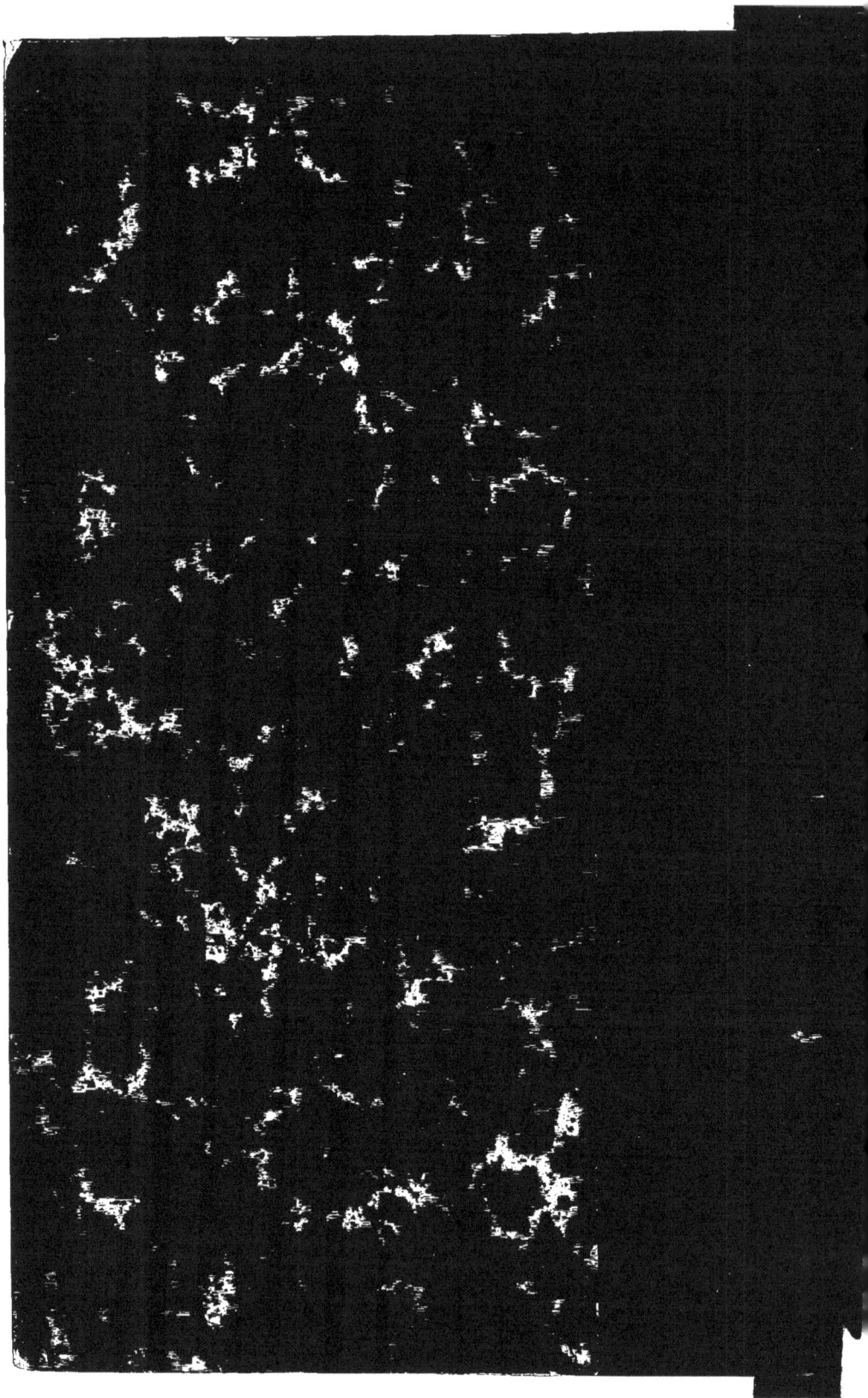

www.ingramcontent.com/pod-product-compliance
Lightning Source LLC
Chambersburg PA
CBHW061110220326
41599CB00024B/3984